普通高等学校岩土工程（本科）规划教材

岩土工程勘察

主　编　姜宝良
副主编　吴　琦　毕理毅　秦莞臻
　　　　崔江利

黄河水利出版社
·郑　州·

内 容 提 要

本书系统阐述了岩土工程勘察的理论和方法，使用了现行的国家标准及相关规范，并有工程实践相关内容。全书共分为十一章，主要内容包括：总论、岩土工程勘察分级和岩土分类、各类岩土工程勘察的基本要求、不良地质作用和地质灾害、特殊性岩土、地下水、工程地质测绘和调查、岩土测试、现场检验和监测、岩土工程分析评价和成果报告及岩土工程勘察实例。

本书可作为普通高等院校岩土工程专业及相关专业的本科教材，也可作为相关专业硕士研究生的自学教材，还可作为其他相关专业师生及工程技术人员参考用书。

图书在版编目(CIP)数据

岩土工程勘察/姜宝良主编．—郑州：黄河水利出版社，2011.9

普通高等学校岩土工程(本科)规划教材

ISBN 978-7-5509-0109-4

Ⅰ.①岩… Ⅱ.①姜… Ⅲ.①岩土工程-地质勘探-高等学校-教材 Ⅳ.①TU412

中国版本图书馆 CIP 数据核字(2011)第 178776 号

组稿编辑：王志宽 电话：0371-66024331 E-mail：wangzhikuan83@126.com

出 版 社：黄河水利出版社

地址：河南省郑州市顺河路黄委会综合楼14层 邮政编码：450003

发行单位：黄河水利出版社

发行部电话：0371-66026940、66020550、66028024、66022620(传真)

E-mail：hhslcbs@126.com

承印单位：河南地质彩色印刷厂

开本：787 mm×1092 mm 1/16

印张：16

字数：370 千字 印数：1—3 100

版次：2011 年 9 月第 1 版 印次：2011 年 9 月第 1 次印刷

定价：32.00 元

前言

国家基本建设程序坚持先勘察、后设计、再施工的原则，因此岩土工程勘察是工程建设的前期工作。对于工程建设项目来说，建筑方案的选择、设计和施工都必须以岩土工程勘察成果为依据。随着我国各类工程建设持续快速发展以及城市建设的高速发展，特别是高层、超高层建筑物越来越多，建筑物的结构与体型也向复杂化和多样化方向发展。与此同时，地下空间的利用普遍受到重视，高层、超高层建筑的大量兴建，基础埋深的不断加大，需要开挖较深的基坑，以及大型工程越来越多，对岩土工程勘察提出了更高的要求。

为了适应我国基本建设对岩土工程专业人才的需要，教育部设置了土木工程（岩土方向）本科专业。岩土工程勘察是该专业的主要专业课之一。近年来，由于岩土工程技术的不断提高，岩土工程勘察规范及其他相关规范的不断更新，目前尚无与最新规范相适应的适合岩土工程本科专业学习的教材。为此，我们编写本教材，作为普通高等学校岩土工程学科规划教材。

岩土工程是一门实践性很强的应用技术。本教材是在总结编者生产实践经验和教学成果的基础上，以最新修订的中华人民共和国国家标准《岩土工程勘察规范》（GB 50021—2001）（2009 年版）、《建筑抗震设计规范》（GB 50011—2010）及其他有关规范、规程的相关规定为依据进行编写，对涉及的其他国家标准和行业标准也都按最新版本的要求进行介绍，尽量做到密切跟踪国内外最新的勘察技术发展现状，反映学科发展的最新水平，并力图做到概念清楚、结构严谨、重点突出，力求内容的先进性、实用性和系统性。注重学生生产实践能力的培养，使理论与实践相结合，学以致用，为将来从事岩土工程勘察及相关工作打好基础，尽快适应市场经济的需要，在激烈的市场竞争中立于不败之地。对将来参加注册土木工程师（岩土）考试，取得土木工程师（岩土）执业注册资格，提高社会地位和收入水平，将有很大帮助。

由于学时限制，本教材篇幅不可能太大，而岩土工程勘察内容繁多，特别是岩土测试的方法很多，内容广泛，本教材只介绍常用方法的原理和要点，对测试成果的具体应用未做详细介绍，把室内试验合并其中，主要介绍岩土工程勘察中常用的室内试验物理力学指标的物理意义，并把大部分内容列到总论中介绍，如勘探与取样。

本教材共分十一章。第一章为总论，第二章为岩土工程勘察分级和岩土分类，第三章为各类岩土工程勘察的基本要求，第四章为不良地质作用和地质灾害，第五章为特殊性岩土，第六章为地下水，第七章为工程地质测绘和调查，第八章为岩土测试，第九章为现场检验和监测，第十章为岩土工程分析评价和成果报告，第十一章为岩土工程勘察实例。

本教材由姜宝良担任主编，由吴琦、毕理毅、秦莞臻、崔江利担任副主编。本教材初稿完成后，编者们进行了互审，并进行了认真的修改，最后由姜宝良统稿。本教材在编写过程中，得到了华北水利水电学院资源与环境学院老师们的支持和帮助，在此向他们表示感谢。

河南工程水文地质勘察院有限公司王继周常务副总经理（注册岩土工程师、高工）为本教材提供了岩土工程勘察实例，对此表示感谢。

由于编者水平有限，疏漏之处在所难免，敬请读者批评指正。

编　者

2011 年 5 月

目　录

第一章　总　论

第一节　岩土工程学概述

岩土工程是一门十分古老且随着工程实践不断得到创新的技术科学。远在古代，我们的祖先就已在兴建水利工程、道路、桥梁、房屋建筑实践中，积累了许多有关岩土工程方面的经验；作为近代科学的一部分的工程地质学、岩石力学、土力学、基础工程学，也有百年历史。但是，国际上公认 Geotechnical Engineering 作为一门技术科学不过四五十年的时间。我国引入岩土工程勘察体制只有 20 多年。由于中国建设事业的飞速发展，我国的岩土工程技术也取得了长足的进步。

岩土工程是 20 世纪 60 年代末至 70 年代初，将土力学及基础工程、工程地质学、岩体力学三者逐步结合为一体并应用于土木工程实际而形成的新学科。岩土工程是土木工程的分支，它以工程地质学、土力学、岩石力学及地基基础工程学为理论基础，解决和处理在工程建设过程中出现的所有与岩体和土体有关的工程技术问题。岩土工程的发展将围绕土木工程建设中出现的岩土工程问题并将融入其他学科取得的新成果。

该学科的理论实践中，强调地质和工程的紧密结合，属土木工程的范畴，涉及土木工程建设中岩石与土的利用、整治或改造，其基本问题是岩体或土体的稳定、变形和渗流问题。

岩土工程的研究对象是岩体和土体。岩体在其形成和存在的整个地质历史过程中，经受了各种复杂的地质作用，因而有着复杂的结构和地应力场环境。而不同地区不同类型的岩体，由于经历的地质作用过程不同，其工程性质往往具有很大的差别。岩石出露地表后，经过风化作用形成土，它们或留存原地，或经过风、水及冰川的剥蚀和搬运作用在异地沉积形成土层。在各地质时期各地区的风化环境、搬运和沉积的动力条件均存在差异，因此土体不仅工程性质复杂，而且其性质的区域性和个性很强。岩土体介质充满不确定性（含随机性和模糊性）和不确知性，还有信息不完全性。由于岩土工程对自然条件的依赖性和不确定性，因此更需要岩土工程师的综合判断，“不求计算精确，只求判断正确”，强调概念设计。岩土工程迄今还是一门不严密、不完善、不够成熟的科学技术，是处在“发展中”的一门科学技术。有些学者说，岩土工程是三分理论、七分经验和实践。虽有些片面，但还是有一定道理的。因此，岩土工程是一门实践性很强的应用技术。对于岩土体这一复杂的工程材料来说，无论采用何种力学模型都难以全面而准确地描述其力学性状。

岩土工程的工作内容按工程建设阶段可分为岩土工程勘察、岩土工程设计、岩土工程治理、岩土工程监测、岩土工程检测。

岩土工程勘察是根据建设工程的要求，查明、分析、评价建设场地的地质、环境特征和岩土工程条件，编制勘察文件的活动。

各项工程建设在设计施工之前,必须按基本建设程序进行岩土工程勘察。

第二节　我国岩土工程勘察的发展

我国岩土工程技术规范标准呈现高度不一致的局面。目前,岩土规范标准种类繁多、各自为政,甚至同一行业、由同一单位主编的规范之间也无接口可以衔接。

岩土工程是由工程地质、岩石力学、土力学及相关工程和环境分支组成的,它服务于建筑、市政、水利、水电、采矿、冶金、港口、公路、铁路、海洋、航空、军事甚至航天等各工程门类和行业。在我国,由于新中国成立初期全面学习苏联,实行计划经济,形成了“条条专政”的体系,国务院各行政部门各自设置相应的研究院所、高等院校、施工工程局和质检系统。这一体系的后遗症之一就是我国不同行业的岩土工程技术人员相互隔绝,不相往来,缺少共同语言。这些问题在“注册土木工程师(岩土)”考试中充分暴露出来。

据初步统计,不包括各省市所编制的地方标准,目前我国岩土工程方面的国家标准和行业标准就有200多种,其中各行业规范自成体系,名词术语、岩土分类、参数、公式、设计理论高度不一致。

由于我国岩土工程技术规范标准呈现高度不一致,一本教材很难概括不同的规范标准,因此本教材主要与《岩土工程勘察规范》(GB 50021—2001)(2009年版)紧密结合,其目的是要求学生能对岩土工程勘察专业学科有一个初步的了解,并能够基本掌握岩土工程勘察的原理和方法,使理论与实践相结合,学以致用,为将来从事岩土工程勘察及相关专业工作打好基础,尽快适应市场经济的需要。

一、工程地质勘察体制

新中国成立以前,我国尚未建立工程勘察设计的体制。20世纪50年代初,一些工业部门的主要勘察设计单位都有苏联专家帮助和指导工作,在一些院校也有苏联专家讲课和培养技术人员,当时主要是按照苏联的工程地质勘察建制的模式建立和发展我国的工程地质勘察体制,成立各行业系统的工程地质勘察单位,承担自己行业的勘察任务,为专业的设计单位提供勘察资料,供设计人员使用。勘察人员对上部结构设计的情况很少了解,也不需要了解,因而所提供的资料不一定符合设计的需要,而设计人员对岩土工程方面的问题也不甚了解。在经济恢复时期和后来的几个五年计划建设期间,这种体制与当时的计划经济是大体适应的,但技术上一边倒所引起的矛盾和勘察设计处于分割状态的弊端已经不断显现出来。

20世纪60年代至70年代,在总结实践经验和开展科学研究的基础上,我国的工程勘察技术逐步走向成熟,特别是在区域性、地震地质、测试技术等方面都取得了丰硕的成果。当时编制的一些技术标准将这些成果推广应用于工程建设,标志着我国的工程勘察技术已经达到了比较高的水平,但十分明显地体现出想摆脱苏联技术的影响而无法完全摆脱的无奈。至于工程勘察的基本内容、主要方法,特别是管理体制仍保持在50年代已经形成的按照苏联的模式建立起来的体系之中。

《工业与民用建筑工程地质勘察规范》(TJ 21—77)是我国第一本全国通用勘察规

范,自1978年5月1日起试行。该规范由河北省革命委员会基本建设委员会会同有关单位共同编制,编制过程中进行了多次调查研究和必要的科学试验,总结了新中国成立20多年来在工程地质勘察方面的实践经验和科研成果,广泛征求了全国有关单位的意见,反复讨论修改,最后会同有关部门审查定稿。规范实行勘察、设计、施工的三结合。

因此,20世纪80年代初期以前,我国的勘察体制基本上还是新中国成立初期的苏联模式,人们称之为工程地质勘察体制。在实际工作中,一般仅限于提出勘察场地的工程地质条件和有关问题,而不提或很少提到解决问题的办法。由于缺乏量化的分析和成果的工程针对性,使勘察工作局限于"打钻、取样、试验、提报告"的狭小圈子中。

二、岩土工程勘察体制

勘察工作不但需要反映场地的地质条件,而且要结合工程设计、施工条件及地基处理要求进行岩土工程评价,提出解决岩土工程的建议,避免勘察和设计之间在了解自然、认识自然和改造利用自然方面的脱节。原国家计划委员会在1986年正式要求在全国逐步推广岩土工程勘察体制,在政府的导向下,全行业付出了巨大的努力,使我国的岩土工程出现了多方面的变化。

第一,执业范围从单纯勘察变为参与岩土工程勘察、设计、施工、检测与监测全过程。

第二,工程勘察成果加深了针对工程的分析评价力度,量化地提出了工程设计方案或工程处理方案及具体建议。

第三,以《岩土工程勘察规范》(GB 50021—94)(简称94规范)为代表的一批更加符合岩土工程要求和工作规律的国家标准、行业标准和地方标准相继出台,适合了体制的要求,满足了国家建设的需要。94规范对《工业与民用建筑工程地质勘察规范》(TJ 21—77)作了较大的补充和修改,为强制性国家标准,自1995年3月1日起施行,是我国第一本岩土工程勘察方面的国家规范。它既总结了新中国成立以来工程实践的经验和科研成果,又注意尽量与国际标准接轨。该规范首次提出了岩土工程勘察等级,以便在工程实践中按工程的复杂程度和安全等级区别对待;对工程勘察的目的任务提出了新要求,加强了岩土工程勘察的针对性;对岩土工程勘察与设计、施工、监测密切结合提出了更高的要求;对各类岩土工程如何结合具体工程进行分析、计算和论证,做出了相应的规定。

《岩土工程勘察规范》(GB 50021—2001)(2001年版)基本上保持了94规范的适用范围、总体框架,只作了局部调整,加强和补充了近年来发展的新技术和新经验;改正和删除了94规范某些不适当、不确切的条款;按新的规范编写规定修改了体例,并与有关规范进行了协调。修订时,注意了本规范是强制性的国家标准,是勘察方面的"母规范",原则性的技术要求、适用于全国的技术标准应在规范中体现,因地制宜的具体细节和具体数据,留给相关的行业标准和地方标准规定。《岩土工程勘察规范》(GB 50021—2001)(2001年版)自2002年3月1日起施行。

《岩土工程勘察规范》(GB 50021—2001)(2009年版)对2001年版进行了局部修订,修订的主要内容是使部分条款的表达更加严谨,与相关标准更加协调。《岩土工程勘察规范》(GB 50021—2001)(2009年版)自2009年7月1日起实施。

第四,2002年在全国范围内举行了第一次土木工程师(岩土)的职业资格考试,有几千位岩土工程师通过考试取得了注册资格。2009 年 9 月 1 日统一实施注册土木工程师(岩土)执业制度。逐渐强化个人执业资格制度,同时淡化单位资质,直至完全以个人执业资质取代单位资质。

第五,高等教育专业设置目录进行了大幅度调整,扩大了专业面,岩土工程研究生的教育制度更趋完整,教育改革不仅为行业的发展提供了人才资源保证,同时,出现了一批高水平的研究成果和高素质的青年学者、专家群体。

我国的经济建设正以空前的速度发展,市政建筑、水利水电、公路铁路、海洋工程、地下工程都完成和提出了前所未有的课题,是我国岩土工程发展的大好时机。近30年来高速发展的土木工程建设,促进了岩土工程的发展,提高了我国岩土工程理论和实践的水平。但对自然环境的干扰和影响也不容忽视,这也为我国的岩土工作者提出了迫切需要解决的新课题。

第三节　岩土工程勘察阶段概述

勘察主要是为设计服务的,我国的工程设计程序,对大型、特大型工程的工程设计一般分选址阶段设计、初步设计、施工图设计,所以对应于设计各阶段的要求,需进行可行性研究阶段勘察、初步勘察和详细勘察。工程条件、地质条件简单的工程可直接进行详细勘察。

一、勘察阶段的划分

勘察阶段的划分取决于不同设计阶段对工程勘察工作的不同要求。由于勘察的对象不同,设计对勘察工作的要求也不相同,因此勘察阶段的划分和所采用的规范也不尽相同。

勘察阶段的划分及采用的规范见表 1-1。

二、各勘察阶段的勘察目的、方法

岩土工程勘察是岩土工程技术体制中的一个重要环节。各项工程建设必须在设计和施工之前,按照基本建设程序进行岩土工程勘察。它的基本任务是按照建筑物或构筑物不同勘察阶段的要求,正确反映工程地质条件,查明不良地质作用和地质灾害,为建设工程的设计、施工及岩土体治理加固、基坑开挖和支护、基坑降水等工程提供翔实的工程地质资料和必要的岩土工程参数,同时对工程可能存在的岩土工程问题进行论证和评价。

从表 1-1 可以看出,虽然不同勘察对象勘察阶段的划分有所不同,但总体上可以归纳为四个阶段:可行性研究阶段勘察、初步设计阶段勘察(初勘)、施工图设计阶段勘察(详勘)和施工勘察。各勘察阶段的勘察目的、要求和主要工作方法如表 1-2 所示。

可行性研究阶段勘察以收集已有资料为主,并适当作些补充调查,对拟建场地的适宜性和稳定性进行评价,为选择场地服务。

初步勘察则在可行性研究阶段勘察的基础上,布置少量勘探测试工作,对场地内建筑地段作稳定性评价,为确定建筑总平面和主要建筑地基基础方案及不良地质作用的防治工程进行论证,满足初步设计要求。

表 1-1　勘察阶段的划分

勘察对象	勘察阶段					采用的勘察规范
房屋建筑和构筑物	可行性研究勘察		初步勘察	详细勘察	施工勘察（不是固定阶段）	GB 50021—2001（2009 年版）
地下硐室	可行性研究勘察		初步勘察	详细勘察	施工勘察	
岸边工程	可行性研究勘察		初步设计勘察	施工图设计阶段勘察	—	
管道工程	选线勘察		初步勘察	详细勘察	—	
架空线路工程	—		初步勘察	施工图设计勘察	—	
废弃物处理工程	可行性研究勘察		初步勘察	详细勘察	—	
核电厂	初步可行性研究勘察	可行性研究勘察	初步勘察	详细勘察	工程建造勘察	
边坡	—	初步勘察	详细勘察	施工勘察		
公路	可行性研究勘察		初步工程地质勘察	详细工程地质勘察	—	JTJ 240—98
	预可勘察	工可勘察				
铁路	踏勘	加深地质工作	初测	定测	补充定测	TB 10012—2001
水利水电	规划阶段工程地质勘察	可行性研究阶段工程地质勘察	初步设计阶段工程地质勘察	技施设计阶段工程地质勘察		GB 50287—99
港口	可行性研究阶段勘察		初步设计阶段勘察	施工图设计阶段勘察	施工期中的勘察	JTJ 240—97

表 1-2　各勘察阶段的勘察目的、要求和主要工作方法

勘察阶段	可行性研究勘察	初步设计阶段勘察（初勘）	施工图设计阶段勘察（详勘）	施工勘察
设计要求	满足确定场址方案	满足初步设计	满足施工图设计	满足施工中具体问题的设计，随勘察对象不同而不同
勘察目的	对拟选场址的稳定性和适宜性作出评价	初步查明场地岩土条件，进一步评价场地的稳定性	查明场地岩土条件，提出设计、施工所需参数，对设计、施工和不良地质作用的防治等提出建议	解决施工过程出现的岩土工程问题
主要工作方法	收集分析已有资料，进行场地踏勘，必要时进行一些勘探和工程地质测绘工作	调查、测绘、物探、钻探、试验，目的不同侧重点不同	根据不同的勘察对象和要求确定，一般以勘探和室内外测试、试验为主	施工验槽，钻探和原位测试

详细勘察是按单体建筑或建筑群进行勘察，提供详细的地质资料，对建筑地基作岩土工程评价，提出对地基类型、基础形式、地基处理、基坑支护、工程降水、不良地质作用防治等方面的建议，满足施工图设计要求。

施工勘察是配合施工进行的勘察，解决与施工有关的岩土工程问题。

第四节　岩土工程勘察方法概述

岩土工程勘察方法可分成六个方面：工程地质测绘与调查、勘探与取样、室内试验、原位测试、现场监测和资料整理。

一、工程地质测绘与调查

工程地质测绘与调查是岩土工程勘察中一项先行的基础工作。在工程设计之前，勘察人员要详细查明拟建场地或区域工程地质条件的空间分布规律，按一定比例尺反映在地形图上，并编制工程地质图，作为工程地质预测的基础，提供给设计部门使用。该方法是可行性研究阶段和初步勘察阶段的主要手段，有时在详细勘察和施工勘察阶段中也进行大比例尺测绘。

测绘与调查工作可以在较短的时间内查明广大地区的工程地质条件，不需要复杂的设备和大量资金、材料，而且效果显著。通过测绘和地面地质的了解，往往可对地下地质情况作出相当准确的判断，为设计勘探和试验工作奠定良好的基础。测绘的详细程度及对场地或各建设阶段的稳定性和适宜性的评价结论，直接影响勘探工作量的大小。对于地质条件简单、范围较小的场地，一般可用踏勘调查代替测绘。

工程地质测绘可分为综合性测绘和专门性测绘。前者研究的内容涉及工程地质条件的所有方面；后者是针对某具体工程地质问题，或涉及规划、设计方案的选择与比较时进行的一些专门性测绘工作。

二、勘探与取样

勘探是工程地质测绘工作的继续，是整个勘察工作中的主要组成部分。通过测绘工作往往只能了解地表情况，要全面确定地下岩土的分布情况、地质结构和水文地质条件等，必须通过物探、钻探、坑探触探及取样方法来确定。

（一）物探

物探方法是一种间接方法，根据被测定的地质介质的导电率、密度、弹性波传播速度等物理性质，以及岩层的含水量、裂隙发育和破碎程度等物理状态，用特定的仪器设备取得测定的数值，从而划分地层、判断地质结构、地下水埋藏深度、岩溶分布情况等，特别是测定岩石或岩体的力学指标。

物探一般包括电法勘探、地震勘探、磁法勘探、重力勘探和放射性勘探等勘探方法。在岩土工程勘察中，常用在以下方面：①作为钻探的先行手段，了解隐蔽的地质界线、界面或异常点；②在钻孔之间增加地球物理勘探点，为钻探成果的内插、外推提供依据；③作为原位测试手段，测定岩土体的波速、动弹性模量、动剪切模量、卓越周期、电阻率、放射性辐射参数、土对金属的腐蚀性等。

需要指出的是，与其他勘探方法相比，物探方法虽能简便而快捷地探测地下地质情况，但由于它常常受到其他因素（如地下条件、高压线等）干扰，以及仪器测量精度不够，其所得判断和结果往往较为粗略，且有多解性。因此，在岩土工程勘察中，应与其他勘探方法结合使用。所以，物探应以测绘为指导，并且用钻探加以验证。物探成果对勘探的布置具有参考意义。

应用地球物理勘探方法时，应具备的条件包括：①被探测对象与周围介质之间有明显的物理性质差异；②被探测对象具有一定的埋藏深度和规模，且地球物理异常，有足够的强度；③能抑制干扰，区分有用信号和干扰信号；④应根据探测对象的埋深、规模及其与周围介质的物性差异，选择有效的方法，并选择有代表性地段进行方法的有效性试验。

地球物理勘探发展很快，不断有新的技术、新的方法出现。如近年来发展起来的瞬态多道面波法、地震CT法、电磁波CT法等，效果很好。

（二）钻探

钻探是直接了解地下地质情况最可靠的手段。其主要优点包括：①可以获得多种较准确的资料，如地层岩性资料（同时可进行鉴别和描述）、地质构造、地下水资料等；②获取岩土试样；③在孔内进行岩土工程性质的原位测试、水文地质试验、测井和监测等。和物探相比，钻探存在耗费人力物力较多、平面资料连续性较差、钻进有时困难等缺点。因此，为提高岩土工程勘察的经济合理性，通常情况下，钻探在工程地质测绘和物探工作的基础上进行。其优点是能够取得多种较准确可靠的资料，可以取样做试验，或在孔中做某些原位测试，以及工作条件一般不受地形、地质和气候等限制。但它存在耗费人力物力较多、用时较长，有的地层钻进或取样困难等缺点。因此，为了更好地发挥钻探的作用，避免盲目性和随意性，应在测绘基础上和物探工作指导下开展工作。

（三）坑探

坑探（包括探槽、探井和平硐）在岩土工程勘察中占有重要地位，在查明浅层第四纪地质情况，揭露基岩并了解其地质特征以及获取一级原状试样等工作中经常采用，经济有效。和一般的钻探相比，其优点是便于工程地质人员直接观察地层结构，且准确可靠；又便于采取原装岩土样及进行现场大型试验。其缺点是费用往往较钻探高，且周期长；有时受自然地质条件的限制（如地下水的限制等）。

（四）触探

触探是指用静力或动力将标准探头贯入土层中，通过贯入阻力的大小或者贯入难易程度，间接了解土层物理性质的方法。

（五）取样

取样是勘察工作中对岩土定量评价的基础工作。取得的试样是否标准直接影响岩土性质指标的测定精度，进而影响对其评价的可靠性。

按照取样方法及试验目的，对土试样的质量等级按表1-3分为四个等级。

三、室内试验

在实验室内测定岩土性质指标是获取评价技术参数的主要手段之一。室内试验项目

表 1-3　土试样质量等级

级别	扰动程度	试验内容
Ⅰ	不扰动	土类定名、含水量、密度、强度试验、固结试验
Ⅱ	轻微扰动	土类定名、含水量、密度
Ⅲ	显著扰动	土类定名、含水量
Ⅳ	完全扰动	土类定名

注:1. 不扰动是指原位应力状态虽已改变,但土的结构、密度和含水量变化很小,能满足室内试验各项要求。

2. 除地基基础设计等级为甲级的工程外,在工程技术要求允许的情况下可用Ⅱ级土试样进行强度和固结试验,但宜先对土试样受扰动程度作抽样鉴定,判定用于试验的适宜性,并结合地区经验使用试验成果。

主要包括岩土重度、比重、天然含水量、黏性土的液限和塑限、土的密实度、渗透系数、压缩系数和压缩模量、黏聚力和内摩擦角、岩石的强度、软化系数等。

四、原位测试

原位测试是在岩土原来位置上,在无扰动的天然状态下对岩土体工程性能所进行的测试,虽然它和室内试验同属于岩土性能测试范畴,但是二者测试精度不同,对同一点土性测试的结果往往不一致。影响室内试验精度的因素较多,如采样技术、样品运送、开样修整、仪器设备、试验操作、数据统计等。当然,原位测试同样存在由仪器设备、操作技术、资料整理产生的误差。相对而言,原位测试较室内测试精度较高。

随着科学技术的不断发展,原位测试的仪器设备不断创新,提高了测试精度,扩大了测试范围,是研究岩土性能的首选方法。

五、现场监测

现场监测主要是指用仪器观测建筑或天然因素影响引起的岩土变化。

由于岩土体的复杂性和多变性,以及岩土工程理论和设计原理方面存在的局限性,岩土性能在施工和运行中的变化不能准确预知。因此,初次设计(如拟一个安全系数)—施工—现场观测检验—反馈信息—必要时及时修改设计和采取补救措施—积累经验或生成理论的程序方法,已成为重要的岩土工程实践标准。

测量参数主要是位移、总应力和孔隙水压力。现场监测技术近年来发展较快,测量仪器在电子化、小型化和遥控化方面有很大改进,新的仪器设备不断涌现。

六、资料整理

资料整理工作的内容主要是岩土工程性质指标数据的数理统计,工程问题的综合分析研究,各种图件的绘制和勘察报告书的编写。对于专门工程地质勘察或进行专题论证时,还包括有关的工程地质及水文地质计算等工作。

报告书是勘察工作的最终成果,供设计、施工方面直接使用,因此应做到层次分明、叙述清楚、数据准确、论证有据、结论正确、建议合理可行。报告书主要由文字和图件两部分组成。文字报告的内容应根据任务要求、勘察阶段、工程特点和地质条件等具体情况编

写,主要内容包括:

(1)勘察目的、任务和要求,工程概况、勘察依据、勘察方法、勘察工作布置及完成的工作量——绪论部分。

(2)阐述场地地形、地貌、地层、地质构造、岩土性质及其均匀性等工程地质条件,各项岩土性质指标,岩土的强度参数、变形参数、地基承载力的建议值,地下水埋藏情况、类型、水位及其变化,土和水对建筑材料的腐蚀性,并结合工程进行评价——讨论部分。

(3)对场地的稳定性、建筑适宜性、地基基础方案等有关岩土工程问题进行论证——专题部分。

(4)作出评价结论,提出岩土工程设计方案和施工措施方面的建议——结论部分。

基本图件包括:勘探点平面布置图、工程地质剖面图、工程地质柱状图、工程地质平面图及立体图、试验成果图表等。

第二章 岩土工程勘察分级和岩土分类

第一节 岩土工程勘察分级

划分岩土工程勘察等级，目的是突出重点，区别对待，以利于管理。岩土工程勘察等级应在工程重要性等级、场地等级和地基等级的基础上划分。一般情况下，勘察等级可在勘察工作开始前，通过收集已有资料确定。但随着勘察工作的开展、对自然认识的深入，勘察等级也可能发生改变。

一、工程重要性等级

根据工程的规模和特征，以及由于岩土工程问题造成工程破坏或影响工程正常使用的后果，可按表 2-1 划分为三个工程重要性等级。

表 2-1 工程重要性等级

工程重要性等级	破坏后果	工程类别
一级	很严重	重要工程
二级	严重	一般工程
三级	不严重	次要工程

注：以住宅和一般公用建筑为例，30 层以上的可定为一级，7 ~ 30 层的可定为二级，6 层及 6 层以下的可定为三级。

二、场地等级

场地的复杂程度，按对建筑抗震、不良地质作用、地质环境、地形地貌和地下水五方面综合分析，分为三个场地等级，见表 2-2。

表 2-2 场地等级

场地等级	对建筑抗震	不良地质作用	地质环境	地形地貌	地下水
一级	符合下列条件之一				
	危险地段	强烈发育	已经或可能受到强烈破坏	复杂	有影响工程的多层地下水，岩溶裂隙水或其他水文地质条件复杂，需专门研究的场地
二级	符合下列条件之一				
	不利地段	一般发育	已经或可能受到一般破坏	较复杂	基础位于地下水位以上
三级	符合下列条件				
	有利地段（或抗震设防烈度≤6 度）	不发育	基本未受到破坏	简单	地下水对工程无影响

注：1. 从一级开始，向二级、三级推定，以最先满足的为准。

2. 对建筑抗震有利、不利或危险地段的划分，应按《建筑抗震设计规范》（GB 50011—2010）的规定为准。

3. 不良地质作用是指泥石流沟谷、崩塌、滑坡、土洞、塌陷、岸边冲刷、地下水潜蚀等。

4. 地质环境是指地下采空、地面沉降、地裂缝、化学污染、地下水位上升等。

三、地基等级

根据地基复杂程度，可按表 2-3 划分为三个地基等级。

表 2-3　地基等级

<table>
<tr><th>地基等级</th><th>岩上条件</th><th>特殊性岩土</th></tr>
<tr><td rowspan="2">一级（复杂）</td><td colspan="2">符合下列条件之一</td></tr>
<tr><td>岩土种类多，很不均匀，性质变化大，需特殊处理</td><td>严重湿陷、膨胀、盐渍、污染的特殊性岩土，以及其他情况复杂、需作专门处理的岩土</td></tr>
<tr><td rowspan="2">二级（中等复杂）</td><td colspan="2">符合下列条件之一</td></tr>
<tr><td>岩土种类较多，不均匀，性质变化较大</td><td>除上述规定以外的特殊性岩土</td></tr>
<tr><td rowspan="2">三级（简单）</td><td colspan="2">符合下列条件</td></tr>
<tr><td>岩土种类单一，均匀，性质变化不大</td><td>无特殊性岩土</td></tr>
</table>

注：1. 从一级开始，向二级、三级推定，以最先满足的为准。

2. 多年冻土情况特殊，勘察经验不多，应列为一级地基。

四、岩土工程勘察等级

根据工程重要性等级、场地复杂程度等级和地基复杂程度等级，可按表 2-4 划分为三个岩土工程勘察等级。

表 2-4　岩土工程勘察等级

勘察等级	评定标准
甲级	工程重要性等级、场地复杂程度等级和地基复杂程度等级有一项或多项为一级
乙级	除勘察等级为甲级或丙级以外的勘察等级
丙级	工程重要性等级、场地复杂程度等级和地基复杂程度等级均为三级

注：建筑在岩质地基上的一级工程，当场地复杂程度等级和地基复杂场地等级均为三级时，岩土工程勘察等级可定为乙级。

第二节　岩石的分类和鉴定

在进行岩土工程勘察时，应鉴定岩石的地质名称和风化程度，并进行岩石坚硬程度、岩体完整程度和岩体基本质量等级的划分。

岩石的工程特性极为多样，差别很大，进行工程分类十分必要。首先进行坚固性分类，再进行风化分类。即按坚固性分为硬质岩和软质岩，硬质岩和软质岩的分界是新鲜岩块的饱和单轴抗压强度30 MPa。问题在于,岩石的地质名称不一定能确切反映岩体的工程特性,新鲜的未风化的岩块在现场很难取得,难以执行。另外,只分"硬质"和"软质"也显粗了些,而对工程影响最大的是极软岩。

对于岩土工程,岩石的风化极为重要,划分风化带是十分必要的。但过去主要是花岗岩风化分带的经验,其他多种岩石划分风化带的经验不多。由于母岩极为多样,风化环境又各不相同,要将风化程度的划分和岩石的工程特性定量地挂起钩来,并不容易。

20世纪90年代以前,建筑工程一般位于平原地带,层数少,荷载小,建筑地基以土为主。遇到岩石地基,承载力一般可以满足要求,且有很大的安全储备。因此,岩石的工程分类问题不很突出,原规范中存在的问题也不明显。但20世纪90年代以后,情况逐渐有了变化。首先是高层建筑的大量兴建,桩基工程的迅速增多,对岩石地基的承载能力和变形性能提出了更高的要求;其次是我国西部大开发战略的实施,使建筑工程遇到岩石地基的机会明显增加。基于以上原因,对岩石地基进行更科学的工程分类,就显得十分必要了。

一、岩石按成因分类

(一)岩浆岩

岩浆在向地表上升过程中,由于热量散失逐渐经过分异等作用冷凝而成岩浆岩。在地表下冷凝的称为侵入岩,喷出地表冷凝的称为喷出岩。侵入岩按距地表的深浅程度又分为深成岩和浅成岩。岩浆岩强度高、均质性好。

(二)沉积岩

沉积岩是由岩石、矿物在内外力作用下破碎成碎屑物质后,再经水流、风吹和冰川等的搬运,堆积在大陆低洼地带或海洋,再经胶结、压密等成岩作用而成的岩石。沉积岩的主要特征是具有层理。沉积岩强度不稳定,具有各向异性。

(三)变质岩

变质岩是岩浆岩或沉积岩在高温、高压或其他因素作用下,经变质所形成的岩石。变质岩强度不稳定,与变质程度和原岩性质有关。

岩石的描述应包括地质年代、地质名称、风化程度、颜色、结构、构造和岩石质量指标。对沉积岩应着重描述沉积物的颗粒大小、形状、胶结物成分和胶结程度,对岩浆岩和变质岩应着重描述矿物结晶大小和结晶程度。

二、岩石按坚硬程度分类

(1)岩石坚硬程度按饱和单轴抗压强度分类,如表2-5所示。

表2-5　岩石坚硬程度分类

坚硬程度	坚硬岩	较硬岩	较软岩	软岩	极软岩
饱和单轴抗压强度(MPa)	$f_r > 60$	$60 \geqslant f_r > 30$	$30 \geqslant f_r > 15$	$15 \geqslant f_r > 5$	$f_r \leqslant 5$

注:1. 当无法取得饱和单轴抗压强度数据时,可用点荷载试验强度换算,换算方法按现行国家标准《工程岩体分级标准》(GB 50218—94)执行。

2. 当岩体完整程度为极破碎时,可不进行坚硬程度分类。

(2)岩石坚硬程度等级的定性划分。

当缺乏试验数据时,岩石坚硬程度等级可按表2-6定性划分。

表2-6　岩石坚硬程度等级的定性分类

坚硬程度等级		定性鉴定	代表性岩石
硬质岩	坚硬岩	锤击声清脆,有回弹,震手,难击碎,基本无吸水反应	未风化-微风化的花岗岩、闪长岩、辉绿岩、玄武岩、安山岩、片麻岩、石英岩、石英砂岩、硅质砾岩、硅质石灰岩等
	较硬岩	锤击声较清脆,有轻微回弹,稍震手,较难击碎,有轻微吸水反应	1.微风化的坚硬岩 2.未风化-微风化的大理岩、板岩、石灰岩、白云岩、钙质砂岩等
软质岩	较软岩	锤击声不清脆,无回弹,较易击碎,浸水后指甲可刻出印痕	1.中等风化-强风化的坚硬岩或较硬岩 2.未风化-微风化的凝灰岩、千枚岩、泥灰岩、砂质泥岩等
	软岩	锤击声哑,无回弹,有凹痕,易击碎,浸水后手可掰开	1.强风化的坚硬岩或较硬岩 2.中等风化-强风化的较软岩 3.未风化-微风化的页岩、泥岩、泥质砂岩等
极软岩		锤击声哑,无回弹,有较深凹痕,手可捏碎,浸水后可捏成团	1.全风化的各种岩石 2.各种半成岩

三、岩体按完整程度分类

(1)岩体按完整程度的定量划分如表2-7所示。

表2-7　岩体完整程度的定量划分

岩体完整性指数	>0.75	0.75~0.55	0.55~0.35	0.35~0.15	<0.15
完整程度	完整	较完整	较破碎	破碎	极破碎

注:岩体完整性指数为岩体压缩波速度与岩块压缩波速度之比的平方,选定岩体和岩石测定波速时,应注意其代表性。

(2)岩体按完整程度的定性划分。

当缺乏试验数据时,岩体完整程度可按表2-8定性划分。

四、岩体基本质量等级分类

岩体基本质量等级分类如表2-9所示。

表 2-8　岩体完整程度的定性划分

<table>
<tr><th rowspan="2">完整程度</th><th colspan="2">结构面发育程度</th><th rowspan="2">主要结构面的结合程度</th><th rowspan="2">主要结构面类型</th><th rowspan="2">相应结构类型</th></tr>
<tr><th>组数</th><th>平均间距（m）</th></tr>
<tr><td>完整</td><td>1~2</td><td>>1.0</td><td>结合好或结合一般</td><td>裂隙、层面</td><td>整体状或巨厚层状结构</td></tr>
<tr><td rowspan="2">较完整</td><td>1~2</td><td>>1.0</td><td>结合差</td><td rowspan="2">裂隙、层面</td><td>块状或厚层状结构</td></tr>
<tr><td>2~3</td><td>1.0~0.4</td><td>结合好或结合一般</td><td>块状结构</td></tr>
<tr><td rowspan="3">较破碎</td><td>2~3</td><td>1.0~0.4</td><td>结合差</td><td rowspan="3">裂隙、层面、小断层</td><td>裂隙块状或中厚层状结构</td></tr>
<tr><td rowspan="2">≥3</td><td rowspan="2">0.4~0.2</td><td>结合好</td><td>镶嵌碎裂结构</td></tr>
<tr><td>结合一般</td><td>中、薄层状结构</td></tr>
<tr><td rowspan="2">破碎</td><td rowspan="2">≥3</td><td>0.4~0.2</td><td>结合差</td><td rowspan="2">各种类型结构面</td><td>裂隙块状结构</td></tr>
<tr><td>≤0.2</td><td>结合一般或结合差</td><td>碎裂状结构</td></tr>
<tr><td>极破碎</td><td>无序</td><td>—</td><td>结合很差</td><td>—</td><td>散体状结构</td></tr>
</table>

表 2-9　岩体基本质量等级分类

完整程度	坚硬程度				
	完整	较完整	较破碎	破碎	极破碎
坚硬岩	Ⅰ	Ⅱ	Ⅲ	Ⅳ	Ⅴ
较硬岩	Ⅱ	Ⅲ	Ⅳ	Ⅳ	Ⅴ
较软岩	Ⅲ	Ⅳ	Ⅳ	Ⅴ	Ⅴ
软岩	Ⅳ	Ⅳ	Ⅴ	Ⅴ	Ⅴ
极软岩	Ⅴ	Ⅴ	Ⅴ	Ⅴ	Ⅴ

五、岩石按风化程度分类

岩石按风化程度分类如表 2-10 所示。

六、岩石按软化程度分类

岩石按软化系数 K_R 可分为软化岩石和不软化岩石。当软化系数 K_R 小于或等于 0.75 时，为软化岩石；当软化系数 K_R 大于 0.75 时，为不软化岩石。

当岩石具有特殊成分、特殊结构和特殊性质时，应定为特殊性岩石，如易溶性岩石、膨胀性岩石、崩解性岩石、盐渍化岩石等。

表 2-10　岩石按风化程度分类

风化程度	野外特征	风化程度参数指标	
		波速比 K_v	风化系数 K_f
未风化	岩质新鲜，偶见风化痕迹	0.9～1.0	0.9～1.0
微风化	结构基本未变，仅节理面有渲染或略有变色，有少量风化裂隙	0.8～0.9	0.8～0.9
中等风化	结构部分破坏，沿节理面有次生矿物、风化裂隙发育，岩体被切割成岩块，用镐难挖，岩芯钻方可钻进	0.6～0.8	0.4～0.8
强风化	结构大部分破坏，矿物成分显著变化、风化裂隙很发育，岩体破碎，用镐可挖，干岩不宜钻进	0.4～0.6	<0.4
全风化	结构基本破坏，但尚可辨认，有残余结构强度，可用镐挖，干钻可钻进	0.2～0.4	—
残积土	组织结构全部破坏，已风化成土状，锹镐易挖掘，干钻易钻进，具可塑性	<0.2	—

注：1. 波速比 K_v 为风化岩石与新鲜岩石压缩波速度之比。

2. 风化系数 K_f 为风化岩石与新鲜岩石饱和单轴抗压强度之比。

3. 岩石风化程度除按表列野外特征和定量指标划分外，也可根据当地经验划分。

4. 花岗岩类岩石可采用标准贯入试验划分，$N \geqslant 50$ 为强风化，$50 > N \geqslant 30$ 为全风化，$N < 30$ 为残积土。

5. 泥岩和半成岩可不进行风化程度划分。

七、岩石按质量指标分类

岩石按质量指标分类如表 2-11 所示。

表 2-11　岩石按质量指标(RQD)分类

岩石分类	好	较好	较差	差	极差
RQD(%)	>90	75～90	50～75	25～50	<25

注：RQD 指钻孔中用 N 型(75 mm)二重管金刚石钻头获取的大于 10 cm 的岩芯长度与该回次钻进深度之比。

八、岩体按结构类型分类

岩体的描述应包括结构面、结构体、岩层厚度和结构类型。

(1)结构面的描述应包括类型、性质、产状、组合形式、发育程度、延展情况、闭合程度、粗糙程度、充填情况和充填物性质及充水性质等。

(2)结构体的描述应包括类型、形状、大小和结构体在围岩中的受力情况等。

(3)岩层厚度应按表 2-12 分类。

(4)对地下硐室和边坡工程，应确定岩体的结构类型，岩体按结构类型分类如表 2-13 所示。

表 2-12　岩层厚度分类

层厚分类	巨厚层	厚层	中厚层	薄层
单层厚度 h(m)	$h>1$	$1\geqslant h>0.5$	$0.5\geqslant h>0.1$	$h<0.1$

表 2-13　岩体按结构类型分类

岩体结构类型	岩体地质类型	结构体形状	结构面发育情况	岩土工程特征	可能产生的岩土工程问题
整体状结构	巨块状岩浆岩和变质岩,巨厚层沉积岩	巨块状	以层面和原生构造节理为主,多呈闭合型,结构面间距大于1.5 m,一般为1~2组,无危险结构	岩体稳定,可视为均值弹性各向同性体	局部滑动或坍塌,深埋洞室的岩爆
块状结构	厚层状沉积岩、块状岩浆岩、变质岩	块状、柱状	有少量贯穿型节理裂隙,结构面间距0.7~1.5 m,一般为2~3组,有少量分离体	结构面互相牵制,岩体基本稳定,接近弹性各向同性体	
层状结构	多韵律薄层、中厚层状沉积岩、副变质岩	层状、板状	有层理、片理、节理,常有层间错动	变形和强度受层面控制,可视为各向异性弹塑性体,稳定性较差	可沿结构面滑塌,软岩可产生塑性变形
碎裂状结构	构造影响严重的破碎岩层	碎块状	断层、节理、片理、层理发育,结构面间距0.25~0.50 m,一般3组以上,有许多分离体	整体强度很低,并受软弱结构面控制,呈弹塑性体,稳定性很差	易发生规模很大的岩体失稳,地下水加剧失稳
散体状结构	断层破碎带,强风化带及全风化带	碎屑状	构造和风化裂隙密集,结构面错综复杂,多充填黏性土,形成无序小块和碎屑	完整性遭极大破坏,稳定性极差,接近松散体介质	

第三节　土的分类和鉴定

一、按地质成因分类

土按地质成因可分为残积土、坡积土、洪积土、冲积土、淤积土、冰积土、风积土等类型。

(1)残积土:岩石经风化作用而残留在原地的碎屑堆积物。

(2)坡积土:高处的岩石风化碎屑物在降水的搬运或重力作用下,堆积在较平缓边坡上或坡角处的堆积物。

(3)洪积土:由暂时性洪水急流作用而形成的山前堆积物。

(4)冲积土:由河流流水作用,在山区河谷、平原河谷或河流入海、入湖口处形成的堆积物。

(5)淤积土:在静水或缓慢的水流作用下,在湖泊、沼泽或潟湖中形成的堆积物。

(6)冰积土:在冰川或冰水作用下形成的堆积物。

(7)风积土:由风力搬运形成的堆积物。

二、按沉积时代分类

(1)老沉积土:第四纪晚更新世 Q_3 及其以前沉积的土,一般具有较高的强度和较低的压缩性。

(2)新近沉积土:第四纪全新世中近期沉积的土,一般为欠固结的,强度较低。

三、按颗粒级配和塑性指数分类

土按颗粒级配和塑性指数可分为碎石土、砂土、粉土和黏性土。

(一)碎石土

碎石土为粒径大于 2 mm 的颗粒质量超过总质量 50% 的土。碎石土的分类见表2-14。

表 2-14　碎石土的分类

土的名称	颗粒形状	颗粒级配
漂石	圆形及亚圆形为主	粒径大于 200 mm 的颗粒质量超过总质量的 50%
块石	棱角形为主	
卵石	圆形及亚圆形为主	粒径大于 20 mm 的颗粒质量超过总质量的 50%
碎石	棱角形为主	
圆砾	圆形及亚圆形为主	粒径大于 2 mm 的颗粒质量超过总质量的 50%
角砾	棱角形为主	

注:定名时,应根据颗粒级配由大到小以最先符合者确定。

碎石土密实度的野外鉴定可根据骨架颗粒含量和排列、可挖性、可钻性(见表2-15)确定。其密实度也可根据圆锥动力触探指标按表2-16或表2-17确定,表中的$N_{63.5}$、N_{120}为按规范要求进行杆长修正后的击数。

表2-15 碎石土密实度的野外鉴定

密实度	骨架颗粒含量和排列	可挖性	可钻性
松散	骨架颗粒质量小于总质量的60%,排列混乱,大部分不接触	锹可以挖,井壁易坍塌,从井壁取出大颗粒后,立即塌落	钻进较易,钻杆稍有跳动,孔壁易坍塌
中密	骨架颗粒质量小于总质量的60%~70%,呈交错排列,大部分接触	锹镐可挖掘,井壁有掉块现象,从井壁取出大颗粒处,能保持凹面形状	钻进较困难,钻杆、掉锤跳动不剧烈,孔壁有坍塌现象
密实	骨架颗粒质量大于总质量的70%,呈交错排列,连续接触	锹镐挖掘困难,用撬棍方能松动,井壁较稳定	钻进困难,钻杆、掉锤跳动剧烈,孔壁较稳定

表2-16 碎石土密实度按$N_{63.5}$分类

重型动力触探锤击数$N_{63.5}$	密实度
$N_{63.5} \leqslant 5$	松散
$5 < N_{63.5} \leqslant 10$	稍密
$10 < N_{63.5} \leqslant 20$	中密
$N_{63.5} > 20$	密实

注:本表适用于平均粒径等于或小于50 mm且最大粒径小于100 mm的碎石土。对于平均粒径大于50 mm,或最大粒径大于100 mm的碎石土,可用超重型动力触探或用野外观察鉴定。

表2-17 碎石土的密实度按N_{120}分类

超重型动力触探锤击数N_{120}	密实度
$N_{120} \leqslant 3$	松散
$3 < N_{120} \leqslant 6$	稍密
$6 < N_{120} \leqslant 11$	中密
$11 < N_{120} \leqslant 14$	密实
$N_{120} > 14$	很密

(二)砂土

砂土为粒径大于2 mm的颗粒质量不超过总质量的50%,而粒径大于0.075 mm的颗粒质量超过总质量50%的土。砂土的分类见表2-18。

表 2-18　砂土的分类

土的名称	颗粒级配
砾砂	粒径大于 2 mm 的颗粒质量占总质量的 25% ~50%
粗砂	粒径大于 0.5 mm 的颗粒质量超过总质量的 50%
中砂	粒径大于 0.25 mm 的颗粒质量超过总质量的 25% ~50%
细砂	粒径大于 0.075 mm 的颗粒质量超过总质量的 85%
粉砂	粒径大于 0.075 mm 的颗粒质量超过总质量的 50%

注:定名时,应根据颗粒级配由大到小以最先符合者确定。

砂土的密实度应根据标准贯入试验锤击数实测值 N 划分为密实、中密、稍密和松散(见表 2-19)。也可根据当地经验,依据静力触探探头阻力划分砂土密实度。

表 2-19　砂土密实度分类

标准贯入锤击数 N	密实度	标准贯入锤击数 N	密实度
$N \leqslant 10$	松散	$15 < N \leqslant 30$	中密
$10 < N \leqslant 15$	稍密	$N > 30$	密实

(三)粉土

粉土为粒径大于 0.075 mm 的颗粒质量不超过总质量的 50%,且塑性指数等于或小于 10 的土。

粉土的密实度应根据孔隙比 e 划分为密实、中密和稍密,其湿度根据含水量 $\omega(\%)$ 划分为稍湿、湿、很湿。密实度和湿度分类见表 2-20 和表 2-21。

表 2-20　粉土密实度分类

孔隙比 e	$e < 0.75$	$0.75 \leqslant e \leqslant 0.9$	$e > 0.9$
密实度	密实	中密	稍密

注:有经验时,也可用原位测试或其他方法划分粉土的密实度。

表 2-21　粉土湿度分类

含水量 $\omega(\%)$	$\omega < 20$	$20 \leqslant \omega \leqslant 30$	$\omega > 30$
湿度	稍湿	湿	很湿

(四)黏性土

黏性土为塑性指数大于 10 的土。黏性土应根据塑性指数分为粉质黏土和黏土。塑性指数大于 10,但小于等于 17 的土,应定名为粉质黏土;塑性指数大于 17 的土,应定名为黏土。

塑性指数应由相应于 76 g 圆锥仪沉入土中深度为 10 mm 时测定的液限计算而得。

黏性土的状态根据液性指数 I_L 分为坚硬、硬塑、可塑、软塑和流塑,见表 2-22。

表 2-22　黏性土状态分类

液性指数	$I_L \leqslant 0$	$0 < I_L \leqslant 0.25$	$0.25 < I_L \leqslant 0.75$	$0.75 < I_L \leqslant 1$	$I_L > 1$
状态	坚硬	硬塑	可塑	软塑	流塑

四、土的描述和鉴定

土的鉴定应在现场描述的基础上，结合室内试验的开土记录和试验结果综合确定。

（1）碎石土应描述的内容及描述顺序是：名称、主要成分、磨圆度、球度、一般粒径、最大粒径、坚固性、充填物的名称和性质及其含量的重量百分数、胶结性、密实度等。

（2）砂土的描述内容及描述顺序是：名称、颜色、成分、结构、层理特征、颗粒级配、包含物成分及其含量的重量百分比、胶结性、密实度、湿度等。

（3）粉土应描述的内容及描述顺序是：名称、颜色、颗粒级配、结构、构造、包含物、状态或密实度及湿度等。

（4）黏性土应描述的内容及描述顺序是：名称、颜色、结构和构造特征、气味、包含物、状态及湿度等。对特殊性土，应描述其水理性质等。

（5）特殊性土除描述相应土类规定的内容外，尚应描述其特殊成分和特殊性质，如淤泥应描述嗅味，对填土应描述物质成分、堆积年代、密实度和均匀性等。

（6）互层、夹层、夹薄层的土，除描述各层土类规定内容外，还应描述各层的厚度和层理特征。

对同一土层中相间成韵律沉积、薄层厚度大于 20 cm 的地基土层，当薄层与厚层的厚度比为 1/10 ~ 1/3 时，宜定名为“夹层”，厚的土层写在前面，如黏土夹粉砂层；当厚度比大于 1/3 时，宜定名为“互层”，如黏土 – 粉砂互层；当厚度比小于 1/10 的土层有规律地多次出现时，宜定名为“夹薄层”，如黏土夹薄层粉砂；小于 20 cm 的一般可不单独分层，在描述中指明即可，但有特殊要求的除外。

（7）用目力鉴别描述土的光泽反应、摇振反应、韧性和干强度。

目力鉴别划分土类的标准见表 2-23。

表 2-23　土的目力鉴别

土类	光泽反应	摇振反应	韧性试验	干强度试验
粉土	土面粗糙	摇动时出水与消失都很迅速	土条不能在搓成土团后重新搓条	易于用手捏碎和碾成粉末
粉质黏土	土面光滑但无光泽	反应很慢或基本没有反应	可以搓成土团，但手捏即碎裂	用力才能捏碎，容易折断
黏土	土面有油脂光泽	没有反应	能在揉成土团后再次搓条，用手指压不碎	捏不碎，抗折强度大，断后有棱角，断口光滑

光泽反应：用小刀切开稍湿的土，并用小刀抹过土面，观察土面有无光泽及粗糙程度。

摇动反应:用含水量接近饱和的土搓成小球,放在手掌上左右摇晃,并用另一只手振击该手,如土球表面有水渗出并呈现光泽,但用手指捏土球时水分与光泽很快消失,称摇振反应。反应迅速的表示粉粒含量较多,反之黏粒含量较多。

韧性试验:将土调成含水量稍高于塑限、柔软而不粘手的土膏,在手掌中搓成 3 mm 的土条,再搓成土团二次搓条,根据再次搓条的可能性,分为低、中等、高三种韧性。

干强度试验:将风干的小土球,用手指捏碎的难易程度来划分。

土的描述等级见表 2-24。

表 2-24 土的描述等级

土名	摇振反应	光泽反应	干强度	韧性
粉土	迅速、中等	无光泽反应	低	低
黏性土	无	有光泽、稍有光泽	高、中等	高、中等

第三章　各类岩土工程勘察的基本要求

第一节　房屋建筑和构筑物

房屋建筑和构筑物是指一般的房屋建筑、高层建筑、大型公共建筑、工业厂房及烟囱、水塔、电视信号塔等高耸建筑。对房屋建筑和构筑物的岩土工程勘察应与设计阶段相适应,分阶段进行,并且要明确建筑物或构筑物的荷载、结构特点、基础形式、埋置深度、变形要求和有关功能上的特殊要求,以便提出岩土工程设计参数和地基基础设计方案建议,有时还要估计到可能采用的地基基础的设计施工方法,做到工作有鲜明的目的性和针对性。

岩土工程既然要服务于工程建设的全过程,当然应根据任务要求,承担后期的服务工作,协助解决施工和使用过程中的岩土工程问题。

在城市和工业区,一般已经积累了大量工程勘察资料。场地较小且无特殊要求的工程可合并勘察阶段;当建筑物平面布置已经确定时,可直接进行详勘。但对高层建筑和其他重要工程,在短时间内不易查明复杂的岩土工程问题并作出明确的评价,仍分阶段进行。

岩土工程勘察的主要内容:

(1)查明场地和地基的稳定性、地层结构、持力层和下卧层的工程特性、土的应力历史和地下水条件及不良地质作用等。

(2)提供满足设计、施工所需的岩土参数,确定地基承载力,预测地基变形性状。

(3)提出地基基础、基坑支护、工程降水和地基处理设计与施工方案的建议。

(4)提出对建筑物有影响的不良地质作用的防治方案建议。

(5)对于抗震设防烈度等于或大于6度的场地,进行场地与地基的地震效应评价。

一、可行性研究勘察

可行性研究勘察应符合选择场址方案的要求,应对拟建场地的稳定性和适宜性作出评价。可行性研究勘察工作主要是:

(1)收集区域地质、地形地貌、地震、矿产、当地的工程地质、岩土工程和建筑经验等资料。

(2)在充分收集和分析已有资料的基础上,通过踏勘了解场地地层、构造、岩性、不良地质作用及地下水等工程地质条件。

(3)对工程地质条件复杂,已有资料不能满足要求时,应根据具体情况进行工程地质测绘及必要的勘探工作。

(4)当有两个或两个以上拟选场址时,应进行比选分析。

二、初步勘察

初步勘察应符合初步设计的要求，应对场地内拟建建筑地段的稳定性作出评价。

(一)勘探点、线、网的布置要求

(1)勘探线应垂直地貌单元、地质构造和地层界线布置。

(2)每个地貌单元均应布置勘探点，在地貌单元交接部位和地层变化较大的地段，勘探点应予以加密。

(3)在地形平坦地区，可按网格布置勘探点。

(二)勘探线、勘探点间距

初步勘察勘探线、勘探点间距应符合表3-1的规定。

表3-1 初步勘察勘探线、勘探点间距 (单位:m)

地基复杂程度等级	勘探线间距	勘探点间距
一级(复杂)	50~100	30~50
二级(中等复杂)	75~150	40~100
三级(简单)	150~300	75~200

注:1. 表中间距不适用于地球物理勘探。

2. 控制性勘探点宜占勘探点总数的1/5~1/3;且每个地貌单元均应有控制性勘探点。

3. 对岩质地基、勘探线和勘探点的布置，应根据地质构造、风化情况等，按地方标准或当地经验确定。

(三)勘探孔深度

初步勘察勘探孔深度应符合表3-2的规定。

表3-2 初步勘察勘探孔深度 (单位:m)

工程重要性等级	一般性勘探孔	控制性勘探孔
一级(重要工程)	≥15	≥30
二级(一般工程)	10~15	15~30
三级(次要工程)	6~10	10~20

注:1. 勘探孔包括钻孔、探井及原位测试孔。不包括波速测试、旁压试验、长期观测等特殊用途钻孔。

2. 当勘探孔的地面标高与预计地面标高相差较大时，应按其差值调整勘探孔深度。

3. 在预定深度内遇基岩时，除控制性勘探孔应钻入基岩适当深度外，其他勘探孔在确认达到基岩后即可终孔。

4. 当预定深度内有厚度较大且分布均匀的坚实土层(如碎石土、密实砂等)时，除控制性勘探孔应达到规定深度外，一般性勘探孔深度可适当减小。

5. 当预定深度内有软弱地层时，勘探孔深度应适当加大，部分控制性勘探孔的深度应穿透软弱土层或达到预计控制深度。

6. 对重型工业建筑应根据结构特点和荷载条件适当增加勘探孔深度。

(四)采取土试样与原位测试

(1)采取土试样和进行原位测试的勘探点应结合地貌单元、地层结构和土的工程性质布置，其数量可占勘探点总数的1/4～1/2。

(2)采取土试样的数量和孔内原位测试的竖向间距，应按地层特点和土的均匀程度确定，每层土均应采取土试样或进行原位测试，其数量不宜少于6个。

(五)水文地质工作

(1)调查含水层的埋藏条件，地下水类型、补给排泄条件和各层地下水位及其变化幅度。必要时应设立长期观测孔，监测水位变化。

(2)当需绘制地下水等水位线图时，应根据地下水的埋藏条件和层位，统一量测地下水位。

(3)当地下水可能浸湿基础时，应采取水试样进行腐蚀性评价。

三、详细勘察

详细勘察应满足施工图设计的要求，按单体建筑物或建筑群提出详细的岩土工程资料和设计、施工所需的岩土参数，对建筑地基作出岩土工程评价，并对基础类型、基础形式、地基处理、基坑支护、工程降水和不良地质作用的防治等提出建议。

详细勘察的主要工作内容包括：

(1)收集附有坐标和地形的建筑总平面图，场区的地面整平标高，建筑物的性质、规模、荷载，结构特点，基础形式、埋置深度，地基允许变形等资料。

(2)查明不良地质作用的类型、成因、分布范围、发展趋势和危害程度，提出整治方案的建议。

(3)查明建筑范围内岩土层的类型、深度、分布、工程特性，分析和评价地基的稳定性、均匀性和承载力。

(4)对需进行沉降计算的建筑物，提供地基变形计算参数，预测建筑物的变形特征。

(5)查明埋藏的河道、沟浜、墓穴、防空洞、孤石等对工程不利的埋藏物。

(6)查明地下水的埋藏条件，提供地下水位及其变化幅度；应论证地下水在施工期间对工程和环境的影响。对情况复杂的重要工程，需论证使用期间水位变化和需提出抗浮设计水位时，应进行专门研究。

(7)在季度性冻土地区，提供场地土的标准冻结深度。

(8)判定水和土对建筑材料的腐蚀性。

详细勘察勘探点布置和勘探孔深度应根据建筑物特性和岩土工程条件确定。对岩质地基，应根据地质构造、岩体特性、风化程度等，结合建筑物对地基的要求，按地方标准或当地经验确定。对土质地基，可按以下原则确定。

(一)勘探点布置

详细勘察的勘探点布置应符合下列规定：

(1)勘探点宜按建筑物的周边和角点布置，对无特殊要求的其他建筑物，可按建筑物或建筑群的范围布置。

(2)重大设备基础应单独布置勘探点，重大动力机器基础和高耸建筑物，勘探点不宜少于3个。

(3)建筑地基设计的原则是变形控制，将总沉降、差异沉降、局部倾斜、总体倾斜控制在允许的限度内,而影响变形控制最重要的因素是地层在水平方向上的不均匀性,所以当同一建筑物内主要受力层或有影响的下卧层起伏较大时,应加密勘探点,查明其变化。

(4)勘探手段宜采用钻探与触探相配合,在复杂地质条件、湿陷性土、膨胀岩土、风化岩和残积土地区,宜布置适量探井。

单栋高层建筑勘探点的布置应满足对地基均匀性评价的要求,且不应少于4个;对密集的高层建筑群,勘探点可适当减少,但每栋建筑物至少应有1个控制性勘探点。

(二)勘探点间距

详细勘察勘探点间距可按表3-3确定。

表3-3 详细勘察勘探点间距

地基复杂程度等级	勘探点间距(m)
一级(复杂)	10~15
二级(中等复杂)	15~30
三级(简单)	30~50

(三)勘探孔深度

详细勘察勘探孔的深度自基础底面算起,其值应符合下列规定:

(1)勘探孔深度应能控制地基主要受力层,当基础底面宽度不大于5 m时,其孔深对条形基础应不小于基础底面宽度的3倍,对单独柱基应不小于基础底面宽度的1.5倍,且不应小于5 m。

(2)对高层建筑物需要进行变形验算的地基,控制性勘探孔的深度应超过地基变形计算深度,高层建筑的一般性勘探孔应达到基底下0.5~1.0倍基础宽度,并深入稳定分布的地层。

(3)当有大面积地面堆载或软弱下卧层时,应适当加深控制性勘探孔深度。

(4)对仅有地下室的建筑或高层建筑的裙房,当不能满足抗浮设计要求,需设置抗浮桩或锚杆时,勘探孔应满足抗拔承载力评价要求。

(5)在上述规定深度内当遇基岩或厚层碎石等稳定地层时,勘探孔深度应根据情况进行调整。

(6)当需确定场地抗震类别,而邻近无可靠的覆盖层厚度资料时,应布置波速测试孔,其深度应满足确定覆盖层厚度的要求。

(7)地基变形计算深度,对中低压缩性土可取附加压力等于上覆土层有效自重压力20%处的深度,对于高压缩性土层可取附加压力等于上覆土层有效自重压力10%处的深度。

(8)建筑总平面内的裙房或仅有地下室部分(或当基底附加压力$p_0 \leq 0$时)的控制孔深度可适当减小,但应深入稳定分布地层,且根据荷载和土质条件不宜少于基底下0.5~1.0倍基础宽度。

(9)当需进行地层整体稳定性验算时,控制孔深度应根据具体条件满足验算要求。

(10)大型设备基础勘探孔深度不宜小于基础底面宽度的2倍。

(11)当需进行地基处理时,勘探孔深度应满足地基处理设计与施工要求;当采用桩基时,应满足桩基设计要求。

(四)采取土试样与原位测试

详细勘察采取土试样和进行原位测试应满足岩土工程评价要求,并符合以下要求。

(1)采取土试样和进行原位测试的勘探点数量应根据地层结构、地基土的均匀性和工程特点确定,且不应少于勘探孔总数的1/2,钻探取土孔的数量不应少于勘探孔总数的1/3。

(2)每个场地每一主要土层的原状土试样或原位测试数据不应少于6件(组),当采用连续记录的静力触探或动力触探为主要勘察手段时,每个场地不应少于3个孔。

(3)在地基主要受力层内,对厚度大于0.5 m的夹层或透镜体,应采取土试样或进行原位测试。

(4)当土层性质不均匀时,应增加取土数量或原位测试工作量。

(五)室内土工试验

(1)当采用压缩模量进行沉降计算时,试验的最大压力值应大于预计的有效土自重压力与附加压力之和。压缩系数和压缩模量的计算应取自土的有效自重压力至有效自重压力与附加压力之和的压力段;当需考虑深基坑开挖卸荷和再加荷影响时,应进行回弹试验,其压力的施加应模拟实际的加(卸)荷状态。

(2)当考虑土的应力历史进行沉降计算时,试验最大压力应满足绘制完整的 e—lg$p$ 曲线,并确定先期固结压力 p_c、回弹指数 C_s 与压缩指数 C_c。为了计算回弹指数,应在估算的先期固结压力之后进行一次卸荷回弹,再继续加荷至完成预定的最后一级压力。

(3)当地基内有高压缩性土层且需预测建筑物的沉降历时关系时,应在计算深度内选取适量土试样,分别按预期的应力状态确定其固结系数 C_v。

(4)为计算地基承载力而进行的剪切试验数量,不宜少于6组。当荷载施加速率较低时,可采用三轴固结不排水剪切试验;当地基土为饱和软黏土且荷载施加速率较高时,宜采用自重压力预固结条件下的三轴不固结不排水剪切试验。

(5)当需要验算深基坑边坡稳定性或进行边坡支护设计时,应根据土的类别、支护结构类型等不同条件选择试验方法,确定有效应力或总应力抗剪强度参数或两者均测。

四、施工勘察与监测

基坑或基槽开挖后,岩土条件与勘察资料不符或发现必须查明的异常情况时,应进行施工勘察;在工程施工或使用期间,当地基土、边坡体、地下水等发生未曾估计到的变化时,应进行监测,并对工程和环境的影响进行分析评价。

对于有不良地质作用的场地,建在坡上或坡顶的建筑物,以及基础旁侧开挖的建筑物,应评价其稳定性。

当场地水文地质条件复杂,在基坑开挖过程中需要对地下水进行治理(降水或隔渗)时,应进行专门的水文地质勘察。

第二节　地下硐室

人工开挖或天然存在于岩土体内作为各种用途的构筑物统称为地下硐室，也称为地下建筑或地下工程。地下硐室（地下工程）在铁路、公路、矿冶、国防、城市地铁、城市建设等领域，铁路和公路的隧道，矿山开采的地下巷道，国防建设中的地下仓库、掩体和指挥中心，城市的地下铁道、地下商场、地下体育馆、地下游泳池等，都有广泛的应用，且应用的范围和规模都在不断扩大。

地下硐室的开挖，破坏了原始岩土体的初始平衡应力条件，导致岩土体内应力的重新分布。一方面，当围岩性质较差时，往往会发生不同程度的变形与破坏，严重的还可能危及地下工程的安全和使用。变形与破坏的围岩作用于支衬上的压力称为围岩压力。衬砌产生变形并把压力传递给围岩，这时围岩将产生一个反力，称为围岩抗力。围岩应力、围岩压力、围岩变形与破坏及围岩抗力是地下硐室主要的岩土工程问题。

另一方面，即使地下硐室本身是稳定的，围岩的变形也可能对周围环境造成不利影响，如地面沉陷造成附近建筑物的倾斜、开裂等，两者的影响是相互的。

除此之外，在某些特殊地质条件下开挖地下硐室时，还存在诸如坑道涌水、有害气体及地温等工程问题。

因此在设计前，进行详细的岩土工程勘察，提供设计所需的地质资料，掌握地下硐室所在岩体、土体的地质情况和稳定程度及周围的环境情况，有十分重要的意义。

一、地下硐室勘察要点

地下硐室的勘察随勘察的阶段不同开展不同的工作。

（一）可行性研究勘察

应通过收集区域地质资料、现场踏勘和调查，了解拟选方案的地形地貌、地层岩性、地质构造、工程地质、水文地质和环境条件，作出可行性评价，选择合适的洞址和洞口。

（二）初步勘察

1. 勘察方法和要求

应采用工程地质测绘、勘探和测试等方法，初步查明选定方案的地质条件和环境条件，初步确定岩体质量等级（围岩类别），对洞址和洞口的稳定性作出评价，为初步设计提供依据。

2. 工程地质测绘要求

初步勘察工程地质测绘要求包括：地貌形态或地貌成因；地层岩性、产状、厚度、风化程度；断裂和主要裂隙的性质、产状、充填、胶结、贯通及组合关系；不良地质作用的类型、规模和分布；地震地质背景；地应力的最大主应力作用方向；地下水类型、埋藏条件、补给、排泄和动态变化；地表水体的分布及其与地下水的关系，淤积物的特征；洞室穿越地面建筑物、地下构筑物、管道等既有工程时的相互影响。

3. 初步勘察勘探与测试要求

初步勘察勘探与测试的要求包括：

(1)采用浅层地震剖面法或其他有效方法圈定稳伏断裂、构造破碎带，查明基岩埋深、划分风化带。

(2)勘探点宜沿洞室外侧交叉布置，勘探点间距宜为 100 ~ 200 m，采取试样和原位测试勘探孔不宜少于勘探孔总数的 2/3。

(3)控制性勘探孔深度，对岩体基本质量等级为Ⅰ级和Ⅱ级的岩体宜钻入洞底设计标高下 1 ~ 3 m；对Ⅲ级岩体宜钻入洞底设计标高下 3 ~ 5 m；对Ⅳ级、Ⅴ级的岩体和土层，勘探孔深度应根据实际情况确定。

(4)每一主要岩层和土层均应采取试样，当有地下水时应采取水试样。

(5)当洞区存在有害气体或地温异常时，应进行有害气体成分、含量或地温测定；对高地应力地区，应进行地应力量测。

(6)必要时，可进行钻孔弹性波或声波测试，钻孔地震 CT 或钻孔电磁波 CT 测试。

(三)详细勘察

1. 勘察方法和要求

应采用钻探、钻孔物探和测试为主的勘察方法，必要时可结合施工导洞布置洞探，详细查明洞址、洞口、洞室穿越线路的工程地质和水文地质条件，分段划分岩体质量等级(围岩类别)，评价洞体和围岩的稳定性，为设计支护结构和确定施工方案提供资料。

2. 详细勘察工作要求

查明地层岩性及其分布，划分岩组和风化程度，进行岩石物理力学性质试验；查明断裂构造和破碎带的位置、规模、产状和力学属性，划分岩体结构类型；查明不良地质作用的类型、性质、分布，并提出防治措施；查明主要含水层的分布、厚度、埋深，地下水的类型、水位、补给排泄条件，预测开挖期间出水状态、涌水量和水质的腐蚀性；城市地下硐室需降水施工时，应分段提出工程降水方案和有关参数；查明洞室所在位置及邻近地段的地面建筑和地下构筑物、管线状况，预测洞室开挖可能产生的影响，提出防护措施。

3. 勘探与测试工作要求

勘探点宜在洞室中线外侧 6 ~ 8 m 交叉布置，山区地下硐室按地质构造布置，且勘探点间距不应大于 50 m；城市地下硐室的勘探点间距，岩土变化复杂的场地宜小于 25 m，中等复杂的宜为 25 ~ 40 m，简单的宜为 40 ~ 80 m。

采集试样和原位测试勘探孔数量不应少于勘探孔总数的 1/2。

第四系中的控制性勘探孔深度应根据工程地质、水文地质条件、洞室埋深、防护设计等需要确定。一般性勘探孔可钻至基底设计标高下 6 ~ 10 m。控制性勘探孔深度应符合初步勘察的规定；详细勘察的室内试验和原位测试，除应满足初步勘察的要求外，对城市地下硐室尚应根据设计要求进行下列试验：①采用承压板边长为 30 cm 的载荷试验测求地基基床系数；②采用面热源法或热线比较法进行热物理指标试验，计算热物理参数：导温系数、导热系数和比热容；③当需提供动力参数时，可用压缩波波速 v_p 和剪切波波速 v_s 计算求得，必要时，可采用室内动力性质试验，提供动力参数。

(四)施工勘察

施工勘察应配合导洞或毛洞开挖进行，当发现与勘察资料有较大出入时，应提出修改设计和施工方案的建议。

二、岩土工程勘察报告

详细勘察阶段地下硐室岩土工程勘察报告，除按常规勘察要求执行外，尚应包括以下内容：

(1)划分围岩类别。

(2)提出洞口、洞址、洞轴线位置的建议。

(3)对洞口、洞体的稳定性进行评价。

(4)提出支护方案和施工方法的建议。

(5)对地面变形和既有建筑的影响进行评价。

第三节 岸边工程

岸边工程为在水陆交界处和近岸浅水中兴建的水工建筑物，包括港口工程、造船和修船水下建筑物及取水建筑物等。

岸边工程的勘察是指港口工程、造船和修船水工建筑物及取水构筑物的岩土工程勘察。

岸边工程的勘察阶段，大、中型工程分为可行性研究、初步设计和施工图设计三个勘察阶段；对小型工程、地质条件简单和有成熟经验的工程可简化合并勘察阶段。

一、岸边工程勘察内容

(1)地貌特征和地貌单元交界处的复杂地层。岸边工程处于水陆交互地带，往往一个工程跨越几个地貌单元，因此应查明地貌特征和地貌交界处的复杂地层。

(2)高灵敏软土、层状构造土、混合土等特殊土和基本质量等级为Ⅴ级岩体的分布和工程特性。岸边地区地层复杂，层位不稳定，常分布有软土、混合土、层状构造土，因此应查明这些特殊土的分布和工程特性。

(3)岸边滑坡、崩塌、冲刷、淤积、潜蚀、沙丘等不良地质作用。岸边地区往往由于地表水的冲淤和地下水动力的影响，不良地质作用现象发育，多滑坡、坍岸、潜蚀、管涌等现象，因此应查明不良地质现象发育及分布状况。

岸边工程勘察任务就是要重点查明和评价这些问题，应着重评价岸坡土地基的稳定性，以及各种不良地质作用的成因、分布、发展趋势及其对场地稳定性的影响，并提出治理措施的建议。

二、各勘察阶段的内容

(一)可行性研究勘察

工程地质测绘和调查是该阶段采用的主要勘察方法。测绘和调查内容包括地层分布、构造特点、地貌特征、岸坡形态、冲刷淤积、水位升降、岸滩变迁、淹没范围等情况和发展趋势。必要时应布置一定数量的勘探工作，并应对岸坡的稳定性和场址适宜性作出评价，提出最优场址方案的建议。

（二）初步设计阶段勘察

初步设计勘察应满足合理确定总平面布置、结构形式、基础类型和施工方法的需要，对不良地质现象的防治提出方案和建议。

1. 工程地质测绘

（1）调查岸线变迁和动力地质作用对岸线变迁的影响。

（2）调查埋藏河、湖、沟谷的分布及其对工程的影响。

（3）调查潜蚀、沙丘等不良地质作用的成因、分布、发展趋势及其对场地稳定性的影响。

2. 勘探工作

（1）勘探线宜垂直岸向布置，勘探线和勘探点间距应根据工程要求、地貌特征、岩土分布、不良地质作用等确定，岸坡地段和岩石土层组合地段宜适当加密。

（2）勘探孔深度宜根据工程规模、设计要求和岩土条件确定。

（3）水域地段可采用浅层地震剖面或其他勘探方法。

（4）进一步评价场地的稳定性，并对总平面布置、结构和基础形式、施工方法和不良地质作用的防治提出建议。

（三）施工图设计阶段勘察

施工图设计阶段勘察，应查明地基土的性质，评价其稳定性。勘察工作应符合下列要求。

1. 施工图设计阶段勘察工作

勘探线和勘探点应符合地貌特征和地质条件，根据工程总平面布置确定，复杂地基地段应予以加密。勘探孔深度应根据工程规模、设计要求和岩土条件确定，除建筑物和结构物特点与荷载外，应考虑岸坡稳定性、坡体开挖及支护结构、桩基等的分析计算需要。

2. 试验工作

室内试验应根据工程类别、地基设计需要确定。测定土的抗剪强度选用剪切试验方法时，应考虑的因素包括：①非饱和土在施工期间和竣工以后受水浸成为饱和土的可能性；②土的固结状态在施工和竣工后的变化；③挖方卸荷或填方增荷对土性的影响。

软土的原位试验可采用静力触探或静力触探与旁压试验相结合，进行分层，测试土的模量、强度和地基承载力；用十字板剪切试验，测定土的不排水强度；采用载荷试验提供地基土基床系数；采用模型试验确定重力式码头等抗滑稳定性基底摩擦系数。

3. 评价岸坡和地基稳定性

评价岸坡和地基稳定性时，应考虑的因素包括：①正确选用设计水位；②出现较大水头差和水位骤降的可能性；③施工时的临时超载；④较陡的挖方边坡；⑤波浪作用；⑥打桩影响；⑦不良地质作用的影响。

各勘察阶段勘探线和勘探点的间距、勘探孔的深度、原位试验和室内试验的数量等级的具体要求，应符合现行有关标准的规定。

岸边工程岩土工程勘察报告除应遵守岩土工程勘察报告的一般规定外，尚应根据相应勘察阶段的要求，包含下列内容：①分析评价岸坡稳定性和地基稳定性；②提出地基基础与支护设计方案的建议；③提出防治不良地质作用的建议；④提出岸边工程监测的建议。

第四节　管道和架空线路工程

一、管道工程的勘察与评价

管道工程勘察是指长输油、气管道线路及其大型穿、跨越工程的岩土工程勘察。长输油、气管道工程勘察可分选线勘察、初步勘察和详细勘察三个阶段。对岩土工程条件简单或有工程经验的地区,可适当简化勘察阶段。

(一)选线勘察工作的任务、内容及要求

选线勘察应通过收集资料、测绘与调查,掌握各方案的主要岩土工程问题,对拟选穿、跨越河段的稳定性和适宜性作出评价,并应符合下列要求:

(1)调查沿线地形地貌、地质构造、地层岩性、水文地质等条件,推荐线路越岭方案。

(2)调查各方案通过地区的特殊性岩土和不良地质作用,评价其对修建管道的危害程度。

(3)调查控制线路方案河流的河床和岸坡的稳定程度,提出穿、跨越方案比选的建议。

(4)调查沿线水库的分布情况,近期和远期规划,水库水位、回水浸没和坍岸的范围及其对线路方案的影响。

(5)调查沿线矿产、文物的分布概况。

(6)调查沿线地震动参数或抗震设防烈度。

(7)穿越和跨越河流的位置应选择河段顺直,河床与岸坡稳定,水流平缓,河床断面大致对称,河床岩土构成比较单一,两岸有足够施工场地等有利河段。应避开下列河段:①河道异常弯曲,主流不固定,经常改道;②河床由粉细砂组成,冲淤变幅大;③岸坡岩土松软,不良地质作用发育,对工程稳定性有直接影响或潜在威胁;④断层河谷或发震断裂。

(二)初步勘察工作的任务、内容及要求

初步勘察应以收集资料和调查为主。管道通过河流、冲沟等地段宜进行物探。地质条件复杂的大、中型河流,应进行钻探。每个穿、跨越方案宜布置勘探点1~3个,勘探孔深度应符合详细勘察第(3)条的规定。初步勘察应包括下列内容:

(1)划分沿线的地貌单元。

(2)初步查明管道埋设深度内岩土的成因、类型、厚度和工程特性。

(3)调查对管道有影响的断裂的性质和分布。

(4)调查沿线各种不良地质作用的分布、性质、发展趋势及其对管道的影响。

(5)调查沿线井、泉的分布和地下水位情况。

(6)调查沿线矿藏分布及开采和采空情况。

(7)初步查明拟穿、跨越河流的洪水淹没范围,评价岸坡稳定性。

(三)详细勘察工作的任务、内容及要求

详细勘察应查明沿线的岩土工程条件和水、土对金属管道的腐蚀性,提出工程设计所需要的岩土特性参数。穿、跨越地段的勘察应符合下列规定:

(1)穿越地段应查明地层结构、土的颗粒组成和特性;查明河床冲刷和稳定程度;评价岸坡稳定性,提出护坡建议。

(2)跨越地段的勘探工作应按架空线路工程勘察施工图设计勘察的规定执行。

(3)详细勘察勘探点的布置应满足下列要求:①对管道线路工程,勘探点间距视地质条件复杂程度而定,宜为200~1 000 m,包括地质点及原位测试点,并应根据地形、地质条件复杂程度适当增减;勘探孔深度宜为管道埋设深度以下1~3 m;②对管道穿越工程,勘探点应布置在穿越管道的中线上,偏离中线不应大于3 m,勘探点间距宜为30~100 m,并不应少于3个;当采用沟埋敷设方式穿越时,勘探孔深度宜钻至河床最大冲刷深度以下3~5 m;当采用顶管或定向钻方式穿越时,勘探孔深度应根据设计要求确定。

(4)抗震设防烈度等于或大于6度地区的管道工程,勘察工作应满足场地和地基地震勘察的要求。

(四)勘察报告的内容

岩土工程勘察报告的内容包括:

(1)选线勘察阶段,应简要说明线路各方案的岩土工程条件,提出各方案的比选推荐建议。

(2)初步勘察阶段,应论述各方案的岩土工程条件,并推荐最优线路方案;对穿、跨越工程尚应评价河床及岸坡的稳定性,提出穿、跨越方案的建议。

(3)详细勘察阶段,应分段评价岩土工程条件,提出岩土工程设计参数和设计、施工方案的建议;对穿越工程尚应论述河床和岸坡的稳定性,提出护岸措施的建议。

二、架空线路工程的勘察与评价

架空线路工程勘察是指大型架空线路工程,包括220 kV及其以上的高压架空送电线路、大型架空索道等的岩土工程勘察。大型架空线路工程勘察可分初步设计勘察和施工图设计勘察两阶段,小型架空线路可合并勘察阶段。

(一)初步设计勘察要求

初步设计勘察的要求包括:

(1)调查沿线地形地貌、地质构造、地层岩性和特殊性岩土的分布、地下水及不良地质作用,并分段进行分析评价。

(2)调查沿线矿藏分布、开发计划与开采情况;线路宜避开可采矿层;对已开采区,应对采空区的稳定性进行评价。

(3)对大跨越地段,应查明工程地质条件,进行岩土工程评价,推荐最优跨越方案。

初步设计勘察应以收集和利用航测资料为主。大跨越地段应做详细的调查或工程地质测绘,必要时,辅以少量的勘探、测试工作。

(二)施工图设计勘察要求

施工图设计勘察的要求包括:

(1)平原地区应查明塔基土层的分布、埋藏条件、物理力学性质、水文地质条件及环境水对混凝土和金属材料的腐蚀性。

(2)丘陵和山区尚应查明塔基近处的各种不良地质作用,提出防治措施。

(3)大跨越地段尚应查明跨越河段的地形地貌,塔基范围内地层岩性、风化破碎程度、软弱夹层及其物理力学性质;查明对塔基有影响的不良地质作用,并提出防治措施建议。

(4)对特殊设计的塔基和大跨越塔基,当抗震设防烈度等于或大于6度时,勘察工作应满足场地和地基地震勘察的要求。

在施工图设计勘察阶段,对架空线路工程的转角塔、耐张塔、终端塔、大跨越塔等重要塔基和地质条件复杂地段,应逐个进行塔基勘探。直线塔基地段宜每3~4个塔基布置一个勘探点,深度应根据杆塔受力性质和地质条件确定。

(三)架空线路岩土工程勘察报告的内容

(1)初步设计勘察阶段,应论述沿线岩土工程条件和跨越主要河流地段的岸坡稳定性,选择最优线路方案。

(2)施工图设计勘察阶段,应提出塔位明细表,论述塔位的岩土条件和稳定性,并提出设计参数和基础方案及工程措施等建议。

第五节　废弃物处理工程

废弃物处理工程的勘察主要包括工业废渣堆场、垃圾填埋场等固体废弃物处理工程的勘察。

一、废弃物处理工程勘察的一般原则

(一)废弃物处理工程勘察的范围

废弃物处理工程勘察范围应包括堆填场、初期坝、相关的管线、隧洞等构筑物和建筑物,以及邻近相关地段,并应进行地方建筑材料的勘察。

(二)废弃物处理工程勘察内容

(1)地形地貌特征和气象水文条件。

(2)地质构造、岩土分布和不良地质作用。

(3)岩土的物理力学性质。

(4)水文地质条件、岩土和废弃物的渗透性。

(5)场地、地基和边坡的稳定性。

(6)污染物的运移、对水源和岩土的污染及对环境的影响。

(7)筑坝材料和防渗覆盖用黏土的调查。

(8)全新活动断裂、场地地基和堆积体的地震效应。

(三)废弃物处理工程勘察前收集工作及勘察阶段划分

1.废弃物处理工程勘察前收集资料内容

(1)废弃物的成分、粒度、物理和化学性质,废弃物的日处理量、输送和排放方式。

(2)堆场和填埋场的总容量、有效容量和使用年限。

(3)山谷型堆填场的流域面积、降水量、径流量、多年一遇洪峰流量。

(4)初期坝的坝长和坝顶标高,加高坝的最终坝顶标高。

(5)活动断裂和抗震设防烈度。

(6)邻近的水源地保护带、水源开采情况和环境保护要求。

2. 勘察阶段划分

废弃物处理工程的勘察应配合工程建设分阶段进行,可分为可行性研究勘察、初步勘察和详细勘察三个阶段,并应符合有关标准的规定。

可行性研究勘察主要采用踏勘调查方法,必要时辅以少量勘探工作,对拟选场地的稳定性和适宜性作出评价。

初步勘察以工程地质测绘为主,辅以勘探、原位测试、室内试验,对拟建工程的总平面布置、场地的稳定性、废弃物对环境的影响等进行初步评价,并提出建议。

详细勘察应采用勘探、原位测试和室内试验等手段进行,地质条件复杂地段应进行工程地质测绘,获取工程建设所需的参数,提出设计施工和监测工作的建议,并对不稳定地段和环境影响进行评价,提出治理建议。

(四)工程地质测绘工作

废弃物处理工程的工程地质测绘应包括场地全部范围及其邻近有关地段,其比例尺,初步勘察宜为1:2 000~1:5 000,详细勘察的复杂地段不应小于1:1 000。除常规勘察内容外,尚应着重调查下列内容:

(1)地貌形态、地形条件和居民区的分布。

(2)洪水、滑坡、泥石流、岩溶、断裂等与场地稳定性有关的不良地质作用。

(3)有价值的自然景观、文物和矿山的分布,矿产的开采和采空情况。

(4)与渗漏有关的水文地质问题。

(5)生态环境。

另外,废弃物处理工程应进行专门水文地质勘察;在可溶岩分布区,应着重阐明岩溶发育条件,溶洞、土洞、塌陷的分布,岩溶水的通道和流向,岩溶造成地下水和渗出液的渗漏,岩溶对工程稳定性的影响。

初期坝的筑坝材料勘察及防渗和覆盖用黏土材料的勘察,应包括材料的产地、储量、性能指标、开采和运输条件。可行性勘察时应确定产地,初步勘察时应基本完成。

二、工业废渣堆场勘察要点

工业废渣包括矿山尾矿、火力发电厂灰渣、氧化铝厂赤泥等工业废料。

堆场勘察任务:对场地进行岩土工程分析评价,并提出防治措施;对废渣加高坝,应分析评价现状和达到最终高度时的稳定性,提出堆积方式和应采取的措施;提出边坡稳定、地下水位、库区渗漏等方面监测工作的建议。

(一)详细勘察勘探工作布置原则

(1)勘探线宜平行于堆填场、坝、隧洞、管线等构筑物的轴线布置,勘探点间距应根据地质条件复杂程度确定。

(2)对初期坝,勘探孔的深度应能满足稳定、变形和渗漏的要求。

(3)与稳定、渗漏有关的关键性地段,应加密加深勘探孔或专门布置勘探工作。

(4)可采用有效的物探方法辅助钻探和井探。

(二)废渣材料加高坝勘察

废渣材料加高坝的勘察,应采用勘探、原位测试和室内试验的方法进行,并应着重查明:

(1)已有堆积体的成分、颗粒组成、密实程度、堆积规律。

(2)堆积材料的工程特性和化学性质。

(3)堆积体内浸润线位置及其变化规律。

(4)已运行坝体的稳定性,继续堆积至设计高度的适宜性和稳定性。

(5)废渣堆积坝在地震作用下的稳定性和废渣材料的地震液化可能性。

(6)加高坝运行可能产生的环境影响。

勘探工作布置可按堆积规律垂直于坝轴线布设不少于3条勘探线,勘探点间距在堆场内可适当增大。一般勘探孔深度应进入自然地面以下一定深度,控制性勘探孔深度应能查明可能存在的软弱层。

(三)工业废渣堆场岩土工程评价内容

(1)洪水、滑坡、泥石流、岩溶、断裂等不良地质作用对工程的影响。

(2)坝基、坝肩和库岸的稳定性,地震对稳定性的影响。

(3)坝址和库区的渗漏及建库对环境的影响。

(4)对地方建筑材料的质量、储量、开采和运输条件进行技术经济分析。

三、垃圾填埋场勘察要点

垃圾填埋场勘察的任务:应对场地进行岩土工程分析评价,提出保证稳定、减少变形、防止渗漏和保护环境措施的建议,提出筑坝材料、防渗和覆盖用黏土等地方材料的场地及相关事项的建议,提出相关稳定、变形、水位、渗漏、水土和渗出液化学性质检测工作的建议。

(一)垃圾填埋场勘察前收集资料要求

垃圾填埋场勘察前除满足废弃物处理工程一般规定外,尚应收集下列内容:

(1)垃圾的种类、成分和主要特性及填埋的卫生要求。

(2)填埋方式和填埋程序及防渗衬层和封盖层的结构,渗出液集排系统的布置。

(3)防渗衬层、封盖层和渗出液集排系统对地基和废弃物的容许变形要求。

(4)截污坝、污水池、排水井、输液输气管道和其他相关构筑物的情况。

(二)垃圾填埋场勘探测试工作

垃圾填埋场勘探测试工作,除满足工业废渣要求的外,尚应符合下列要求:

(1)需进行变形分析的地段,其勘探深度应满足变形分析的需求。

(2)岩土和似土废弃物的测试,按常规土体测试方法执行;非土废弃物的测试,应根据其种类和特性采用合适方法,并根据现场监测资料,用反分析方法获取设计参数。

(3)测定垃圾渗出液的化学成分,必要时进行专门试验,研究污染物的运移规律。

(三)垃圾填埋场勘察的岩土工程评价内容

垃圾填埋场勘察的岩土工程评价除执行工业废渣堆场勘察的岩土工程评价规定外,尚应包括下列内容:

(1)工程场地的整体稳定性及废弃物堆积体的变形和稳定性。

(2)地基和废弃物变形,导致防渗衬层、封盖层及其他设施失效的可能性。

(3)坝基、坝肩、库区和其他有关部位的渗漏。

(4)预测水位变化及其影响。

(5)污染物的运移及其对水源、农业、岩土和生态环境的影响。

第六节　核电厂勘察

核电站是各类工业建筑中安全性要求最高、技术条件最为复杂的工业设施。

核电厂勘察必须遵循核电厂安全法规和导则的有关规定,将核电厂岩土工程勘察分为与核安全有关建筑和常规建筑两类进行。

核电厂的下列建筑物为与核安全有关建筑物:核反应堆厂房,核辅助厂房,电气厂房,核燃料厂房及换料水池,安全冷却水泵房及有关取水构筑物,其他与核安全有关的建筑物。除上列与核安全有关建筑物外,其余建筑物均为常规建筑物。与核安全有关建筑物应为岩土工程勘察的重点。

核电厂的岩土工程勘察可分为初步可行性研究、可行性研究、初步设计、施工图设计和工程建造等五个勘察阶段。各勘察阶段的勘察任务和内容如下。

一、初步可行性研究阶段勘察

初步可行性研究阶段应对2个或2个以上厂址进行勘察,最终确定1~2个候选厂址。勘察工作以收集资料为主,根据地质复杂程度,进行调查、测绘、钻探、测试和试验,满足初步可行性研究阶段的深度要求。

(一)目的要求

初步可行性研究勘察应以收集资料为主,对各拟选厂址的区域地质、厂址工程地质和水文地质、地震动参数区划、历史地震及历史地震的影响烈度以及近期地震活动等方面的资料加以研究分析,对厂址的场地稳定性、地基条件、环境水文地质和环境地质作出初步评价,提出建厂的适宜性意见。

(二)手段方法

1. 工程地质测绘

厂址工程地质测绘的比例尺应选用1:10 000~1:25 000;范围应包括厂址及其周边地区,面积不宜小于4 km^2。工程地质测绘内容包括地形、地貌、地层岩性、地质构造、水文地质及岩溶、滑坡、崩塌、泥石流等不良地质作用。重点调查断层构造的展布和性质,必要时应实测剖面。

2. 勘探和测试

初步可行性研究勘察应通过必要的勘探和测试,提出厂址的主要工程地质分层,提供岩土初步的物理力学性质指标,了解预选核岛区附近的岩土分布特征,并应符合下列要求:

每个厂址勘探孔不宜少于2个,深度应为预计设计地坪标高以下30~60 m;应全断面连续取芯，回次岩芯采取率对一般岩石应大于85%，对破碎岩石应大于70%。

每一主要岩土层应采取3组以上试样；勘探孔内间隔2~3 m应做标准贯入试验一次，直至连续的中等风化以上岩体；当钻进至岩石全风化层时，应增加标准贯入试验频次，试验间隔不应大于0.5 m。

岩石试验项目应包括密度、弹性模量、泊松比、抗压强度、软化系数、抗剪强度和压缩波速度等；土的试验项目应包括颗粒分析、天然含水量、密度、比重、塑限、液限、压缩系数、压缩模量和抗剪强度等。

3. 工程物探

初步可行性研究勘察，对岩土工程条件复杂的厂址，可选用物探辅助勘察，了解覆盖层的组成、厚度和基岩面的埋藏特征，了解隐伏岩体的构造特征，了解是否存在洞穴和隐伏的软弱带。

在河海岸坡和山丘边坡地区，结合工程地质调查，对岸坡、边坡的稳定性进行分析，必要时可做少量的勘察工作，并作出初步分析评价。

（三）评价内容

初步可行性研究阶段评价厂址适宜性应考虑下列因素：

(1)有无能动断层，是否对厂址稳定性构成影响。

(2)是否存在影响厂址稳定的全新世火山活动。

(3)是否处于地震设防烈度大于8度的地区，是否存在与地震有关的潜在地质灾害。

(4)厂址区及其附近有无可开采矿藏，有无影响地基稳定的人类历史活动、地下工程、采空区、洞穴等。

(5)是否存在可造成地面塌陷、沉降、隆起和开裂等永久变形的地下洞穴、特殊地质体、不稳定边坡和岸坡、泥石流及其他不良地质作用。

(6)有无可供核岛布置的场地和地基，并具有足够的承载力。

(7)是否危及供水水源或对环境地质构成严重影响。

二、可行性研究阶段勘察

（一）目的要求

可行性研究阶段勘察应当查明厂址地区的地形地貌、地质构造、断裂的展布及其特征；查明厂址范围内地层成因、时代、分布和各岩层的风化特征，提供初步的动静物理力学参数；对地基类型、地基处理方案进行论证，提出建议；查明危害厂址的不良地质作用及其对场地稳定性的影响，对河岸、海岸、边坡稳定性作出初步评价，并提出初步的治理方案；判断抗震设计场地类别，划分对建筑物有利、不利和危险地段，判断地震液化的可能性；查明水文地质基本条件和环境水文地质的基本特征，必要时进行专项水文地质勘察工作。

厂址区的岩土工程勘察应以钻探和工程物探相结合的方式，查明基岩和覆盖层的组成、厚度和工程特性，基岩埋深、风化特征、风化层厚度等，并应查明工程区存在的隐伏软弱带、洞穴和重要的地质构造；对水域应结合水工建筑物布置方案，查明海（湖）积地层分布、特征和基岩面起伏状况。

可行性研究阶段应根据岩土工程条件和工程需要，进行边坡勘察、土石方工程和建筑材料的调查和勘察。

(二)手段方法

1. 工程地质测绘

可行性研究勘察应进行工程地质测绘,工程地质测绘的范围应视地质、地貌、构造单元确定。测绘比例尺在厂址周边地区可采用1∶2 000,但在厂区不应小于1∶1 000。

2. 勘探和测试

可行性研究阶段的勘探和测试应符合下列规定:

(1)厂区钻探采用150 m×150 m网格状布置钻孔,对于均匀地基厂址或简单地质条件厂址较为适用。如果地基条件不均匀或较为复杂,则钻孔间距应适当调整。对水工建筑物宜垂直河床或海岸布置2~3条勘探线,每条勘探线布置2~4个钻孔。泵房位置不应少于1个钻孔。

控制性勘探点应结合建筑物和地质条件布置,数量不宜少于勘探点总数的1/3,沿核岛和常规岛中轴线应布置勘探线,勘探点间距宜适当加密,并应满足主体工程布置要求,保证每个核岛和常规岛不少于1个。

(2)勘探孔深度,对基岩场地宜进入基础底面以下基本质量等级为Ⅰ级、Ⅱ级的岩体不少于10 m;对第四纪地层场地宜达到设计地坪标高以下40 m,或进入Ⅰ级、Ⅱ级岩体不少于3 m;核岛区控制性勘探孔深度,宜达到基础底面以下2倍反应堆厂房直径;常规岛区控制性勘探孔深度不宜小于地基变形计算深度,或进入基础底面以下Ⅰ级、Ⅱ级、Ⅲ级岩体3 m;对水工建筑物应结合水下地形布置,并考虑河岸、海岸的类型和最大冲刷深度。

(3)岩石钻孔应全断面取芯,每回次岩芯采取率对一般岩石应大于85%,对破碎岩石应大于70%,并统计RQD、节理条数和倾角;每一主要岩层应采取3组以上的岩样。

(4)根据岩土条件,选用适当的原位测试方法,测定岩土的特性指标,并可用声波测试方法,评价岩体的完整程度和划分风化等级。

(5)在核岛位置,宜选1~2个勘探孔,采用单孔法或跨孔法,测定岩土的压缩波速和剪切波速,计算岩土的动力参数。

(6)岩土室内试验项目除应符合初步可行性勘察要求内容外,增加每个岩体(层)代表试样的动弹性模量、动泊松比和动阻尼比等动态参数测试。

3. 工程物探

工程物探是本阶段的重点勘察手段,通常选择2~3种物探方法进行综合物探,物探与钻探应互相配合,以便有效地获得厂址的岩土工程条件和有关参数。

4. 水文地质调查评价

可行性研究阶段的水文地质调查评价包括:

(1)结合区域水文地质条件,查明厂区地下水类型,含水层特征,含水层数量、埋深、动态变化规律及其与周围水体的水力联系和地下水化学成分。

(2)结合工程地质钻探对主要地层分别进行注水、抽水或压水试验,测求地层的渗透系数和单位吸水率,初步评价岩体的完整性和水文地质条件。

(3)必要时,布置适当的长期观测孔,定期观测和记录水位,每季度定时取水样一次做水质分析,观测周期不应少于一个水文年。

(三)评价内容

对初步可行性研究阶段确定的初选厂址进行进一步研究,确定核电厂建设最适宜的厂址方案,主要从以下方面进行厂址评价。

(1)评价区域稳定性,区域地壳升降变化情况,可通过不同埋深及精密水准测量高程变化分析区域稳定性。

(2)根据区域内的大地构造、断裂构造、地质发展史、构造发展史,结合地震活动评价区域内构造活动情况及这些区域构造对厂址稳定性的影响。

(3)提出厂址中心5 km半径范围内断裂构造特征资料,在此范围内是否存在活动断层,厂址是否位于地表断裂带影响范围内,即使是低序次断裂构造也要分析其与区域内的深大断裂的组合关系。在5 km半径范围内不允许有能动断层存在。

(4)评价厂址及区域内的地震条件,对凡能影响到厂区的可能地震进行定量分析,确定潜在震源区,确定地震活动参数,最高震级、震级与频度关系数值,复发率及地震衰减公式,提出厂址抗震设计地震震动参数(极限安全地震震动加速度、运行安全地震震动加速度、设计反应谱及地面运动时程曲线),并给出厂址的基本烈度,或者对厂址的基本烈度进行复查。必要时,为了评价厂址及其附近地区的地质构造的活动性与深大发震断裂的关系,可进行强震及微震的观测。

(5)评价上游水库溃坝的不安全性对核电厂的影响;评价连续暴雨引起洪水泛滥影响核电厂安全的可能性,对沿海厂址,要评价海啸、海涌的影响。

(6)厂址是否存在岩溶、洞穴、矿井、水井、油气井而引起地面塌陷、沉降或隆起的可能性。

(7)地层分布特点、均匀性,第四系覆盖层厚度。基岩的风化程度、深度、分布范围,节理裂隙发育规律。

(8)岩土物理力学性质、均匀性、压缩性、岩土承载力,动、静态条件下的模量、泊松比、剪切模量,对岩土工程性能作出评价。

(9)评价厂址范围内是否存在可液化地层及其分布范围。

(10)地下水埋藏深度,评价地下水位变化幅度对建筑物基础的影响,以及地下水对基础的腐蚀性。

(11)评价供排水条件及废水、温水排放对环境工程地质条件的影响。

三、初步设计阶段勘察

(一)目的要求

初步设计勘察应分核岛、常规岛、附属建筑和水工建筑四个地段进行,并应符合下列要求:

(1)查明各建筑地段的岩土成因、类别、物理性质和力学参数,并提出地基处理方案。

(2)进一步查明勘察区内断层分布、性质及其对场地稳定性的影响,提出治理方案的建议。

(3)对影响工程建设的边坡进行勘察,并进行稳定性分析和评价,提出边坡设计参数和治理方案的建议。

(4)查明建筑地段的水文地质条件。

(5)查明对建筑物有影响的不良地质作用,并提出治理方案的建议。

(二)手段方法

(1)初步设计核岛地段勘察应满足设计和施工的需要,勘探孔的布置、数量和深度应符合下列规定:

①应布置在反应堆厂房周边和中部,当场地岩土工程条件较复杂时,可沿十字交叉线加密或扩大范围。勘探点间距宜为10~30 m。

②勘探点数量应能控制核岛地段地层岩性分布,并能满足原位测试的要求。每个核岛勘探点总数不应少于10个,其中反应堆厂房不应少于5个,控制性勘探点不应少于勘探点总数的1/2。

③控制性勘探孔深度宜达到基础底面以下2倍反应堆厂房直径,一般性勘探孔深度宜进入基础底面以下Ⅰ、Ⅱ级岩体不少于10 m。波速测试孔深度不应小于控制性勘探孔深度。

(2)初步设计常规岛地段勘察,除应符合房屋建筑及构筑物勘察要求的规定外,尚应符合下列要求:

①勘探点应沿建筑物轮廓线、轴线或主要柱列线布置,每个常规岛勘探点总数不应少于10个,其中控制性勘探点不宜少于勘探点总数的1/4。

②控制性勘探孔深度对岩质地基应进入基础底面下Ⅰ级、Ⅱ级岩体不少于3 m,对土质地基应钻至压缩层以下10~20 m;一般性勘探孔深度,岩质地基应进入中等风化层3~5 m,土质地基应达到压缩层底部。

(3)初步设计阶段水工建筑的勘察应符合下列规定:

①泵房地段钻探工作应结合地层岩性特点和基础埋置深度,每个泵房勘探点数量不应少于2个,一般性勘探孔应达到基础底面以下1~2 m,控制性勘探孔应进入中等风化岩石1.5~3.0 m;土质地基中控制性勘探孔深度应达到压缩层以下5~10 m。

②位于土质场地的进水管线,勘探点间距不宜大于30 m,一般性勘探孔深度应达到管线底标高以下5 m,控制性勘探孔应进入中等风化岩石1.5~3.0 m。

③与核安全有关的海堤、防波堤,钻探工作应针对该地段所处的特殊地质环境布置,查明岩土物理力学性质和不良地质作用;勘探点宜沿堤轴线布置,一般性勘探孔深度应达到堤底设计标高以下10 m,控制性勘探孔应穿透压缩层或进入中等风化岩石1.5~3 m。

(4)初步设计阶段勘察的测试,除应满足一般勘察要求外,尚应符合下列规定:

①根据岩土性质和工程需要,选择合适的原位测试方法,包括波速测试、动力触探试验、抽水试验、注水试验、压水试验和岩体静载荷试验等,并对核反应堆厂房地基进行跨孔法波速测试和钻孔弹模测试,测求核反应堆厂房地基波速和岩石的应力应变特性。

②室内试验除进行常规试验外,尚应测定岩土的动静弹性模量、动静泊松比、动阻尼比、动静剪切模量、动抗剪强度、波速等指标。

四、施工图设计阶段勘察

施工图设计阶段应完成附属建筑的勘察和主要水工建筑以外其他水工建筑的勘察,

并根据需要进行核岛、常规岛和主要水工建筑的补充勘察。勘察内容和要求可按初步设计阶段有关规定执行,每个与核安全有关的附属建筑物不应少于一个控制性勘探孔。

施工图设计阶段的评价内容和初步设计阶段基本上是相同的。不同的是此阶段勘探点间距减小,勘探点加密,对解决某些重点岩土工程问题更有针对性,以便达到详细查明场地岩土工程条件的目的。

下列情况应进行补充勘察,工作方法同初步设计阶段:

(1)增加新建筑物或设计变更。

(2)前期遗留的工程地质问题。

(3)存在与初步设计阶段勘察报告结论明显不符的情况。

(4)原勘察报告不能满足设计要求。

五、工程建造阶段勘察

工程建造阶段勘察主要是现场检验和监测,其内容和要求应按照岩土工程勘察规范现场检验和监测要求执行。对核反应堆厂房及其主要建筑物地基、水泵房基坑、进排水隧道和高边坡等开挖过程中如发现岩土条件与勘察报告有较大差异,应及时分析研究,必要时应进行补充勘察。当核反应堆厂房等重要建筑施工开挖至设计标高时,应对开挖面进行1:100比例尺的地质编录,编录内容包括开挖面上的不同岩性的分界线、岩石风化程度、断层、岩脉、节理裂隙、劈理、流面、喷发间歇面、喷水点等地质要素。

第七节　边坡工程

一、边坡工程分类

(一)按成因分类

(1)人工边坡:由人工开挖或填筑施工所形成的地面具有一定斜度的地段。

(2)自然边坡:由自然地质作用形成的地面具有一定斜度的地段,形成时间一般较长。

(二)按地层岩性分类

(1)土质边坡:土层结构决定边坡的稳定性,边坡破坏形式主要为圆弧滑动和直线滑动。按边坡组成土的类型不同可分为黏性土边坡、碎石土边坡、黄土边坡等。

(2)岩质边坡:边坡主要由岩石构成,其稳定性取决于岩体主要结构面与边坡倾向的相对关系、土岩界面的倾角等,破坏形式主要为滑移型、倾倒型和崩塌型。

当岩质边坡高度≥15 m,岩土混合边坡高度≥12 m且土层厚度≥4 m,土质边坡高度≥8 m;岩质基坑高度≥12 m,岩土混合基坑高度≥8 m且土层厚度≥4 m,土质基坑高度≥5 m;填方边坡高度≥8 m时,以上边坡均属于高边坡工程。当岩质边坡高度≥30 m;岩土混合边坡高度≥25 m且土层厚度≥4 m;土质边坡高度≥15 m;岩质基坑高度≥15 m;岩土混合基坑高度≥12 m且土层厚度≥4 m;土质基坑高度≥8 m;填方边坡高度≥12 m,则以上边坡属于超高限边坡。

二、边坡工程安全等级

边坡工程按其损坏后可能造成的破坏后果（危及人的生命、造成经济损失、产生社会不良影响）的严重性、边坡类型和坡高等因素，根据表3-4确定安全等级。

表3-4　边坡工程安全等级

边坡类型		边坡高度（m）	破坏后果	安全等级
岩质边坡	岩体类型为Ⅰ类或Ⅱ类	$H \geqslant 30$	很严重	一级
			严重	二级
			不严重	三级
	岩体类型为Ⅲ类或Ⅳ类	$15 \leqslant H < 30$	很严重	一级
			严重	二级
		$H < 15$	很严重	一级
			严重	二级
			不严重	三级
土质边坡		$10 < H \leqslant 15$	很严重	一级
			严重	二级
		$H \leqslant 10$	很严重	一级
			严重	二级
			不严重	三级

注：1. 一个边坡工程的各段，可根据实际情况采用不同的安全等级。

2. 对危害性极严重、环境和地质条件复杂的特殊边坡工程，其安全等级应根据工程情况适当提高。

三、边坡工程勘察目的、要求及内容

边坡工程勘察的目的是查明边坡区域岩土工程条件和水文地质条件，评价边坡的稳定性。对一级建筑边坡工程应进行专门的岩土工程勘察；二、三级建筑边坡工程可与主体建筑勘察一并进行，但应满足边坡勘察的深度和要求。大型和地质环境条件复杂的边坡宜分阶段勘察，地质环境复杂的一级边坡工程尚应进行施工勘察。

边坡工程勘察要求：查明天然边坡或人工边坡的工程地质条件，提出边坡稳定性计算参数；进行边坡的稳定性分析，预测因工程活动引起的边坡稳定性的变化；确定人工边坡的最优开挖坡形和坡角；对潜在不稳定边坡提供计算参数，整治与加固措施及监测方案。

边坡工程勘察主要内容：

（1）调查边坡地区地貌形态的演变过程、发育阶段和微地貌特征。查明不良地质现象及其范围和性质，并符合不良地质作用勘察的各项要求。

（2）查明岩土的种类、成因类型、性质和软弱层的分布界线，在覆盖层地区还应查明其厚度及下伏基岩面的形态和坡度。

(3)查明主要结构面的类型、产状、分布及组合关系,分析其力学属性及与临空面的关系。

(4)查明地下水的类型、水位、水压、水量、补给和动态条件,岩土的透水性及地下水的出露情况。

(5)查明地区的气象条件(特别是雨期、暴雨量),汇水面积、坡面的植被,风化作用和水对坡面、坡脚的冲刷情况以及地震烈度,判明上述因素对坡体稳定性的影响。

(6)查明确定边坡岩体主要结构面的类型、产状、延展情况、闭合程度、充填状况、充水状况、力学属性和组合关系,主要结构面与临空面关系,是否存在外倾结构面。

(7)查明边坡岩土的物理力学性质和软弱面的抗剪强度,提出斜坡和边坡稳定性计算参数。

(8)确定人工边坡的最优开挖坡形及坡角。

(9)对不稳定边坡提出整治措施和监测方案。

四、边坡工程勘察要点

(一)勘察阶段划分

一般情况下,边坡勘察和建筑物的勘察是同步进行的,边坡问题应在初勘阶段基本解决。对于大型边坡勘察可分为以下三个阶段。

(1)初步勘察:除收集已有资料外,主要是进行工程地质测绘,了解边坡的工程地质条件及当地的边坡稳定情况和防护经验,需要时,可进行少量的勘探和室内试验。通过调查分析初步评价边坡的稳定性。

(2)详细勘察:应对不稳定的边坡及其相邻地段进行工程地质测绘、勘探、试验和观测,取得有关的计算参数,进行分析计算,作出稳定性评价,对人工边坡提出最优开挖坡形坡脚,对可能失稳的边坡提出防护处理措施。

(3)施工勘察:主要是配合施工开挖进行地质编录,核对、补充前阶段的勘察资料,进行施工安全预报,必要时提出修正或重新设计边坡并提出处理措施。

(二)勘察手段及要求

1. 工程地质测绘

边坡工程地质测绘除应符合通常工程地质测绘的要求外,尚应着重查明天然边坡的形态和坡角、软弱结构面的产状和性质。测绘范围不能仅限于边坡地段,应适当扩大到可能对边坡稳定有影响的地段。对于岩质边坡,工程地质测绘是勘察工作的首要内容,应着重查明边坡的形态和坡角,确定边坡类型和稳定坡率;着重查明软弱结构面的产状和性质。

2. 勘探、取样和试验

(1)勘探线、点的布置应以查明边坡的纵横剖面(垂直和平行于滑动方向)为原则,勘探点间距不宜大于 50 m,每条勘探线不宜少于 3 个勘探点,当遇有软弱夹层或不利的结构面时,勘探点可适当加密。

(2)勘探点深度应穿过潜在滑动面并深入稳定层内 2 ~ 5 m,坡脚处应达到地形剖面的最低点。当勘探结构面时,宜采用与结构面成 30° ~ 60°的钻孔。

(3)为查明软弱层面的位置、性状,宜在勘探线上布置少量的探洞、探井或大口径钻孔,探洞宜垂直于边坡开挖。

(4)主要岩土层及软弱层均应采取试样。每层的试样对于土层不应少于6件,对于岩层不应少于9件,软弱层宜连续取样。

(5)应着重测求土的抗剪强度。试件的剪切方向应与边坡的变形方向一致。对大型工程宜做岩体应力测试、波速测试、动力测试、孔隙水压力测试和模型试验。

(6)水文地质试验包括地下水流速、流向、流量和岩土的渗透性试验等。

抗剪强度参数的确定是边坡勘察试验工作的一项重要内容,应根据实测结果结合当地经验确定,并宜采用反分析方法验证。对永久性边坡,尚应考虑强度可能随时间降低的效应。正确确定岩土和结构面的强度指标,是边坡稳定分析和边坡设计成败的关键,岩土性质有时有蠕变,强度可能随时间而降低,对于永久性边坡应予注意。

五、边坡工程稳定性评价

边坡的稳定性受多种因素的影响,可分为内部因素和外部因素。内部因素包括岩土性质、地质构造、岩土结构、水的作用、地震作用、地应力和残余应力等,外部因素包括工程荷载条件、振动、斜坡形态及风化作用、临空条件、气候条件和地表植被发育等。评价一个边坡的稳定性,应根据其地形地貌、形态特征、地层条件、地下水活动和出露位置等各种因素综合确定。

边坡的稳定性评价应在确定边坡破坏模式的基础上,采用工程地质类比法、图解分析法、极限平衡法、有限单元法、数值分析法等进行综合评价。

边坡稳定安全系数因所采用的计算方法不同,计算结果存在一定差别,通常圆弧法计算结果较平面滑动法和折线滑动法偏低。因此,在依据稳定安全系数评价边坡稳定状态时,其系数根据边坡安全等级及类别采用不同的数值(见表3-5),否则应对边坡进行处理。对地质条件很复杂、破坏后果很严重的边坡,可适当提高安全系数。

表3-5　边坡稳定安全系数

边坡类别	一级	二级	三级
平面滑动、折线滑动	1.35	1.30	1.25
圆弧滑动	1.30	1.25	1.20

边坡稳定安全系数 F_s 的取值,对新设计的边坡、重要工程宜取1.30~1.50,一般工程宜取1.15~1.30,次要工程宜取1.05~1.15。采用峰值强度时取大值,采取残余强度时取小值。验算已有边坡稳定时,F_s 取1.10~1.25。

六、勘察成果报告

边坡勘察成果报告,主要是在对边坡岩土条件调查和了解的基础上,对其稳定性作定性或定量的评价,其报告除按照正常地质勘察报告评价内容进行评价外,还应包括以下内容:

(1)边坡的工程地质条件和岩土工程计算参数。

(2)分析边坡和建在坡顶、坡上建筑物的稳定性,以及对坡下建筑物的影响。

(3)提出最优坡形和坡角的建议。

(4)提出不稳定边坡整治措施和监测方案的建议。

第八节　基坑工程

一、基坑工程的概念

建筑物或构筑物地下部分施工时,需开挖基坑,进行施工降水和基坑周边的围挡,同时要对基坑四周的建筑物、构筑物、道路和地下管线进行监测及安全防护,确保正常、安全施工。这项综合性工程称为基坑工程。

在建筑密集的城市中心建高层建筑、地下车库、地下铁道或地下车站时,往往需要在狭窄的场地上进行深基坑的开挖。由于场地的局限性,在基槽平面以外没有足够的空间安全放坡,人们不得不设计规模较大的开挖支护系统,以保证施工的顺利进行。

基坑工程主要包括基坑围护体系设计与施工和土方开挖,是一项综合性很强的系统工程,它要求岩土工程和结构工程技术人员密切配合。基坑围护体系是临时结构,在地下工程施工完成后,基坑围护体系就不再需要。

二、基坑工程安全等级和重要性等级

基坑工程重要性等级按以下三方面因素进行划分:

(1)基坑开挖深度。

(2)基坑场地的工程地质与水文地质条件。

(3)基坑周边环境条件及坑内环境条件。

基坑工程重要性等级按上述标准划分为三个等级,同一基坑可根据不同条件划分为不同的等级地段;不同等级的基坑对支护结构的变形要求不同,计算中的安全系数也不同。

《建筑基坑支护技术规程》(JGJ 120—99)按照基坑工程破坏后果的严重程度对基坑安全等级做了三级划分(见表3-6)。

表3-6　基坑侧壁安全等级及重要性系数

安全等级	破坏后果	重要性系数
一级	支护结构破坏、土体失稳或过大变形对基坑周边环境及地下结构施工影响很严重	1.10
二级	支护结构破坏、土体失稳或过大变形对基坑周边环境及地下结构施工影响一般	1.00
三级	支护结构破坏、土体失稳或过大变形对基坑周边环境及地下结构施工影响不严重	0.90

注:有特殊要求的建筑基坑侧壁安全等级可根据具体情况另行确定。

三、基坑工程岩土工程勘察阶段及主要任务

基坑工程的勘察很少单独进行，大多是与地基勘察一并完成的。

基坑工程岩土工程勘察应结合拟建主体工程详细勘察工作同时进行，根据主体结构设计和基坑工程设计施工的要求，确定勘察工作量。

按照主体工程要求进行勘察，在勘探点密度、深度方面一般能同时满足基坑工程勘察要求。稍有不同的是，基坑工程需要了解建(构)筑物轮廓以外一定范围的地下和地面情况，对浅部土层要求作细致的划分与评价。

对于重要的或地质条件复杂的基坑工程及仅有地下室而无上部主体建筑的工程(如地下车库、地下交通通道等)，当缺乏勘察资料或已有勘察成果资料不能满足基坑工程的设计和施工要求时，应进行专门的基坑勘察或补充勘察工作。

基坑勘察工作主要应完成以下工作任务：

(1)查明场地的地层结构与成因类型、分布规律及其在水平与垂直方向的变化，尤其需查明软土及粉土夹层或黏性土与粉土、粉砂交互层的分布与特征。

(2)提供各岩土层的物理力学性质指标及基坑支护设计、施工所需的有关参数。

(3)查明岩土层的膨胀性、软化性、崩解性、触变性等对基坑工程的影响。

(4)对岩层中开挖的基坑，应查明岩体的岩性、产状、风化程度，结构面(尤其是软弱面)的类型、力学性质、发育程度、闭合状态、充填与充水情况、各结构面组合关系及软质岩开挖暴露后工程性能恶化对基坑稳定性的影响。

(5)查明地下水的类型、埋藏条件、水位、富水性、补给来源、动态变化及土层的渗透性等。

(6)查明基坑周边已有建筑物、道路及各种地下管线的现状及距基坑边缘的距离等环境条件资料。

(7)对基坑工程的设计与施工进行评价。

在受基坑开挖影响和可能设置支护结构的范围内，应查明岩土分布，分层提供支护设计所需的抗剪强度指标。土的抗剪强度试验方法应与基坑工程设计要求一致，符合设计采用的标准，并在勘察报告中说明。

当场地水文地质条件复杂，在基坑开挖过程中需要对地下水进行控制(降水或隔渗)，且已有资料不能满足要求时，应进行专门的水文地质勘察。

当基坑开挖可能产生流砂、流土、管涌等渗透性破坏时，应有针对性地进行勘察，分析评价其产生的可能性及对工程的影响。当基坑开挖过程中有渗流时，地下水的渗流作用宜通过渗流计算确定。

基坑工程勘察应进行环境状况的调查，查明邻近建筑物和地下设施的现状、结构特点及对开挖变形的承受能力。在城市地下管网密集分布区，可通过地理信息系统或其他档案资料了解管线的类别、平面位置、埋深和规模，必要时应采用有效方法进行地下管线探测。

在特殊性岩土分布区进行基坑工程勘察时，对软土的蠕变和长期强度，软岩和极软岩的失水崩解，膨胀土的膨胀性和裂隙性及非饱和土增湿软化等对基坑的影响进行分析评价。

四、勘察工作基本要求

(一)勘察方法

基坑工程勘察一般采用钻探、静力触探、现场原位测试(标准贯入试验、动力触探试验、十字板剪切试验、扁铲侧胀试验等)与室内试验结合的综合方法。为查明地下管网布置,尚需物探手段辅助勘察。在斜坡地带勘察时,还可根据条件实施现场大面积剪切试验,以确定岩土层的抗剪强度指标。

(二)勘探点布置

基坑工程勘察勘探点的布置应符合下列要求:

(1)根据基坑开挖深度及场地岩土工程条件,结合主体建筑的勘察要求布置勘探点,其间距一般为 12 ~ 24 m。

(2)当场地存在软土层或可能造成基坑设计施工困难的地层及暗沟、暗塘等异常地段时,应适当加密勘探点。

(3)条件允许时,勘探点布置范围宜扩大到在基坑开挖边线外 2 ~ 3 倍开挖深度;对地形或地质条件复杂的基坑,尚应根据需要进一步扩大勘察范围,适当加密勘探点。

(4)当开挖边界外无法布置勘探点时,应通过调查取得相应资料。

(5)对岩石基坑,当岩体出露条件较好,构造较简单时,可采用实测地质剖面或探井、探槽以代替钻探工作。

(6)基坑工程勘察孔应按要求及时回填。

(三)勘探点深度

基坑工程勘探点深度宜为开挖深度的 2 ~3 倍,大致相当于在一般土质条件下悬臂桩墙的嵌入深度。在此深度内遇到坚硬黏性土、碎石土和岩层,可根据岩土类别和支护设计要求减小深度。

(四)取样与测试要求

取样和测试工作除满足主体建筑勘察要求外,尚应符合以下要求:

(1)钻探应分层采取土试样,取样间距应按地基土分布情况及土的性质确定,在 2 倍基坑深度范围内为 1.0 ~1.5 m。

(2)每一主要土层的原状土试样或原位测试的数据不应少于 6 组。

(3)在基坑影响范围内,对厚度大于 0.5 m 的夹层或透镜体,应取土试样或进行原位测试。

(4)当土层性质不均匀时,应增加取土数量或原位测试工作量。

(五)室内试验

基坑工程勘察岩土室内试验应提供以下指标:

(1)各岩土层的抗剪强度指标及重度指标。

(2)对饱和软土应测定土的灵敏度、无侧限抗压强度、有机质含量等。

(3)对老黏性土应测定膨胀性指标。

(4)对一般黏性土及粉土应测定垂直及水平渗透系数。

(5)对砂性土宜测定水下休止角,对重要基坑工程尚宜提供土的静止侧压力系数。

抗剪强度是基坑支护设计重要的参数,但不同的试验方法(有效应力法、总应力法,直剪或三轴剪)可能得出不同的结果。经验表明,按照《建筑基坑支护技术规程》(JGJ 120—99)所采用的各种计算模式和方法,认为首选的是直接快剪,其次是自重固结后的三轴快剪,后者只是试验前自重压力下固结,并非通常所说的固结快剪。

基坑岩土层抗剪强度指标的确定原则:

(1)对黏性土和粉土采用直接快剪或自重固结不排水三轴剪(UU),一般情况下采用总应力法的 C、φ 指标。

(2)对黏性土与粉土、粉砂交互层土的 C、φ 标准值,可取三者中的最小值。

(3)对老黏性土及残积土、软岩应充分考虑基坑开挖暴露后的强度衰减,其中对老黏性土按室内试验所确定的黏聚力标准值应乘以 0.3~0.6 的折减系数,且最高不宜大于 50 kPa。

(4)对比较纯净的砂土,C 值可按零值考虑,φ 值可根据标准贯入击数标准值计算确定。

(5)对重要性等级为二级、三级的基坑工程,土层的 C、φ 值可根据土工试验与原位测试成果并参照规范要求综合确定。

五、基坑工程评价

(一)勘察报告的内容

岩土工程勘察报告中对基坑工程评价应在主体建筑岩土工程勘察的基础上,需有专门章节对基坑工程进行介绍,其成果资料应包括以下内容:

(1)基坑的平面位置、尺寸、开挖深度及与基坑开挖有关的场地条件、土质条件、工程条件与周边环境条件,并划分基坑工程重要性等级。

(2)提出基坑设计的计算参数和支护结构选型的建议。

(3)提出地下水作用对基坑工程的影响与评价及对地下水控制方法、计算参数及抗浮设计的建议。

(4)提出基坑开挖施工应注意的事项和施工可能遇到的问题及防治措施。

(5)对施工阶段的环境保护和监测工作的建议。

(二)分析评价

基坑工程勘察成果资料还应根据不同工程的要求针对以下问题进行分析评价:

(1)基坑边坡的稳定性(包括局部稳定性、整体稳定性、坑底抗隆起稳定性、抗管涌稳定性、承压水稳定性等)。

(2)坑底和侧壁的渗透稳定性。

(3)支护挡土结构和边坡可能发生的变形。

(4)基坑降水的效果和降水对环境影响的预测。

(5)基坑开挖和降水对邻近建筑物与地下设施的影响。

(6)在特殊性岩土分布区进行基坑工程勘察时,可根据特殊性岩土勘察规定进行勘察,对软土的蠕变和长期强度,软岩和极软岩的失水崩解,膨胀土的膨胀性和裂隙性及非饱和土增湿软化等对基坑的影响进行分析评价。

第九节 桩基础

本节适用于已确定采用桩基础方案时的勘察工作。

一、勘察基本要求

(1)查明场地各层岩土的类型、深度、分布、工程特性和变化规律。

(2)当采用基岩作为桩的持力层时,应查明基岩的岩性、构造、岩面变化、风化程度,确定其坚硬程度、完整程度和基本质量等级,判定有无洞穴、临空面、破碎岩体或软弱岩层。

(3)查明水文地质条件,评价地下水对桩基设计和施工的影响,判定水质对建筑材料的腐蚀性。

(4)查明不良地质作用,可液化土层和特殊性岩土的分布及其对桩基的危害程度,并提出防治措施。

(5)评价成桩可能性,论证桩的施工条件及其对环境的影响。

二、勘察工作的布置原则

(一)勘探孔平面布置

(1)初勘阶段可根据拟建场地形状按网格状或梅花形布置勘探孔,对高架道路、桥梁等线形工程可沿拟选轴线布置勘探孔。勘探孔间距随场地复杂程度而定,一般为 50 ~ 200 m。

(2)详勘阶段应根据建(构)筑物的平面形状,在建(构)筑物(高架道路、桥梁等架空工程的桩基承台)中心、角点或周边布置勘探孔。

勘探孔间距如下:

①对端承桩宜为 12 ~ 24 m,相邻勘探孔揭露的持力层层面高差宜控制在 1 ~ 2 m 以内。

②对摩擦桩宜为 20 ~ 35 m,当地层条件复杂,影响成桩或设计有特殊要求时,应适当加密。

③复杂地基的一柱一桩工程,宜每柱布置勘探孔。

④单栋高层建筑及跨径 >100 m 的桥梁主墩承台,或面积大于 400 m^2 的承台,勘探孔不应少于 4 个。

(二)勘探孔深度

(1)一般性勘探孔的深度应达到预计桩端以下 3 ~ 5 倍桩径,且不得小于 3 m;对大直径桩,不得小于 5 m。

(2)控制性勘探孔深度应满足下卧层验算要求;对需验算沉降的桩基,应超过地基变形计算深度。控制性勘探孔宜占勘探孔总数的 1/3 ~ 1/2;对高层建筑,每栋至少应有 1 个控制性勘探孔;对甲级的建筑桩基,场地至少应布置 3 个控制性勘探孔,对乙级的建筑桩基,场地至少应布置 2 个控制性勘探孔。

(3)钻至预计深度遇软弱层时,应予加深;在预计勘探孔深度内遇稳定坚实岩土时,可适当减小。

(4)对嵌岩桩,应钻入预计嵌岩面以下不少于 3 ~ 5 倍桩径,并穿过溶洞、破碎带,到达稳定地层。

(5)对可能有多种桩长方案时,应根据最长桩方案确定。

三、勘察方法的选择

(1)除常规的钻探、取样外,应有静力触探和标贯等原位测试相配合,遇砂土、粉土、混合土和残积土时,应进行标贯试验并利用其采取的扰动土样测定土的颗粒组成。

(2)当需估算桩的侧阻力、端阻力和验算下卧层强度时,宜进行三轴剪切试验或无侧限抗压强度试验;三轴剪切试验的受力条件应模拟工程的实际情况。

(3)对需估算沉降的桩基工程,应进行压缩试验,试验最大压力应大于上覆自重压力与附加压力之和。

(4)当桩端持力层为基岩时,应采取岩样进行饱和单轴抗压强度试验,必要时尚应进行软化试验;对软岩和极软岩,可进行天然湿度的单轴抗压强度试验。对无法取样的破碎和极破碎的岩石,宜进行原位测试。

四、勘察评价

桩基工程特有的勘察评价内容如下:

(1)提供可选的桩基类型和桩端持力层,提出桩长、桩径方案的建议。

(2)提出估算的有关岩土的基桩侧阻力和端阻力。必要时提出估算的竖向、水平承载力和抗拔承载力。对地基基础设计等级为甲级的建筑物和缺乏经验的地区,应建议做单桩竖向静载荷试验。试验数量不宜少于工程桩数的 1%,且每个场地不少于 3 个。对承受较大水平荷载的桩,应建议进行桩的水平载荷试验;对承受上拔力的桩,应建议进行抗拔试验。

(3)对需要进行沉降计算的桩基工程,应提供计算所需的相应土层的变形参数,必要时进行沉降估算。

(4)当有软弱下卧层时,应验算软弱下卧层强度。

(5)对欠固结土或有大面积堆载的工程,应分析桩侧产生负摩阻力的可能性及其对桩基承载力的影响,并提供负摩阻力系数和减少负摩阻力措施的建议。

(6)分析成桩的可能性、成桩和挤土效应的影响,并提出防护措施的建议。

(7)持力层为倾斜地层,基岩面凹凸不平或岩土中有洞穴时,应评价桩的稳定性,并提出处理措施的建议。

第十节　地基处理

进行地基处理时应有足够的地质资料,地基处理一般不进行专门勘察,是和岩土工程勘察同步进行的,只有当资料不够时,才进行必要的补充勘察。

一、地基处理岩土工程勘察的一般要求

(1)针对可能采取的地基处理方案,提供地基处理设计和施工所需的岩土工程特性参数。岩土参数是地基处理设计成功与否的关键,应选用合适的取样方法、试验方法和取值标准。

(2)预测所选地基处理方法对环境和邻近建筑物的影响。如选用强夯法施工时,应注意振动和噪声对周围环境产生的不利影响;选用注浆法时,应避免化学浆液对地下水、地表水的污染等。

(3)提出地基处理方案的建议。每种地基处理方法都有各自的适用范围、局限性和特点,因此在选择地基处理方案时要进行具体分析,从地基条件、处理要求、处理费用和材料、设备来源等综合考虑,进行技术、经济、工期等方面的比较,以选用技术上可靠、经济上合理的地基处理方法。

(4)当场地条件复杂,或采用某种地基处理方法缺乏成功经验,或采用新方法、新工艺时,应在施工现场对拟选方案进行试验或对比试验,检验方案的设计参数和处理效果。通过试验选定可靠的地基处理方法。

(5)在地基处理施工期间,应进行施工质量和施工对环境及邻近工程设施影响的监测。

二、不同地基处理方法岩土工程勘察的内容

(一)换填垫层法岩土工程勘察

换填垫层法是先将基底下一定范围内的软弱土层挖除,然后回填强度较高、压缩性较低且不含有机质的材料,分层碾压后作为地基持力层,以提高地基承载力和减少变形。

换填垫层法岩土工程勘察的内容:

(1)查明待换填的不良土层的分布范围和埋深。

(2)测定换填材料的最优含水量、最大干密度。

(3)评定垫层以下软弱下卧层的承载力和抗滑稳定性,估算建筑物的沉降。

(4)评定换填材料对地下水环境的影响。

(5)对换填施工过程应注意的事项提出建议。

(6)对换填垫层的质量进行检验或现场试验。

(二)预压法岩土工程勘察

预压法是在建筑物建造前,在建筑场地进行加载预压,使地基的固结沉降提前基本完成,从而提高地基的承载力。预压法适用于深厚的饱和软黏土。预压方法有堆载预压和真空预压。

预压法岩土工程勘察的内容:

(1)查明土的成层条件,水平和垂直方向的分布,排水层和夹砂层的埋深及厚度,地下水的补给和排泄条件等。

(2)提供待处理软土的先期固结压力、压缩性参数、固结特性参数、抗剪强度指标、软土在预压过程中强度的增长规律。

(3)预估预压荷载的分级和大小、加荷速率、预压时间、强度的可能增长和可能的沉降。

(4)对重要工程,选择代表性试验区进行预压试验。采用室内试验、原位测试、变形和孔压的现场监测等手段,推算土的固结系数、固结度与时间的关系和最终沉降量,为预压处理的设计施工提供可靠依据。

(5)检验预压处理效果,必要时进行现场载荷试验。

(三)强夯法岩土工程勘察

强夯法适用于从碎石土到黏性土的各种土类,但对饱和软黏土使用效果较差,应慎用。

强夯施工前,应在施工现场进行试夯,通过试验确定强夯的设计参数:单点夯击能、最佳夯击能、夯击遍数和夯击间隔时间等。

强夯法由于振动和噪声对周围环境影响较大,在城市使用有一定的局限性。

强夯法岩土工程勘察的内容:

(1)查明强夯影响范围内土层的组成、分布、强度、压缩性、透水性及地下水条件。

(2)查明施工场地和周围受影响范围内的地下管线与构筑物的位置、标高;查明有无对振动敏感的设施,是否需在强夯施工期间进行监测。

(3)根据强夯设计,选择代表性试验区进行试夯,采用室内试验、原位测试、现场监测等手段,查明强夯有效加固深度,夯击能量、夯击遍数和夯沉量的关系,夯坑周围地面的振动和地面隆起,土中孔隙水压力的增长和消散规律。

(四)桩土复合地基岩土工程勘察

桩土复合地基是在土中设置由散体材料(砂、碎石)、弱胶结材料(石灰土、水泥土)或胶结材料(水泥)等构成桩柱体,与桩间土一起承受建筑荷载。这种由两种不同强度的介质组成的人工地基称为复合地基。复合地基中的桩柱体的作用,一是置换,二是挤密。因此,复合地基除可提高承载力、减少变形外,还有消除湿陷和液化的作用。

复合地基适用于松砂、软土、填土和湿陷性黄土等土类。

桩土复合地基岩土工程勘察的内容包括:

(1)查明暗塘、暗浜、暗沟、洞穴的分布和埋深。

(2)查明土的组成、分布和物理力学性质,软弱土的厚度和埋深,可作为桩基持力层的相对硬层的埋深。

(3)预估成桩施工可能性(有无地下障碍、地下洞穴、地下管线、电缆等)和成桩工艺对周围土体、邻近建筑、工程设施和环境的影响(噪声、振动、侧向挤土、地面沉陷和隆起等),桩体与水土的相互作用(地下水对桩材的腐蚀性,桩材对周围水土环境的污染等)。

(4)评定桩间土承载力,预估单桩承载力和复合地基承载力。

(5)评定桩间土、桩身、复合地基、桩端以下变形计算深度范围内土层的压缩性,需要时估算复合地基的沉降量。

(6)需要验算复合地基稳定性的工程,提供桩间土、桩身的抗剪强度。

(7)根据桩土复合地基设计,进行桩间土、单桩和复合地基载荷试验,检验复合地基承载力。

(五)注浆法岩土工程勘察

注浆法包括粒状剂注浆法和化学剂注浆法。粒状剂包括水泥浆、水泥砂浆、黏土浆、水泥黏土浆等,适用于中粗砂、碎石土和裂隙岩体;化学剂包括硅酸钠溶液、氢氧化钠溶液、氯化钙溶液等,可用于砂土、粉土、黏性土等。作业工艺有旋喷法、深层搅拌、压密注浆和劈裂注浆等。

注浆法有强化地基和防水止渗的作用,可用于地基处理、深基坑支挡和护底、建造地下防渗帷幕,防止砂土液化、防止基础冲刷等方面。

因大部分浆液有一定的毒性,所以应防止浆液对地下水的污染。

注浆法岩土工程勘察的内容:

(1)查明土的级配、孔隙性或岩石的裂隙宽度和分布规律,岩土渗透性,地下水埋深、流向和流速,岩土的化学成分和有机质含量。岩土的渗透性宜通过现场试验测定。

(2)根据岩土性质和工程要求选择浆液和注浆方法(渗透注浆、劈裂注浆、压密注浆等)。根据地区经验或通过现场试验确定浆液浓度、黏度、压力、凝结时间、有效加固半径或范围,评价加固后地基的承载力、压缩性、稳定性或抗渗性。

(3)在加固施工过程中对地面、既有建筑物和地下管线等进行跟踪变形观测,以控制灌注顺序、注浆压力、注浆速率等。

(4)通过开挖、室内试验、动力触探或其他原位测试,对注浆加固效果进行检验。

(5)注浆加固后,对建筑物或构筑物进行沉降观测,直至沉降稳定,观测时间不宜少于半年。

第十一节　既有建筑物的增载和保护

既有建筑物的增载和保护主要指在大、中城市的建筑密集区进行改建和新建时可能遇到的岩土工程问题。特别是在大城市,高层建筑的数量增加很快,高度也在增加,建筑物增载、增层的情况较多;不少大城市正在兴建或计划兴建地铁,城市道路的大型立交工程也在增多等。深基坑,地下掘进,较深、大面积的施工降水,新建建筑物的荷载在既有建筑物地基中引起的应力状态的改变等是这些工程的岩土工程特点,这就提出了一些特殊的岩土工程问题。重视和解决好这些问题,以避免或减轻对既有建筑物可能造成的影响,在兴建建筑物的同时,保证既有建筑物的完好和安全。

一、既有建筑物的增载和保护的岩土工程勘察的要求

(1)收集建筑物的荷载、结构特点、功能特点和完好程度资料,基础类型、埋深、平面位置,基底压力和变形观测资料;场地及所处地区的地下水开采历史,水位降深、降速,地面沉降、形变,地裂缝的发生、发展等资料。

(2)评价建筑物的增层、增载和邻近场地大面积堆载对建筑物的影响时,应查明地基的承载力,增载后可能产生的附加沉降和沉降差。对建在斜坡上的建筑物应进行稳定性验算。

(3)对建筑物的接建或在紧邻新建建筑物,应分析新建建筑物在既有建筑物地基土

中引起的应力状态改变及其影响。

(4)评价地下水抽降对建筑物的影响时,应分析抽降引起地基土的固结作用和地面下沉、倾斜、挠曲或破裂对既有建筑物的影响,并预测其发展趋势。

(5)评价地基开挖对邻近既有建筑物的影响时,应分析开挖卸载导致的基坑底部剪切隆起,因坑内外水头差引发管涌,坑壁土体的变形与位移、失稳等危险;同时应分析基坑降水引起的地面不均匀沉降的不良环境效应。

(6)评价地下工程施工对既有建筑物的影响时,应分析伴随岩土体内的应力重分布出现的地面下沉、挠曲等变形或破裂,施工降水的环境效应,过大的围岩变形或坍塌等对既有建筑物的影响。

二、各类增载和保护的岩土工程勘察的要求

(一)建筑物的增层、增载和邻近场地大面积堆载的岩土工程勘察

为建筑物的增层、增载而进行岩土工程勘察的目的是查明地基土的实际承载能力(临塑荷载、极限荷载),从而确定是否有潜力增层或增载。

其岩土工程勘察的要求:

(1)分析地基土的实际受荷程度和既有建筑物结构、材料状况及其适应新增荷载和附加沉降的能力。

(2)勘探点应紧靠基础布置,有条件时宜在基础中心布置,每栋单独建筑物的勘探点不宜少于3个。在基础外侧适当距离处宜布置一定数量勘探点,以便和基础下或基础侧的勘探点进行对比分析,并可了解场地外围土层条件。

(3)勘探方法除钻探外,还包括探井和静力触探或旁压试验。取土和旁压试验的间距,在基底以下1倍基宽的深度范围内宜为0.5 m,超过该深度时可为1 m。必要时,应专门布置探井查明基础类型、尺寸、材料和地基处理等情况。

(4)压缩试验成果中应有 e—lg$p$ 曲线,并提供先期固结压力、压缩指数、回弹指数和与增荷后土中垂直有限压力相应的固结系数,以及三轴不固结不排水剪切试验成果。当增载量较大或拟增层数较多时,应做载荷试验,提供主要受力层的比例界限荷载、极限荷载、变形模量和回弹模量。

(5)岩土工程勘察报告应着重对增载后的地基土承载力进行分析评价,预测可能的附加沉降和差异沉降,提出关于设计方案、施工措施和变形监测的建议。

(二)建筑物接建、临建的岩土工程勘察

建筑物的接建、临建所带来的主要岩土工程问题是新建建筑物的荷载引起的、在既有建筑物紧邻新建部分的地基中的应力叠加。这种应力叠加会导致既有建筑物地基土的不均匀附加压缩和建筑物的相对变形或挠曲,直至严重裂损。

其岩土工程勘察的要求如下:

(1)除分析地基土的实际受荷程度和既有建筑物结构、材料状况及其适应新增荷载和附加沉降的能力外,尚应评价建筑物的结构和材料适应局部挠曲的能力。

(2)除按要求对新建建筑物布置勘探点外,尚应为研究接建、临建部位的地基土、基础结构和材料现状布置勘探点,其中应有探井和静力触探孔,其数量不宜少于3个,取土

间距宜为1 m。

(3)压缩试验成果中应有 e—$\lg p$ 曲线,并提供先期固结压力、压缩指数、回弹指数和与增荷后土中垂直有限压力相应的固结系数,以及三轴不固结不排水剪切试验成果。

(4)岩土工程勘察报告应评价由新建部分的荷载在既有建筑物地基土中引起的新的压缩和相应的沉降差;评价新基坑的开挖、降水、设桩等对既有建筑物的影响,提出设计方案、施工措施和变形监测的建议。

(三)评价地下水抽降影响的岩土工程勘察

在国内外,城市、工矿企业开采地下水或以疏干为目的的降低地下水位引起的地面沉降、挠曲或破裂的例子日益增多。这种地下水抽降与伴随而来的地面变形严重时,可导致沿江沿海城市的海水倒灌或扩大洪水的淹没范围,成群成带的建筑物沉降、倾斜甚至裂损,或一些采空区、岩溶区的地面塌陷等。

由地下水抽降所引起的地面沉降与形变不仅发生在软黏性土地区,土的压缩性并不很高,而且厚度巨大的土层也可能出现数值可观的地面沉降或挠曲。地面沉降的土层压缩可以涉及很深处的土层,这是因为地下水沉降造成的作用于土层上的有效压力的增加是大范围的。因此,岩土工程勘察需要勘探、取样和测试的深度很大,这样才能预测可能出现的土层累计压缩总量(地面沉降)。

其岩土工程勘察的要求如下:

(1)研究地下水抽降与含水层埋藏条件、可压缩土层厚度、土的压缩性和应力历史等的关系,作出评价和预测。

(2)勘探孔深度应超过可压缩地层的下限,并应取土试验或进行原位测试。

(3)压缩试验成果中应有 e—$\lg p$ 曲线,并提供先期固结压力、压缩指数、回弹指数和与增荷后土中垂直有限压力相应的固结系数,以及三轴不固结不排水剪切试验成果。

(4)岩土工程勘察报告应分析预测场地可能产生的地面沉降、形变、破裂及其影响,提出保护既有建筑物的措施。

(四)评价深基坑开挖对邻近建筑物影响的岩土工程勘察

深基坑开挖是高层建筑岩土工程问题之一。高层建筑物通常有多层地下室,需要进行深的开挖;有些大型工业厂房、高耸构筑物和生产设备等也要求将基础埋置很深,因而也有深基坑问题。

深基坑开挖对邻近既有建筑物的影响主要有:①基坑边坡变形、位移,甚至失稳的影响;②基坑开挖、卸荷所引起的四邻地面的回弹、挠曲;③由于施工降水引起的邻近建筑物软基的压缩或地基土中的部分颗粒流失而造成的地面不均匀沉降、破裂;④在岩溶、土洞地区施工降水还可能导致地面塌陷。

岩土工程勘察研究的内容就是分析上述影响产生的可能性和程度,从而确定采取何种预防、保护措施。

其岩土工程勘察的要求如下:

(1)收集分析既有建筑物适应附加沉降和差异沉降的能力,与拟挖基坑在平面与深度上的位置关系和可能采用的降水、开挖与支护措施等资料。

(2)查明降水、开挖等影响所及范围内的地层结构,含水层的性质、水位和渗透系数,土的抗剪强度、变形参数等工程特性。

(3)岩土工程勘察报告除应符合本章第八节“基坑工程”的要求外,尚应着重分析预测坑底和坑外地面的卸荷回弹,坑周土体的变形位移和坑底发生剪切隆起或管涌的危险,分析施工降水导致的地面沉降的幅度、范围和对邻近建筑物的影响,并就安全合理的开挖、支护、降水方案和监测工作提出建议。

(五)评价地下开挖对建筑物影响的岩土工程勘察

地下开挖对既有建筑物的影响主要表现为:①由地下开挖引起的沿工程主轴线的地面下沉和轴线两侧地面的对倾与挠曲。这种变形会导致地面既有建筑物的倾斜、挠曲甚至破坏。为了防止这些破坏性后果的出现,岩土工程勘察的任务是在勘探测试的基础上,通过工程分析,提出合理的施工方法、步骤和最佳保护措施的建议,包括系统的监测。②地下工程施工降水引起邻近建筑物软基的压缩或地基土中的部分颗粒流失而造成的地面不均匀沉降、破裂,在岩溶、土洞地区施工降水还可能导致地面塌陷。

在地下工程的施工中,监测工作特别重要。通过系统的监测,不但可验证岩土工程分析预测和所采取的措施正确与否,而且能通过对岩土与支护工程性状及其变化的直接跟踪,判断问题的演变趋势,以便及时采取措施。

其岩土工程勘察的要求如下:

(1)分析已有勘察资料,必要时应做补充勘探测试工作。

(2)分析沿地下工程主轴线出现槽形地面沉降和在其两侧或四周的地面倾斜、挠曲的可能性及其对两侧既有建筑物的影响,并就安全合理的施工方案和保护既有建筑物的措施提出建议。

(3)提出施工过程中地面变形、围岩应力状态、围岩或建筑物地基失稳的前兆现象等进行监测的建议。

第四章　不良地质作用和地质灾害

不良地质作用是指由地球内力或外力产生的对工程可能造成危害的地质作用。由不良地质作用引发的,危及人身、财产、工程或环境安全的事件,又称为地质灾害。

在各项工程建设中存在的不良地质作用和地质灾害有岩溶、滑坡、泥石流、危岩、崩塌、采空区、地震、活动断裂等。这些不良地质作用及其引发的种种地质灾害对各项工程建设的场地稳定性、建筑适宜性等往往会产生决定性作用,同时对工程建设后期安全运营也会产生重大、直接的危害,因此重视对待不良地质作用和地质灾害的调查研究、勘察分析和全面正确评价,查清各种不良地质作用的分布位置、形态特征、规模、类型及其发育程度,分析与研究各种不良地质作用的形成机制、现状与发展演变趋势,评价与预测各种不良地质作用对工程建设的影响与危害程度,提出预防与整治措施,对工程建设活动存在重大积极意义,也是岩土工程勘察工作的一个重要环节。

第一节　岩　溶

岩溶是我国相当普遍的一种不良地质作用,在一定条件下可能发生地质灾害,严重威胁工程安全。岩溶作用所形成的复杂地基常常会由于下伏溶洞顶板坍塌、土洞发育大规模地面塌陷、岩溶地下水的突袭、不均匀地基沉降等,对工程建设产生重要影响。特别在大量抽取地下水,使水位急剧下降,引发土洞的发展和地面塌陷的发生方面,我国已有很多实例。故拟建工程场地或其附近存在对工程安全有影响的岩溶时,应进行岩溶勘察。

一、岩溶及岩溶作用的概念

岩溶是地壳岩石圈内可溶岩层(碳酸盐类岩层如石灰岩、白云岩、大理岩等,硫酸盐类岩石如石膏等和卤素类岩如盐岩等)在具有侵蚀性和腐蚀能力的水体作用下,以近代化学溶蚀作用为特征,包括水体对可溶岩层的机械侵蚀和崩解作用,而被腐蚀下来的物质携出、转移和再沉积的综合地质作用及由此所产生的现象的统称,又称为喀斯特(Karst)。由岩溶现象造成的对可溶性岩石的破坏和改造作用都称为岩溶作用。

二、岩溶发育规律

岩溶的形成、发育和发展要有其内在因素和外界条件。形成岩溶一般要同时具备三个条件:一是地区要具有可溶性的岩层,岩性不同,溶蚀强度不一;二是要具有溶解可溶岩层能力的溶蚀体,在自然界中主要是 CO_2 和足够流量的水;三是要有溶蚀水体能够沿着岩土裂隙、节理等孔隙而渗入可溶岩体上,进行侵蚀作用的通道。

(一)岩溶与岩性的关系

岩石成分、成层条件和组织结构等直接影响岩溶的发育程度和速度。一般地说,硫酸盐类和卤素类岩层岩溶发展速度较快；碳酸盐类岩层则发育速度较慢。质纯层厚的岩层，岩溶发育强烈，且形态齐全，规模较大；含泥质或其他杂质的岩层，岩溶发育较弱。结晶颗粒粗大的岩石，岩溶较为发育；结晶颗粒细小的岩石，岩溶发育较弱。

（二）岩溶与地质构造的关系

（1）节理裂隙：裂隙的发育程度和延伸方向通常决定了岩溶的发育程度与发展方向。在节理裂隙的交叉处或密集带，岩溶最易发育。

（2）断层：沿断裂带是岩溶显著发育地段，常分布有漏斗、竖井、落水洞及溶洞、暗河等。往往在正断层处岩溶较发育，逆断层处岩溶发育较弱。

（3）褶皱：褶皱轴部一般岩溶较发育。在单斜地层中，岩溶一般顺层面发育。在不对称褶曲中，陡的一翼岩溶较缓的一翼发育。

（4）岩层产状：倾斜或陡倾斜的岩层，一般岩溶发育较强烈；水平或缓倾斜的岩层，当上覆或下伏非可溶性岩层时，岩溶发育较弱。

（5）可溶性岩与非可溶性岩接触带或不整合面岩溶往往发育。

（三）岩溶与新构造运动的关系

地壳强烈上升地区，岩溶以垂直方向发育为主；地壳相对稳定地区，岩溶以水平方向发育为主；地壳下降地区，既有水平发育又有垂直发育，岩溶发育较为复杂。

（四）岩溶与地形的关系

地形陡峻、岩石裸露的斜坡上，岩溶多呈溶沟、溶槽、石芽等地表形态；地形平缓地带，岩溶多以漏斗、竖井、落水洞、塌陷洼地、溶洞等形态为主。

（五）地表水体同岩层产状关系对岩溶发育的影响

水体与层面反向或斜交时，岩溶易于发育；水体与层面顺向时，岩溶不易发育。

（六）岩溶与气候的关系

在大气降水丰富、气候潮湿地区，地下水能经常得到补给，水的来源充沛，岩溶易发育。

（七）岩溶发育的带状性和成层性

岩石的岩性、裂隙、断层和接触面等一般都有方向性，造成了岩溶发育的带状性；可溶性岩层与非可溶性岩层互层、地壳强烈的升降运动、水文地质条件的改变等则往往造成岩溶分布的成层性。

三、岩溶勘察要点

（一）岩溶勘察目的和任务

岩溶勘察的目的在于查明对场地安全和地基稳定有影响的岩溶化发育规律，各种岩溶形态的规模、密度及其空间分布规律，可溶岩顶部浅层土体的厚度、空间分布及其工程性质、岩溶水的循环交替规律等，并对建筑场地的适宜性和地基的稳定性作出确切的评价。

在岩溶勘察过程中，应查明与场地选择和地基稳定评价有关的基本问题：

（1）各类岩溶的位置、高程、尺寸、形状、延伸方向、顶板与底部状况、围岩（土）及洞内堆填物性状、塌落的形成时间与因素等。

(2)岩溶发育与地层的岩性、结构、厚度及不同岩性组合的关系，结合各层位上岩溶形态与分布数量的调查统计，划分出不同的岩溶岩组。

(3)岩溶形态分布、发育强度与所处的地质构造部位、褶皱形式、地层产状、断裂等结构面及其属性的关系。

(4)岩溶发育与当地地貌发展史、所处的地貌部位、水文网及相对高程的关系。划分出岩溶微地貌类型及水平与垂向分带。阐明不同地貌单元上岩溶发育特征及强度差异性。

(5)岩溶水出水点的类型、位置、标高、所在的岩溶岩组、季节动态、连通条件及其与地面水体的关系。阐明岩溶水环境、动力条件、消水与涌水状况、水质与污染。

(6)土洞及各类地面变形的成因、形态规律、分布密度与土层厚度、下伏基岩岩溶特征、地表水和地下水动态及人为因素的关系。结合已有资料，划分出土洞与地面变形的类型及发育程度区段。

(7)在场地及其附近有已(拟)建人工降水工程，应着重了解降水的各项水文地质参数及空间与时间的动态。据此预测地表塌陷的位置与水位降深、地下水流向及塌陷区在降落漏斗中的位置及其之间的关系。

(8)土洞史的调查访问、已有建筑使用情况、设计施工经验、地基处理的技术经济指标与效果等。勘察阶段应与设计相应的阶段一致。

(二)勘察方法

1. 工程地质测绘

测绘的范围和比例尺的确定，必须根据场地建筑物的特点、设计阶段和场地地质条件的复杂程度而定。在初期设计阶段，测绘的范围较大而比例尺较小；而后期设计阶段，测绘范围主要局限于围绕建筑物场地的较小范围，比例尺则相对较大。

重点研究内容是：

(1)地层岩性。可溶岩与非可溶岩组、含水层和隔水层组及它们之间的接触关系，可溶岩层的成分、结构和可溶解性；第四系覆盖层的成因类型、空间分布及其工程地质性质。

(2)地质构造。场地的地质构造特征，尤其是断裂带的位置、规模、性质，主要节理裂隙的网络结构模型及其与岩溶发育的关系。不同构造部位岩溶发育程度的差异性。新构造升降运动与岩溶发育的关系。

(3)地形地貌。地表水文网发育特点、区域和局部侵蚀基准面分布，地面坡度和地形高差变化。新构造升降运动与岩溶发育的关系。

(4)岩溶地下水。埋藏、补给、径流和排泄情况、水位动态及连通情况，尤其是岩溶泉的位置和高程；场地可能受岩溶地下水淹没的可能性，以及未来场地内的工程经济活动可能污染岩溶地下水的可能性。

(5)岩溶形态。类型、位置、大小、分布规律、充填情况、成因及其与地表水和地下水的联系。尤其要注意研究各种岩溶形态之间的内在联系及它们之间的特定组合规律。

当需要测绘的场地范围较大时，可以借助于遥感图像的地质解译来提高工作效率。在背斜核部或大断裂带上，漏斗、溶蚀洼地和地下暗河常较发育，它们多表现为线性负地形，因而可以利用漏斗、溶蚀洼地的分布规律来研究地下暗河的分布。

2. 工程地质钻探

工程地质钻探的目的是查明场地下伏基岩埋藏深度和基岩面起伏情况，岩溶的发育程度和空间分布，岩溶水的埋深、动态、水动力特征等。钻探施工过程中，尤其要注意掉钻、卡钻和井壁坍塌，以防止事故发生，同时要做好现场记录，注意冲洗液消耗量的变化及统计线性岩溶率（单位长度上岩溶空间形态长度的百分比）和体积岩溶率（单位体积上岩溶空间形态体积的百分比）。

对勘探点的布置也要注意以下两点：

(1) 钻探点的密度除满足一般岩土工程勘探要求外，还应当对某些特殊地段进行重点勘探并加密勘探点，如地面塌陷、地下水消失地段，地下水活动强烈的地段，可溶性岩层与非可溶性岩层接触的地段，基岩埋藏较浅且起伏较大的石芽发育地段，软弱土层分布不均匀的地段，物探异常或基础下有溶洞、暗河分布的地段等。

(2) 钻探点的深度除满足一般岩土工程勘探要求外，对有可能影响场地地基稳定性的溶洞，勘探孔应深入完整基岩 3 ~ 5 m 或至少穿越溶洞，对重要建筑物基础还应当加深。对于为验证物探异常带而布设的勘探孔，其深度一般应钻入异常带以下适当深度。

3. 地球物理勘探

在岩溶场地进行地球物理勘探时，有多种方法可供选择。如高密度多极电法勘探、地质雷达、浅层地震、高精度磁法、声波透视（CT）、重力勘探等。但为获得较好的探测效果，必须注意各种方法的使用条件及具体场地的地形、地质、水文地质条件。当条件允许时，应尽可能采用多种物探方法综合对比判译。

4. 测试和观测

由于岩溶现象存在发育分布的不规律性和特殊性，其勘察过程中的测试工作除按照一般建筑工程勘察所要求的测试项目外，也有相应的特殊要求。对于岩溶勘察：

(1) 当追索隐伏洞隙的联系时，可进行连通试验，对分析地下水的流动途径、地下水分水岭位置、水均衡有重要意义。一般采用示踪剂法，可用做示踪剂的有荧光素、盐类、放射性同位素等。

(2) 评价洞隙稳定性时，可采取洞体顶板岩样及充填物土样做物理力学性质试验，必要时可进行现场顶板岩体的载荷试验。

(3) 顶板为易风化或软弱岩石时，可进行抗风化试验。

(4) 当需查明土的性状与土洞形成的关系时，可进行湿化、胀缩、可溶性与剪切试验等。

(5) 查明地下水动力条件和潜蚀作用、地表水与地下水的联系、预测土洞、地表塌陷的发生和发展时，可进行水位、流速、流向及水质的长期观测。

(6) 对于重要的工程场地，当需要了解可溶性岩层渗透性和单位吸水量时，可以进行抽水试验和压水试验。

（三）不同勘察阶段目的任务及勘察工作布置

岩溶勘察宜采用工程地质测绘和调查、物探、钻探等多种手段结合的方法进行，其不同勘察阶段,要求的工作深度和工作任务不同,其工作手段方法有所偏重。

1. 可行性研究勘察

可行性研究勘察的主要目的是查明岩溶洞隙、土洞的发育条件,并对其危害程度和发展趋势作出判断,对场地的稳定性和工程建设的适宜性作出初步评价。

2. 初步勘察

初步勘察的主要目的是查明岩溶洞隙及其伴生土洞、塌陷的分布、发育程度和发育规律,并按场地的稳定性和适宜性进行分区。

上述两阶段勘察工作宜采用以工程地质测绘、调查和综合物探为主,辅助少量勘探的手段,勘探点的间距不应大于各类工程勘察基本要求的勘探点布置间距的相关规定,对于重点需要查明的岩溶发育地段可适当加密勘探点。对测绘和物探发现的异常地段,应选择有代表性的部位布置验证性钻孔。控制性勘探孔的深度应穿过表层岩溶发育带。

岩溶洞隙、土洞和塌陷的形成及发展,与岩性、构造、土质、地下水等条件有密切关系。因此,在工程地质测绘时,不仅要查明其形态和分布,更要注意研究机制和规律。只有做好了工程地质测绘,才能有的放矢地进行勘探测试,为分析评价打下基础。土洞的发展和塌陷的发生,往往与人工抽吸地下水有关。抽吸地下水造成大面积成片塌陷的例子屡见不鲜,进行工程地质测绘时应特别注意。

岩溶勘察工作中的工程地质测绘与调查,除满足一般工程地质测绘、调查要求外,尚应详细调查以下内容:①岩溶洞隙的分布、形态和发育规律;②岩面起伏、形态和覆盖层厚度;③地下水赋存条件、水位变化和运动规律;④岩溶发育与地貌、构造、岩性、地下水的关系;⑤土洞和塌陷的分布、形态和发育规律;⑥土洞和塌陷的成因及其发展趋势;⑦当地治理岩溶、土洞和塌陷的经验。以上要求,都与岩土工程分析评价密切有关。

3. 详细勘察

详细勘察的主要目的是查明拟建工程范围及有影响地段的各种岩溶洞隙和土洞的位置、规模、埋深,岩溶堆填物性状和地下水特征,对地基基础的设计和岩溶的治理提出建议。

详细勘察的勘探工作主要进行物探、勘探及测试工作。物探线沿建筑物轴线布置,并宜采用多种方法判定异常地段及其性质,在异常区段、重要柱位均应布置钻孔查明。勘探过程的具体要求应符合下列规定:

(1)勘探线应沿建筑物轴线布置,勘探点间距不应大于各类工程勘察基本要求的有关规定,条件复杂时,每个独立基础均应布置勘探点。

(2)勘探点深度除应符合各类工程勘察基本要求的有关规定外,当基底下土层厚度较薄或地基条件较复杂时,应有部分或全部勘探孔钻入基岩。

(3)当预定深度内有洞体存在,且可能影响地基稳定时,应钻入洞底基岩面下不少于2 m,必要时应圈定洞体范围。

(4)对一柱一桩的基础,宜逐柱布置勘探孔。

(5)在土洞和塌陷发育地段,可采用静力触探、轻型动力触探、小口径钻探等手段,详细查明其分布。

(6)当需查明断层、岩组分界、洞隙和土洞形态、塌陷等情况时,应布置适当的探槽或探井等。

(7)物探应根据通行条件采用有效方法,对异常点应采用钻探验证,当发现或可能存在危害工程的洞体时,应加密勘探点。

(8)凡人员可以进入的洞体,均应入洞勘察,人员不能进入的洞体,宜用井下电视等手段探测。

岩溶发育地区下列部位尚宜查明土洞和土洞群的位置:

(1)土层较薄、土中裂隙及其下岩体洞隙发育部位。

(2)岩面张开裂隙发育,石芽或外露的岩体与土体交接部位。

(3)两组构造裂隙交会处和宽大裂隙带。

(4)隐伏溶沟、溶槽、漏斗等,其上有软弱土分布的负岩面地段。

(5)地下水强烈活动于岩土交界面的地段和大幅度人工降水地段。

(6)低洼地段和地表水体近旁。

4. 施工勘察

施工勘察主要是针对某一地段或尚待查明的专门问题进行补充勘察及采用大直径嵌岩桩时进行的专门的桩基勘察。

施工勘察工作量应根据岩溶地基设计和施工要求布置。在土洞、塌陷地段,可在已开挖的基槽内布置触探或钎探。对重要或荷载较大的工程,可在槽底采用小口径钻探,进行检测。对大直径嵌岩桩,勘探点应逐桩布置,勘探深度应不小于底面以下桩径的 3 倍并不小于 5 m,当相邻桩底的基岩面起伏较大时应适当加深。

(四)岩溶勘察的总体工作方法和程序控制原则

在进行岩溶勘察工作时,应注意以下几点:

(1)重视前人成果的收集和有效分析利用,认真收集和研究建设场地区域及周边已有的资料成果,将对认识场地、有目的地布置勘察工作提供很好的帮助,同时区域研究资料可以帮助我们更好地掌握岩溶分布的区域规律,明确工程勘察工作重点。

(2)重视基本工程地质研究和基于岩溶发育规律的工程地质分析,在工作程序上必须坚持以工程地质测绘和调查为先导,摒弃纯粹依赖于单纯的勘探手段来试图查明岩溶形态和发育规律的不切实际的工作方法。

(3)岩溶规律研究和勘探应遵循从面到点、先地表后地下、先定性后定量、先控制后一般及先疏后密的工作准则。

(4)应有针对性地选择勘探手段,如为查明浅层岩溶可采用槽探,为查明浅层土洞可用钎探,为查明深埋土洞可用静力触探等。

(5)采用综合物探,用多种方法相互印证,但不宜以未经验证的物探成果作为施工图设计和地基处理的依据。

(6)岩溶地区有大片非可溶性岩石存在时,勘察工作应与岩溶区段有所区别,可按一般岩质地基进行勘察。

四、岩溶场地评价

(一)岩溶场地稳定性评价

1. 场地稳定性评价

岩溶场地稳定性评价主要是通过勘察资料分析,确定岩溶发育程度和对今后工程建设工作的影响及其危害程度,判明对工程不利场地范围和规模,对存在不利于工程建设的岩溶场地,且其后期处理复杂或处理工程量巨大,处理费用较高的情况下,一般应采取避开措施。有下列情况之一者,可判定对工程不利,一般应绕避或舍弃:

(1)浅层洞体或溶洞群,其洞径大,顶板破碎且可见变形迹象,洞底有新近塌落物。

(2)隐伏的漏斗、洼地、槽谷等规模较大的浅埋岩溶形态,其间和上覆为软弱土体或地面已出现明显变形。

(3)地表水沿土中缝隙下渗或地下水自然升降使上覆土层被冲蚀,出现成片(带)土洞塌陷地带。

(4)覆盖土地段抽水降落漏斗中最低动水位高出岩土交界面的区段。

(5)岩溶通道排泄不畅,可能导致暂时淹没的地段。

2. 地基稳定性评价

1)岩溶地基类型

由于岩溶发育,岩溶形态多样,往往使可溶岩表面参差不齐;地下溶洞又破坏了岩体完整性。岩溶水动力条件变化,又会使其上部覆盖土层产生开裂、沉陷。这些都不同程度地影响着建筑物地基的稳定。

根据碳酸盐岩出露条件及其对地基稳定性的影响,可将岩溶地基划分为裸露型、覆盖型、掩埋型三种,而最为重要的是前两种。

(1)裸露型:缺少植被和土层覆盖,碳酸盐岩裸露于地表或其上仅有很薄覆土。它又可分为石芽地基和溶洞地基两种。

①石芽地基:由大气降水和地表水沿裸露的碳酸盐岩节理、裂隙溶蚀扩展而形成。溶沟间残存的石芽高度一般不超过3 m。如被土覆盖,称为埋藏石芽。石芽多数分布在山岭斜坡上、河流谷坡及岩溶洼地的边坡上。芽面极陡,芽间的溶沟、溶槽有的可深达10余m,而且往往与下部溶洞和溶蚀裂隙相连,基岩面起伏极大。因此,会造成地基滑动及不均匀沉陷和施工困难。

②溶洞地基:浅层溶洞顶板的稳定性问题是该类地基安全的关键。溶洞顶板的稳定性与岩石性质、结构面的分布及其组合关系、顶板厚度、溶洞形态和大小、洞内充填情况和水文地质条件等有关。

(2)覆盖型:碳酸盐岩之上覆盖层厚数米至数十米(一般小于30 m)。这类土体可以是各种成因类型的松软土,如风成黄土、冲洪积砂卵石类土及我国南方岩溶地区普遍发育的残坡积红黏土。覆盖型岩溶地基存在的主要岩土工程问题是地面塌陷,对这类地基稳定性的评价需要同时考虑上部建筑荷载与土洞的共同作用。

2)岩溶地基稳定性定性评价

岩溶地基稳定性的定性评价中,对裸露或浅埋的岩溶洞隙稳定评价至关重要。根据经验,可按洞穴的各项边界条件,对比表4-1所列影响其稳定的诸因素综合分析,作出评价。

表4-1 岩溶地基稳定性的定性评价

因素	对稳定有利	对稳定不利
岩性及层厚	厚层块状、强度高的灰岩	泥灰岩、白云质灰岩,薄层状有互层,岩体软化,强度低
裂隙状况	无断裂,裂隙不发育或胶结好	有断层通过,裂隙发育,岩体被二组以上裂隙切割,裂缝张开,岩体呈干砌状
岩层产状	岩层走向与洞轴正交或斜交,倾角平缓	走向与洞轴平行,陡倾角
洞隙形态与埋藏条件	洞体小(与基础尺寸相比),呈竖向延伸的井状,单体分布,埋藏深,覆土厚	洞径大,呈扁平状,复体相连,埋藏浅,在基底附近
顶板情况	顶板岩层厚度与洞径比值大,顶板呈板状或拱状,可见钙质沉积	顶板岩层厚度与洞径比值小,有悬挂岩体,被裂隙切割且未胶结
充填情况	为密实沉积物填满且无被水冲蚀的可能	未充填或半充填,水流冲蚀有充填物,洞底见有近期塌落物
地下水	无	有水流或间歇性水流,流速大,有承压性
地震设防烈度	地震设防烈度小于7度	地震设防烈度等于或大于7度
建筑荷载及重要性	建筑物荷重小,为一般建筑物	建筑物荷重大,为重要建筑物

上述评价方法属于经验比拟法,适用于初勘阶段选择建筑场地及一般工程的地基稳定性评价。这种方法虽简便,但往往有一定的随意性。实际运用中应根据影响稳定性评价的各项因素进行充分的综合分析,并在勘察和工程实践中不断总结经验,或根据当地相同条件的已有的成功与失败工程实例进行比拟评价。

地基稳定性定性评价的核心是查明岩溶发育和分布规律,对地基稳定有影响的个体岩溶形态特征,如溶洞大小、形状、顶板厚度、岩性、洞内充填和地下水活动情况等,上覆土层岩性、厚度及土洞发育情况,根据建筑物荷载特点,并结合已有经验,最终对地基稳定作出全面评价。

3)岩溶地基稳定性半定量评价

目前,岩溶地基稳定性的定量评价较难实现:一是受各种因素的制约,岩溶地基的边界条件相当复杂,受到探测技术的局限,岩溶洞穴和土洞往往很难查清;二是洞穴的受力状况和围岩应力场的演变十分复杂,要确定其变形破坏形式和取得符合实际的力学参数又很困难。因此,在工程实践中,大多采用半定量评价方法,主要是根据一些公式对溶洞或土洞的稳定性进行分析。目前有以下几种方法:根据溶洞顶板坍塌自行填塞洞体所需要厚度进行计算;根据顶板裂隙分布情况,分别对其进行抗弯、抗剪计算;根据极限平衡条件,按顶板能抵抗受荷载剪切的厚度计算;普氏压力拱理论分析法;有限元数值分析法;多元逐步回归分析和模糊综合分析法等。因目前尚属探索阶段,有待积累资料不断提高,实际工程中应采取定性评价与定量评价相结合,以多种评价方法综合评判,注意积累当地的成功经验进行合适恰当的评价。

（二）岩溶地基评价中应注意的问题

目前，常用的岩溶地基稳定性评价方法都是在一定的条件下得到的，具有其自身的特点和适用性，在地基基础设计中应注意以下几点：

（1）《建筑地基基础设计规范》（GB 50007—2002）或《岩土工程勘察规范》（GB 50021—2001）（2009 年版）建议的方法，仅仅是根据基础底面以下土层厚度的大小来判别地基的稳定性的，而没有考虑以下几个因素对岩溶地基稳定性的影响：下伏溶洞或土洞的规模尺寸及形状、地下水的存在即水位的高低、地基土层的组成、土洞内的充填物等。

（2）《工程地质手册》等推荐的普氏压力拱高度计算公式，没有考虑岩土体的黏聚力作用，而且其计算的高度是极限平衡状态时的压力拱高度的 2 倍，有足够的安全储备。

（3）运用顶板塌陷堵塞法评价时，塌陷物自行堵塞填满洞体后，将会构成地基的软弱下卧层，降低地基承载力。

（三）岩溶地区灾害防治原则及地基处理措施

在岩溶地基处理方面，当前国内外采用的方法大同小异，目前许多岩溶地基处理方法还没有成熟可靠的计算理论，设计人员很多是依赖当地的成功经验进行设计。从已有的文献资料看，基本上都是针对具体工程的处理经验方法介绍，这也证实了目前地基处理是理论落后于实践的局面。目前，主要处理原则和方法包括以下方面。

1. 建筑布局措施与结构措施

场地上主要建筑物的位置应尽量避开岩溶发育强烈的地段，尽可能选择在非（弱）可溶岩分布地段；在总平面布局上，各类安全等级建筑物的布置应与岩溶发育程度或场地稳定程度相适应。基础结构形式应有利于与上部结构协同工作，要求其具有适应小范围塌落变位能力并以整体结构为主，如配筋的十字交叉条基、筏板、箱基等。当基础下存在深度大溶洞裂隙时，应当根据上部建筑荷载及洞隙跨度，选择洞隙两侧可靠岩体，采用有足够支撑的梁、板、拱或悬挑等跨越结构。

必须注意，随着人类工程建设的广泛性，对建筑场地无法选择的情况将越来越多。因此，结构方面的措施将会越来越多地被采取。

2. 岩溶塌陷工程治理程序与治理方法

（1）岩溶塌陷工程治理程序是首先勘查确定其危险性、危害性及防治的必要性和可行性；其次是针对岩溶塌陷的发育条件和成因，根据防治工程的目的做好防治工程设计，再按设计文件精心施工。

（2）岩溶塌陷应采取预防和治理相结合的防治措施。预防措施是在查明塌陷成因、影响因素和致塌效应的基础上，为了清除或削减塌陷发生发展主导因素的作用而采取的工程措施。如设置场地完善的排水系统，进行地表河流的疏导或改道，填补河床漏水点或落水洞，调整抽水井孔布局和井距，控制抽水井的降深和抽水量，限制开采井的抽水井段，重要建筑物基底下隐伏洞隙的预注浆封闭处理等。

对塌陷地基都需要进行处理，未经处理不能作为天然地基。其处理措施有清除填堵法、跨越法、强夯法、灌注法、深基础法、旋喷加固法、地表水的（疏、排、围、改）治理、平衡地下水（气）压力法等。

对地基稳定性有影响的岩溶洞隙，应根据其位置、大小、埋深、围岩稳定性和水文地质条件综合分析，因地制宜采取下列处理措施：

(1)对洞口较小的洞隙，宜采用镶补、嵌塞与跨盖等方法处理。

(2)对洞口较大的洞隙，宜采用梁、板和拱等结构跨越。跨越结构应有可靠的支承面。梁式结构在岩石上的支承长度应大于梁高的1.5倍，也可采用浆砌块石等堵塞措施。

(3)对于围岩不稳定、风化裂隙破碎的岩体，可采用灌浆加固和爆破填塞等措施。

(4)对规模较大的洞隙，可采用洞底支撑或调整柱距等方法处理。

五、岩溶勘察报告

岩溶勘察报告除应满足一般场地岩土工程勘察报告要求外，尚应包括下列内容：

(1)岩溶发育的地质背景和形成条件。

(2)洞隙、土洞、塌陷的形态、平面位置和顶底板标高。

(3)岩溶稳定性分析。

(4)岩溶治理和监测的建议。

第二节　滑　坡

一、滑坡的定义和形成

滑坡是指斜坡上的土体或岩体受河流冲刷、地下水活动、地震及人工切坡等因素的影响，在重力的作用下，沿着一定的软弱面或软弱带，整体或分散地顺坡向下滑动的自然现象，又称“走山”、“跨山”、“地滑”、“土溜”等。滑坡泛指已经发生的滑坡和可能以滑坡形式破坏的不稳定斜坡或变形体。

滑坡的形成必须具备三个条件：①有位移的空间，即要具有足够的临空面；②有适宜的岩土体结构，即具有可形成滑动面的剪切破碎面或剪切破碎带；③有驱使滑体发生滑动位移的动力。三者缺一不可。因此，对滑坡进行岩土工程勘察，其主要任务就是要查明这三方面的条件及三者之间的内在联系，并对滑坡的防治与整治设计提出建议与依据。

滑坡的产生主要受地形地貌条件、地层岩性、地质构造、水文地质条件、地震作用和人类工程活动等因素控制。

滑坡是一种对工程安全有严重威胁的不良地质作用和地质灾害，可能造成重大人身伤亡和经济损失，产生严重后果。考虑到滑坡勘察的特点，当拟建工程场地存在滑坡或有滑坡可能，或者拟建工程场地附近存在滑坡或有滑坡可能并危及工程安全时，均应进行滑坡勘察。

二、滑坡勘察的主要手段和要求

根据滑坡工程勘察各阶段的具体要求，在滑坡勘察过程中应充分利用前期已有勘察资料，加强地质调查与测绘综合分析，合理使用勘探工作量。勘察方法的选用须论证对滑坡的扰动程度。采用井探、洞探、槽探等开挖量大的山地工程时，应进行专门的工程影响评估，并提出紧急情况处理预案。

(一)工程地质测绘和调查

应充分收集已有地形图、遥感影像、水文气象、地质地貌等资料，了解滑坡的历史及前人工作程度，并访问调查和线路踏勘，对滑坡区地质背景、构造轮廓、变形范围等有一个基本认识。

1. 调查范围和比例尺

调查的范围应包括滑坡及其邻近地段。比例尺可选用1:200～1:1 000。用于整治设计时，比例尺可选用1:200～1:500。

2. 调查的主要内容

(1)收集当地地质、气象、水文、地震和人类活动等相关资料，滑坡史，易滑地层分布，工程地质图和地质构造图等资料。

(2)调查微地貌形态及其演变过程，详细圈定各滑坡要素；查明滑坡分布范围、滑带部位、滑痕指向、倾角及滑带的组成和岩土状态。

(3)调查滑带水和地下水的情况、泉水出露地点及流量，地表水体、湿地的分布、变迁及植被情况。

(4)调查滑坡内外已有建筑物、树木等的变形、位移、特点及其形成的时间和破坏过程。

(5)调查当地整治滑坡的过程和经验。

对滑坡的重点部位应摄影或录像。

(二)勘探

勘探孔位的布置应在工程地质调查或测绘的基础上，沿确定的纵向或横向勘探线布置，针对要查明的滑坡地质结构或问题确定具体孔位。

1. 勘探的主要任务

查明滑坡体的范围、厚度、物质组成和滑动面(带)的个数、形状及各滑动带的物质组成，查明滑坡体内地下水含水层的层数、分布、来源、动态及各含水层间的水力联系等。

2. 勘探方法的选择

滑坡勘探工作应根据需要查明的问题的性质和要求选择适当的勘探方法。一般可参照表4-2选用。

表4-2　滑坡勘探方法适用条件

勘探方法	适用条件及部位
井探、槽探	用于确定滑坡周界和滑坡壁、前缘的产状，有时也为现场大面积剪切试验的试坑
深井(竖斜)	用于观测滑坡体的变化，滑动带特征及采取不扰动土试样等。深井常布置在滑坡体中前部主轴附近。采用深井时，应结合滑坡的整治措施综合考虑
洞探	用于了解关键性的地质资料(滑坡的内部特征)，当滑坡体厚度大，地质条件复杂时采用。洞口常选在滑坡两侧沟壁或滑坡前缘，平硐常为排泄地下水整治工程措施的部分，并兼作观测洞

续表 4-2

勘探方法	适用条件及部位
电探	用于了解滑坡区含水层、富水带的分布和埋藏深度，了解下伏基岩起伏和岩性变化及与滑坡有关的断裂破碎带范围等
地震勘探	用于探测滑坡区基岩的埋深，滑动面位置、形状等
钻探	用于了解滑坡内部的构造，确定滑动面的范围、深度和数量，观测滑坡深部的滑动动态

3. 勘探点的布置原则

勘探线和勘探点的布置应根据工程地质条件、地下水情况和滑坡形态确定。除沿主滑方向应布置勘探线外，在其两侧滑坡体外也应布置一定数量勘探线。勘探点间距不宜大于 40 m，在滑坡体转折处和预计采取工程措施的地段，也应布置勘探点。在滑床转折处，应设控制性勘探孔。勘探方法除钻探和触探外，应有一定数量的探井。对于规模较大的滑坡，宜布置物探工作。

4. 勘探孔深度的确定

勘探孔的深度应穿过最下一层滑面，进入稳定地层，控制性勘探孔应深入稳定地层一定深度，满足滑坡治理需要。在滑坡体、滑动面(带)和稳定地层中应采取土试样，必要时尚应采取水试样。

5. 钻进过程中注意事项

(1)滑动面(带)的鉴定：滑带土的特点是潮湿饱水或含水量较高，比较松软，颜色和成分较杂，常具滑动形成的揉皱或微斜层理、镜面和擦痕；所含角砾、碎屑具有磨光现象，条状、片状碎石有错断的新鲜断口。同时应鉴定滑带土的物质组成，并将该段岩芯晾干，用锤轻敲或用刀沿滑面剖开，测出滑面倾角和沿擦痕方向的视倾角，供确定滑动面时参考。

(2)黄土滑坡的滑动面(带)往往不清楚，应特别注意黄土结构有无扰动现象及古土壤、卵石层产状的变化。这些往往是分析滑面位置的主要依据。

(3)钻进过程中应注意钻进速度及感觉的变化，并量测缩孔、掉块、漏水，套管变形的部位，同时注意地下水位的观测。这些对确定滑动面(带)的意义很大。

(三)滑坡勘察的室内外试验

1. 抽(提)水试验

测定滑坡体内含水层的涌水量和渗透系数；分层止水试验和连通试验，观测滑坡体各含水层的水位动态地下水流速、流向及相互联系；进行水质分析，用滑坡体内、外水质对比和体内分层对比，判断水的补给来源和含水层数。

2. 物理力学性质试验

除对滑坡体不同地层分别做天然含水量、密度试验外，更主要的是对软弱地层，特别是滑带土做物理力学性质试验。

3. 剪切试验

滑带土的抗剪强度直接影响滑坡稳定性验算和防治工程的设计，因此测定 C、φ 值应根据滑坡的性质，组成滑带土的岩性、结构和滑坡目前的运动状态，选择尽量符合实际情况的剪切试验（或测试）方法。试验工作尚应符合下列要求：

（1）宜采用室内或野外滑面重合剪或滑带土做重塑土或原状土多次剪，求出多次剪和残余抗剪强度指标。

（2）试验宜采用与滑动受力条件相类似的方法，用快剪、饱和快剪或固结快剪、饱和固结快剪。

（3）为检验滑动面抗剪强度指标的代表性，可采用反演分析法，并应符合：

①采用滑动后实测的主滑断面进行计算。

②需合理选择稳定安全系数 K 值，对正在滑动的滑坡，可根据滑动速率选择略小于 1 的 K 值（$0.95 \leqslant K < 1$），对处于暂时稳定的滑坡，可选择略大于 1 的 K 值（$1 < K \leqslant 1.05$）。

③宜根据抗剪强度 C、φ 值的试验结果及经验数据，先给定其中某一比较稳定值，反求另一值。

④应估计该滑坡达到的最不利情况的可能性。

三、滑坡的稳定性评价

滑坡场地的评价主要是场地稳定性评价，包括定性评价和定量评价。

（一）定性评价

定性评价主要从滑坡体地形地貌特征、水文地质条件变化及滑坡痕迹、滑坡各要素的变化等综合判定其稳定性。

1. 地貌特征

根据地貌特征判断滑坡的稳定性，见表 4-3。也可利用滑坡工程地质图，根据各阶地标高联结关系，滑坡位移量和与周围稳定地段在地物、地貌上的差异，以及滑坡变形历史等分析地貌发育历史过程和变形情况来推断发展趋势，判定滑坡整体和各局部的稳定程度。

表 4-3　根据地貌特征判断滑坡稳定性

滑坡要素	相对稳定	不稳定
滑坡体	坡度较缓，坡面较平整，草木丛生，土体密实，无松塌现象，两侧沟谷已下切深达基岩	坡度较陡，平均坡度 30°，坡面高低不平，有陷落松塌现象，无高大直立树木，地表水、泉、湿地发育
滑坡壁	滑坡壁较高，长满了草木，无擦痕	滑坡壁不高，草木少，有坍塌现象，有擦痕
滑坡平台	平台宽大，且已夷平	平台面积不大，有向下缓倾或后倾现象
滑坡前缘及滑坡舌	前缘斜坡较缓，坡上有河水冲刷过的痕迹，并堆积了漫滩阶地，河水已远离舌部，舌部坡脚有清晰泉水	前缘斜坡较陡，常处于河水冲刷之下，无漫滩阶地，有时有季节性泉水出露

2. 工程地质和水文地质条件对比

将滑坡地段的工程地质、水文地质条件与附近相似条件的稳定山坡进行对比，分析其差异性，从而判定其稳定性。

(1)下伏基岩呈凸形的，不易积水，较稳定；相反，呈勺形且地表有反坡向地形时易积水，不稳定。

(2)滑坡两侧及滑坡范围内同一沟谷的两侧，在滑动体与相邻稳定地段的地质断面中，详尽地对比描述各层的物质组成、组织结构、不同矿物含量和性质、风化程度和液性指数在不同位置上的分布等，借以判断山坡处于滑动的某一阶段及其稳定程度。

(3)分析滑动面的坡度、形状、与地下水的关系，软弱结构面的分布及其性质，以判定其稳定性及估计今后的发展趋势。

3. 滑动前的迹象及滑动因素的变化

分析滑动前的迹象，如裂缝、水泉复活、舌部鼓胀、隆起等，以及引起滑动的自然和人为因素，如切方、填土、冲刷等，研究下滑力与抗滑力的对比及其变化，从而判定滑坡的稳定性。

(二)定量评价

作为滑坡防治工作重要组成部分的滑坡稳定性评价在近40年来取得了长足进步，滑坡稳定性评价方法不断丰富，特别是随着计算机技术的不断发展，计算精度得到了很大提高。就滑坡稳定性评价方法而言，主要分为三大类：一是弹塑性理论数值分析方法；二是基于刚体极限平衡理论的条分法；三是在此基础上发展起来的可靠度分析方法。尽管弹塑性理论数值分析方法和可靠度分析方法被广泛地应用于滑坡稳定性分析，但至今条分法仍是工程上使用最多、最成熟的方法。目前，我国相关规程规范对滑坡稳定性评价的方法基本上都采用条分法。

1. 基本要求

滑坡稳定性定量分析计算主要是指滑坡稳定安全系数的计算及滑坡推力的计算。滑坡稳定性计算应符合下列要求：

(1)正确选择有代表性的分析断面，正确划分牵引段、主滑段和抗滑段。

(2)正确选用强度指标，宜根据测试结果、反分析和当地经验综合确定。

(3)有地下水时，应计入浮托力和水压力。

(4)根据滑动面(带)的条件，按平面、圆弧或折线，选用正确的计算模型。

(5)当有局部滑动可能时，除验算整体稳定外，尚应验算局部稳定。

(6)当有地震、冲刷、人类活动等影响因素时，应计入这些因素对稳定的影响。

滑坡稳定性评价应给出滑坡计算剖面在设计工况下的稳定系数和稳定状态。

对每条纵勘探线和每个可能的滑面均应进行滑坡稳定性评价。除应考虑滑坡沿已查明的滑面滑动外，还应考虑沿其他可能的滑面滑动。应根据计算或判断找出所有可能的滑面及剪出口。对推移式滑坡，应分析从新的剪出口剪出的可能性及前缘崩塌对滑坡稳定性的影响；对牵引式滑坡，除应分析沿不同的滑面滑动的可能性外，还应分析前方滑体滑动后后方滑体滑动的可能性；对涉水滑坡尚应分析塌岸后滑坡稳定性的变化。滑坡稳定性计算最终结果所对应的滑动面应是已查明的滑面或通过地质分析及计算搜索确定的潜在滑面，不应随意假设。

2. 采用折线滑动法(传递系数法)计算滑坡稳定性

当滑动面为折线时(见图 4-1),滑坡稳定性分析可用如下公式计算稳定安全系数。

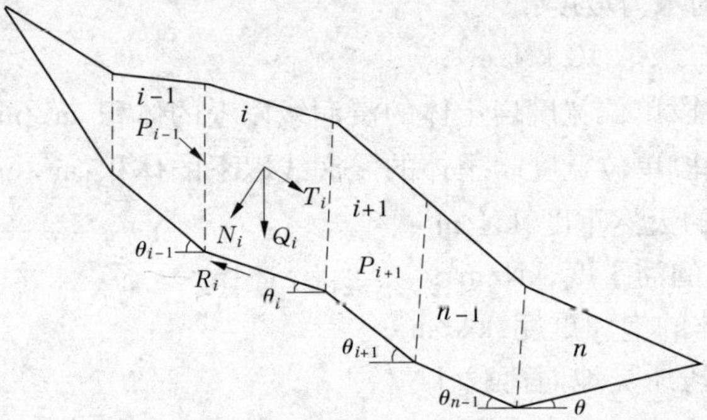

图 4-1 滑坡稳定系数计算

$$F_s = \frac{\sum_{i=1}^{n-1}\left(R_i \prod_{j=1}^{n-1} \psi_j\right) + R_n}{\sum_{i=1}^{n-1}\left(T_i \prod_{j=1}^{n-1} \psi_j\right) + T_n} \tag{4-1}$$

$$\Psi_j = \cos(\theta_i - \theta_{i+1}) - \sin(\theta_i - \theta_{i+1})\tan\varphi_{i+1}$$

$$\prod_{j=1}^{n-1} \Psi_j = \Psi_i \cdot \Psi_{i+1} \cdot \Psi_{i+2} \cdots \Psi_{n-1}$$

$$R_i = N_i \tan\varphi_i + C_i l_i$$

$$T_i = W_i \sin\theta_i + P_{wi}\cos(\alpha_i - \theta_i)$$

$$N_i = W_i \cos\theta_i + P_{wi}\sin(\alpha_i - \theta_i)$$

$$W_i = V_{iu}\gamma + V_{id}\gamma' + F_i$$

$$P_{wi} = \gamma_w i V_{id}$$

$$i = \sin|\alpha_i|$$

$$\gamma' = \gamma_{sat} - \gamma_w$$

式中 F_s——滑坡稳定性系数;

θ_i——第 i 块段底面倾角,(°),反倾时取负值;

R_i——第 i 块段滑体抗滑力,kN/m;

N_i——第 i 块段滑体在滑动面法线上的反力,kN/m;

φ_i——第 i 块段滑带土的内摩擦角标准值,(°);

C_i——第 i 块段滑动面上岩土体的黏结强度标准值,kPa;

l_i——第 i 块段滑动面长度,m;

T_i——第 i 块段滑体下滑力,kN/m;

Ψ_j——第 i 块段的剩余下滑动力传递至 $i+1$ 块段时的传递系数,$j=i$;

α_i——第 i 块段地下水流线平均倾角,一般情况下取浸润线倾角与滑面倾角平均值,(°),反倾时取负值;

W_i——第 i 块段自重与建筑等地面荷载之和，kN/m；

P_{wi}——第 i 块段单位宽度的渗透压力，作用方向倾角为 α_i，kN/m；

i——地下水的水力坡度；

γ_w——水的重度，取 10 kN/m^3；

V_{iu}——第 i 块段单位宽度岩土体的浸润线以上的体积，m^3/m；

V_{id}——第 i 块段单位宽度岩土体的浸润线以下的体积，m^3/m；

γ——岩土体的天然重度，kN/m^3；

γ'——岩土体的浮重度，kN/m^3；

γ_{sat}——岩土体的饱和重度，kN/m^3；

F_i——第 i 块段所受地面荷载，kN。

滑坡稳定性系数计算方法均属于定值设计法的范畴，将不确定的因素和参数都定值化，把未知的不确定因素归结到安全系数上。滑坡及其治理工程对象为岩土，具有较大的自身天然变异性，失效控制原理极其复杂，其稳定安全系数选取须考虑力学指标测定条件，采用计算参数和方法的可靠性、治理工程的重要性和建设规模。滑坡变形速率较大、失稳后危害大、治理工程失效后修复困难、滑面计算参数可靠性差（或采用峰值抗剪强度参数）时，宜采用较大安全系数。自然边坡稳定性评价可取较小安全系数。特殊荷载组合可适当降低安全系数。《建筑边坡工程技术规范》（GB 50330—2002）规定，自然滑坡和工程古滑坡的稳定安全系数为：破坏后果很严重，难以处理的滑坡取 1.25，较易处理时取 1.20；破坏后果严重的滑坡取 1.15；破坏后果不严重，难处理的滑坡取 1.1；破坏后果不严重，又易处理的滑坡取 1.05。工程滑坡的稳定安全系数见表 4-4。

表 4-4　工程滑坡的稳定安全系数 K

破坏后果		很严重	严重	不严重
边坡工程安全等级		一级边坡	二级边坡	三级边坡
稳定安全系数	圆弧滑动法	1.30	1.25	1.20
	平面滑动法	1.35	1.30	1.25
	折线滑动法	1.35	1.30	1.25

预估未采取工程措施的滑坡在外界诱发因素（暴雨、水位暴涨暴落、地震等）作用下是否安全时，亦可借助滑坡稳定系数降低值来评估安全性。取天然状态下稳定系数为 1.0，反演计算参数，再据此计算滑坡在外界诱发因素作用下的稳定安全系数。若仍大于 0.95，认为基本安全；若小于 0.95，则认为很可能产生新的滑坡，宜采取工程措施，提高稳定系数。对目前已稳定的滑坡提高至 1.10，目前欠稳定的滑坡提高至 1.15 ~ 1.20，目前已在滑移的滑坡提高至 1.25 ~ 1.30。

（三）滑坡推力的计算

滑坡推力为滑坡向下滑动的力与抵抗向下滑动的抗滑力之差，又称剩余下滑力，可为设计抗滑治理工程提供定量设计数据，亦可用以评价判定滑坡的稳定性。当滑坡稳定系数 F_s 小于要求的稳定安全系数 K，需计算滑坡支挡或加固所需外力时，按滑坡做整体运动，不考虑各滑块间的挤压和拉裂作用。

(1)滑面为圆弧形时滑坡推力计算

$$F = (K_f - K_s)\sum(T_i\cos\alpha_i) \tag{4-2}$$

式中 F——滑坡推力，kN；

K_f——滑坡推力安全系数；

K_s——按圆弧滑动法计算得出的稳定系数；

T_i——第 i 滑块重量在滑面切线方向的分力，kN/m；

α_i——第 i 块滑面与水平面间的倾角，(°)。

(2)滑面为单一平面时滑坡推力计算

$$F = K_f W\sin\alpha - (W\cos\alpha\tan\varphi + Cl) \tag{4-3}$$

式中 W——滑体重力，kN；

α——滑面与水平面间的倾角，(°)；

l——滑面长度，m；

C、φ——滑带土(面)的黏聚力(kPa)、内摩擦角，(°)。

(3)滑面为折线时滑坡推力计算

$$F_i = \Psi_i F_{i-1} + K_f W_i\sin\alpha_i - W_i\cos\alpha_i\tan\varphi_i + C_i l_i \tag{4-4}$$

$$\Psi_i = \cos(\alpha_{i-1} - \alpha_i) - \sin(\alpha_{i-1} - \alpha_i)\tan\varphi_i$$

式中 F_i——第 i 滑块末端推力(滑坡剩余推力)，kN；

F_{i-1}——第 i 滑块的上一滑块($i-1$ 块)的滑坡剩余推力，为负时按零计算，kN；

Ψ_i——滑坡推力传递系数；

W_i——第 i 滑块的重力，位于地下水位面以下时应考虑渗透力作用，当计算滑动力时取饱和容重，计算抗浮力时取浮容重，kN；

C_i、φ_i——第 i 滑块滑面土的黏聚力(kPa)、内摩擦角，(°)；

l_i——第 i 滑块滑动面长度，m；

α_i、α_{i-1}——第 i 和第 $i-1$ 块滑块滑面倾角，(°)。

在上述计算中，滑坡推力安全系数 K_f 的取值在《建筑边坡工程技术规范》(GB 50330—2002)中规定：工程滑坡取 1.25；自然滑坡和工程古滑坡中，破坏后果很严重且难以处理时取 1.25，较易处理时取 1.2；破坏后果严重的滑坡取 1.15；破坏后果不严重但难处理时取 1.1，较易处理时取 1.05。

此外，推力分布及其作用点与滑坡的类型、部位、地层性质、滑坡变形情况有关。液性指数小、刚度较大和较密实的较完整岩层、黏聚力较大的土层滑体，或采用锚拉桩时，从顶层至底层的滑移速度大体一致，滑坡推力分布近似为矩形，推力作用点可取在滑体厚度的 1/2 处。液性指数较大、刚度较小和密实度不均匀的塑性滑体，例如以内摩擦角为主要抗剪特性的松散体、碎石类土堆积体，滑移时靠近滑面的速度大于表层速度，滑坡推力分布近似为三角形，推力作用点取在滑体距滑面 1/3 高度处。介于以上两种情况之间的滑坡推力分布可认为是梯形。土质滑坡推力一般远大于相应滑体高度产生的土压力，滑坡推力方向平行于该计算滑块的底滑面。当用于计算抗滑桩、挡墙承受的推力时，认为推力方向与紧挨桩、墙背的一段较长滑动面平行。

当滑体具有多层滑面时，应分别计算各滑动面的滑坡推力，取最大的推力作为设计控制值，并应使每层滑坡均满足稳定要求。

选择平行滑动方向的断面不宜少于3条，其中1条应是主滑断面。

四、滑坡治理原则及措施

滑坡的防治应贯彻"早期发现，预防为主；查明情况，对症下药；综合整治，有主有从；治早治小，贵在及时；力求根治，以防后患；因地制宜，就地取材；安全经济，正确施工"的原则，这样才能达到事半功倍的效果。

滑坡防治的主要措施和方法有：

(1)避开。对场址有直接危害的大、中型滑坡应避开为宜。

(2)消除或减轻水对滑坡的危害。水是促使滑坡发生和发展的主要因素，应尽早消除或减轻地表水和地下水对滑坡的危害。其方法有：

①截。就是在滑坡体可能发展的边界5 m以外的稳定地段设置环形截水沟（或盲沟），以拦截和旁引滑坡范围外的地表水和地下水，使之不进入滑坡区。

②排。在滑坡区内充分利用自然沟谷，布置成树枝状排水系统，或修筑盲洞、支撑盲沟和布置垂直孔群、水平孔群等，排除滑坡范围内的地表水和地下水。

③护。就是在滑坡体上种植草皮或在滑坡上游严重冲刷地段修建丁坝，改变水流流向及在滑坡前缘抛石、铺石笼等，以防止地表水对滑坡坡面的冲刷或河水对滑坡坡脚的冲刷。

④填。用黏土填塞滑坡体上的裂缝，防止地表水渗入滑坡体内。

(3)改善滑坡体的力学条件，增大抗滑力。方法有：

①减与压。对于滑床上陡下缓，滑体头重脚轻或推移式滑坡，可在滑坡上部为正值的主滑地段减重或在前部为负值的抗滑段加填压脚，以达到滑体的力学平衡，对于小型滑坡，可采取全部消除。减重后应验算滑面从残存滑体的薄弱部位剪出的可能性。

②挡。设置支挡结构（如抗滑挡墙、抗滑桩等）以支挡滑体或把滑体锚固在稳定地层上，由于能比较少地破坏山体，有效地改善滑体的力学平衡条件，故"挡"是目前用来稳定滑坡的有效措施之一。

(4)改善滑带土的性质。采用焙烧法、灌浆法、孔底爆破灌注混凝土砂井、砂桩、电渗排水及电化学加固等措施，改善滑带土的性质，使其强度指标提高，以增强滑坡的稳定性。

五、滑坡岩土工程勘察报告

滑坡岩土工程勘察报告除应满足一般场地岩土工程勘察报告要求外，尚应满足下列要求：

(1)滑坡的地质背景和形成条件。

(2)滑坡的形态要素、性质和演化。

(3)提供滑坡的平面图、剖面图和岩土工程特性指标。

(4)滑坡稳定分析。

(5)滑坡防治和监测的建议。

第三节　危岩和崩塌

一、危岩与崩塌的概念

危岩和崩塌是单个或群体岩块在重力及其他外力作用下突然从陡峻岩石山坡上分离,并以自由落体、滑移、弹跳、滚动或其他的某种组合方式顺坡向下猛烈运动,最后散集于坡脚的一种常见地质灾害现象。危岩和崩塌的含义有所区别,前者是指岩体被结构面切割,在外力作用下产生松动和塌落,后者是指危岩的塌落过程及其产物。当其发生在交通线、旅游场地、工业或民用建筑设施附近时,常会带来交通中断、建筑物毁坏和人身伤亡等重大危害。

二、危岩及崩塌产生的条件

危岩和崩塌的形成取决于以下因素:

(1)地貌条件。崩塌多产生在陡峻的斜坡地段,一般坡度大于55°,高度大于30 m,坡面多不平整,上陡下缓。

(2)岩性条件。坚硬岩层多组成高陡山坡,在节理裂隙发育、岩体破碎的情况下易产生崩塌。

(3)构造条件。当岩体中各种软弱结构面的组合位置处于下列最不利的情况时易发生崩塌:

①当岩层倾向山坡,倾角大于45°而小于自然坡度时。

②当岩层发育有多组节理,且一组节理倾向山坡,倾角为25°~65°时。

③当两组与山坡走向斜交的节理(X形节理)组成倾向坡脚的楔形体时。

④当节理面呈弧形弯曲的光滑面或山坡上方不远处有断层破碎带存在时。

⑤在岩浆岩侵入接触带附近的破碎带或变质岩中片理片麻构造发育的地段,风化后形成软弱结构面,容易导致崩塌的产生。

(4)此外,昼夜的温差、季节的温度变化,促使岩石风化,地表水的冲刷、溶解和软化裂隙充填物形成软弱面,或水的渗透增加静水压力,强烈地震以及人类工程活动中的爆破,边坡开挖过高过陡,破坏了山体平衡,都会促使崩塌的发生。

三、危岩和崩塌的运动特征及工程分类

危岩和崩塌的运动特征表现为:暴发突然,快速向坡脚运动,全过程历时短暂;惯性大,破坏能力大;运动过程中沿途撞击,引发更多的危岩随之滚落;运动轨迹不确定,变向显著;运动的形式有滑动、滚动及弹跳。

根据危岩发育特征,危岩体可根据单体、群体及所处相对高度等进行分类,其中危岩体根据单体体积划分为小型危岩($V \leqslant 10\ m^3$)、中型危岩($10\ m^3 < V \leqslant 50\ m^3$)、大型危岩($50\ m^3 < V \leqslant 100\ m^3$)和特大型危岩($V > 100\ m^3$);根据危岩带(群)体积划分为小型危岩带($V \leqslant 500\ m^3$)、中型危岩带($500\ m^3 < V \leqslant 1\ 000\ m^3$)、大型危岩带($1\ 000\ m^3 < V \leqslant 5\ 000$

m^3)和特大型危岩带($V>5\ 000\ m^3$);根据危岩体所处高度,可划分为低位危岩($H\leqslant15$ m)、中位危岩($15\ m<H\leqslant50\ m$)、高位危岩($50\ m<H\leqslant100\ m$)和特高位危岩($H>100$ m)。

崩塌既可以发生在黄土、黏土等土层中,也可发生在岩层中,按照其形成机理可分为倾倒式、滑移式、鼓胀式、拉裂式、错断式等。

四、危岩和崩塌勘察要点

拟建工程场地或其附近存在对工程安全有影响的危岩或崩塌时,应进行危岩和崩塌勘察。危岩和崩塌勘察宜在可行性研究或初步勘察阶段进行,应查明产生崩塌的条件及其规模、类型、范围,并对工程建设适宜性进行评价,提出防治方案的建议。

工程地质测绘宜在可行性研究阶段进行,初步设计与施工图阶段可进行修测,或对某些专门地质问题进行补充调查。在实施勘探工程之前,应先进行地质测绘与调查。

危岩和崩塌地区工程地质测绘的比例尺宜采用1:500~1:1 000,崩塌方向主剖面的比例尺宜采用1:200。应查明下列内容:

(1)地形地貌及崩塌类型、规模、范围,崩塌体的大小和崩落方向。

(2)岩体基本质量等级、岩性特征和风化程度。

(3)地质构造,岩体结构类型,结构面的产状、组合关系、闭合程度、力学属性、延展及贯穿情况。

(4)气象(重点是大气降水)、水文、地震和地下水的活动。

(5)崩塌前的迹象和崩塌原因。

(6)当地防治崩塌的经验。

五、崩塌区的岩土工程评价

(一)岩土工程评价的原则

崩塌区岩土工程评价应根据山体地质构造格局、变形特征进行崩塌的工程分类,圈出可能崩塌的范围和危险区,对各类建筑物和线路工程的场地适宜性作出评价,并提出防治对策和方案。各类危岩和崩塌的岩土工程评价应符合下列规定:

(1)规模大,破坏后果很严重,难以治理的,不宜作为工程场地,线路工程应绕避。

(2)规模较大,破坏后果严重的,应对可能产生崩塌的危岩进行加固处理,线路工程应采取防护措施。

(3)规模小,破坏后果不严重的,可作为工程场地,但应对不稳定危岩采取治理措施。

(二)评价方法

1.工程地质类比法

对已有的崩塌或附近崩塌区及稳定区的山体形态,斜坡坡度,岩体构造,结构面分布、产状、闭合及填充情况进行调查对比,分析山体的稳定性、危岩的分布,判断产生崩塌落石的可能性及其破坏力。

2.力学分析法

在分析可能崩塌体及落石受力条件的基础上,用“块体平衡理论”计算其稳定性。计算时应考虑当地地震力、风力、爆破力、地面水和地下水冲刷力及冰冻力等的影响。

六、崩塌的防治

崩塌的治理应以根治为原则，当不能清除或根治时，对中、小型崩塌可采取下列综合措施：

(1)遮挡。对小型崩塌，可修筑明洞、棚洞等遮挡建筑物使线路通过。

(2)对中、小型崩塌，当线路工程或建筑物与坡脚有足够距离时，可在坡脚或半坡设置落石平台或挡石墙、拦石网。

(3)支撑加固。对小型崩塌，在危岩的下部修筑支柱、支墙，亦可将易崩塌体用锚索、锚杆与斜坡稳定部分联固。

(4)镶补勾缝。对小型崩塌，对岩体中的空洞、裂缝用片石填补，混凝土灌注。

(5)护面。对易风化的软弱岩层，可用沥青、砂浆或浆砌片石护面。

(6)排水。设排水工程以拦截疏导斜坡地表水和地下水。

(7)刷坡。在危石突出的山嘴及岩层表面风化破碎不稳定的山坡地段，可刷缓山坡。

七、危岩和崩塌的监测与预报

为判定剥离体或危岩的稳定性，必要时应对张裂缝进行监测，监测岩体绝对位移与沉降、裂缝(张开、闭合、位错)变化、地下水位变化及泉水流量、裂缝充水情况等，布置平硐勘查的，还应进行硐口位移、硐内软层、裂缝收敛变化、位移错动等内容的监测。对有较大危害的大型危岩，应结合监测结果，对可能发生崩塌的时间、规模、滚落方向、途径、危害范围等作出预报。

八、危岩和崩塌勘察报告的编写

危岩和崩塌勘察报告的编写除满足一般岩土工程勘察报告的编写要求外，尚应重点阐明危岩和崩塌区的范围、类型，评价作为工程场地的适宜性，并提出相应的防治对策和方案的建议。

第四节　泥石流

一、泥石流特点及其危害

泥石流是山区常见的一种灾害性的泥沙集中搬运现象，属于固、液两相流体运动，是指斜坡上或沟谷中松散碎屑物质被暴雨或积雪、冰川消融水所饱和，在重力作用下，沿斜坡或沟谷流动的介于崩塌滑坡和洪水之间的一种特殊洪流。

泥石流作为一种典型的山区地质灾害，其特点是：存在形成—输移—堆积三个发展阶段；爆发突然、来势凶猛，可携带巨大的石块；行进速度高，蕴含强大的能量，因而破坏性极大；活动过程短暂，一般只有几个小时，短的只有几分钟；具有季节性、周期性发生规律，一般发生在连续降雨、暴雨集中季节，且与暴雨、连续降水周期一致。

二、泥石流的勘察和评价

拟建工程场地或其附近有发生泥石流的条件并对工程安全有影响时,应进行专门的泥石流勘察。

泥石流勘察应在可行性研究或初步勘察阶段进行。应调查地形地貌、地质构造、地层岩性、水文气象等特点,分析判断场地及其上游沟谷是否具备产生泥石流的条件,预测泥石流的类型、规模、发育阶段、活动规律、危害程度等,对工程场地作出适宜性评价,提出防治方案的建议。

(一)工程地质测绘和调查

泥石流勘察应以工程地质测绘和调查为主。测绘范围应包括沟谷至分水岭的全部地段和可能受泥石流影响的地段。测绘比例尺,对全流域宜采用1:50 000,对中下游可采用1:2 000~1:10 000。工程地质测绘和调查的方法、内容除应符合一般要求外,应以下列与泥石流有关的内容为重点。

(1)冰雪融化和暴雨强度、一次最大降雨量、平均及最大流量、地下水活动等情况。

(2)地层岩性、地质构造、不良地质作用、松散堆积物的物质组成、分布和储量。

(3)地形地貌特征,包括沟谷的发育程度、切割情况、坡度、弯曲、粗糙程度,并划分泥石流的形成区、流通区和堆积区,圈绘整个沟谷的汇水面积。

(4)形成区的水源类型、水量、汇水条件、山坡坡度、岩层性质和风化程度;断裂、滑坡、崩塌、岩堆等不良地质作用的发育情况及可能形成泥石流的固体物质的分布范围、储量。

(5)流通区的沟床纵横坡度、跌水、急弯等特征,沟床两侧山坡坡度、稳定程度,沟床的冲淤变化和泥石流的痕迹。

(6)堆积区的堆积扇分布范围、表面形态、纵坡、植被、沟道变迁和冲淤情况;堆积物的物质、层次、厚度、一般粒径和最大粒径;判定堆积区的形成历史、堆积速度,估算一次最大堆积量。

(7)泥石流沟谷的历史,历次泥石流的发生时间、频数、规模、形成过程、暴发前的降雨情况和暴发后产生的灾害情况。

(8)开矿弃渣、修路切坡、砍伐森林、陡坡开荒和过度放牧等人类活动情况。

(9)当地防治泥石流的经验。

(二)泥石流沟的识别

能否产生泥石流可从形成泥石流的条件分析判断。已经发生过泥石流的流域,可从下列几种现象来识别:

(1)中游沟身常不对称,参差不齐,往往凹岸发生冲刷坍塌,凸岸堆积成延伸不长的“石堤”,或凸岸被冲刷,凹岸堆积,有明显的截弯取直现象。

(2)沟槽经常大段地被大量松散固体物质堵塞,构成跌水。

(3)沟道两侧地形变化处、各种地物上、基岩裂缝中,往往有泥石流残留物、擦痕、泥痕等。

(4)由于多次不同规模泥石流的下切淤积,沟谷中下游常有多级阶地,在较宽阔地带常有垄岗状堆积物。

(5)下游堆积扇的轴部一般较凸起，稠度大的堆积物扇角小，呈丘状。

(6)堆积扇上沟槽不固定，扇体上杂乱分布着垄岗状、舌状、岛状堆积物。

(7)堆积的石块均具尖锐的棱角，粒径悬殊，无方向性，无明显的分选层次。

上述现象不是所有泥石流地区都具备的，调查时应多方面综合判定。

(三)勘探测试工作

当工程地质测绘不能满足设计要求或需要对泥石流采取防治措施时，应进行勘探测试，进一步查明泥石流堆积物的性质、结构、厚度、密度，固体物质含量、最大粒径，泥石流的流速、流量、冲出量和淤积量。这些指标是判定泥石流类型、规模、强度、频繁程度、危害程度的重要依据，也是工程设计的重要参数。

(四)泥石流地区工程建设适宜性评价

泥石流地区工程建设适宜性评价，一方面应考虑到泥石流的危害性，确保工程安全，不能轻率地将工程设在有泥石流影响的地段；另一方面也不能认为，凡属泥石流沟谷均不能兴建工程，而应根据泥石流的规模、危害程度等区别对待。

下面根据泥石流的工程分类(见表4-5)分别考虑工程建设的适宜性：

(1) I_1类和II_1类泥石流沟谷规模大，危害性大，防治工作困难且不经济，故不能作为各类工程的建设场地，各类线路宜避开。

(2) I_2类和II_2类泥石流沟谷不宜作为工程场地，当必须利用时，应采取治理措施；线路应避免直穿堆积扇，可在沟口设桥(墩)通过。

(3) I_3类和II_3类泥石流沟谷可利用其堆积区作为工程场地，但应避开沟口；线路可在堆积扇通过，可分段设桥和采取排洪、导流措施，不宜改沟、并沟。

表4-5　泥石流的工程分类和特征

类别	泥石流特征	流域特征	亚类	严重程度	流域面积(km^2)	固体物质一次冲出量($\times 10^4\ m^3$)	流量(m^3/s)	堆积区面积(km^2)
Ⅰ高频率泥石流沟	基本上每年均有泥石流发生。固体物质主要来源于沟谷的滑坡、崩塌。暴发雨强小于2～4 mm/10 min。除岩性因素外，滑坡、崩塌严重的沟谷多发生黏性泥石流，规模大，反之多发生稀性泥石流，规模小	多位于强烈抬升区，岩层破碎，风化强烈，山体稳定性差。泥石流堆积新鲜，无植被或仅有稀疏草丛。黏性泥石流沟中下游沟床坡度大于4%	I_1	严重	>5	>5	>100	>1
			I_2	中等	1～5	1～5	30～100	<1
			I_3	轻微	<1	<1	<30	—

续表 4-5

类别	泥石流特征	流域特征	亚类	严重程度	流域面积（km^2）	固体物质一次冲出量（$\times 10^4\ m^3$）	流量（m^3/s）	堆积区面积（km^2）
Ⅱ低频率泥石流沟谷	暴发周期一般在10年以上。固体物质主要来源于沟床，泥石流发生时“揭床”现象明显。暴雨时坡面产生的浅层滑坡往往是激发泥石流形成的重要因素。暴发雨强一般大于 4 mm/10 min。规模一般较大，性质有黏有稀	山体稳定性相对较好，无大型活动性滑坡、崩塌。沟床和扇形地上巨砾遍布。植被较好，沟床内灌木丛密布，扇形地多已辟为农田。黏性泥石流沟中下游沟床坡度小于4%	$Ⅱ_1$	严重	>10	>5	>100	>1
			$Ⅱ_2$	中等	1~10	1~5	30~100	<1
			$Ⅱ_3$	轻微	<1	<1	<30	—

注：1. 表中流量对高频率泥石流沟指百年一遇流量，对低频率泥石流沟指历史最大流量。

2. 泥石流的工程分类宜采用野外特征与定量指标相结合的原则，定量指标满足其中一项即可。

（4）当上游大量弃渣或进行工程建设，改变了原有供排平衡条件时，应重新判定产生新的泥石流的可能性。

（五）泥石流岩土工程勘察报告

泥石流岩土工程勘察报告的内容除应符合《岩土工程勘察规范》（GB 50021—2001）（2009 年版）的一般要求外，应重点阐述下列问题：

（1）泥石流的地质背景和形成条件。

（2）形成区、流通区、堆积区的分布和特征，绘制专门工程地质图。

（3）划分泥石流类型，评价其对工程建设的适宜性。

（4）泥石流防治和监测的建议。

三、泥石流的防治

（一）预防措施

（1）水土保持。植树造林，种植草皮，退耕还林，以稳固土壤不受冲刷，不使流失。

（2）坡面治理。包括削坡、挡土、排水等，以防止或减少坡面岩土体和水参与泥石流的形成。

（3）坡道整治。包括固床工程，如拦沙坝、护坡脚、护底铺砌等；调控工程，如改变或改善流路、引水输沙、调控洪水等，以防止或减少沟底岩土体的破坏。

（二）治理措施

（1）拦截措施。在泥石流沟中修筑各种形式的拦渣坝，如拦沙坝、石笼坝、格栅坝及停淤场等，用以拦截或停积泥石流中的泥沙、石块等固体物质，减轻泥石流的动力作用。

（2）滞流措施。在泥石流沟中修筑各种位于拦渣坝下游的低矮拦挡坝，当泥石流漫过拦渣坝顶时，拦蓄泥沙、石块等固体物质，减小泥石流的规模；固定泥石流沟床，防止沟床下切和拦渣坝体坍塌、破坏；减缓纵坡坡度，减小泥石流流速。

(3)排导措施。在下游堆积区修筑排洪道、急流槽、导流堤等设施，以固定沟槽、约束水流、改善沟床平面等。

第五节　采空区

一、采空区的基本概念和危害

人类在大面积采挖地下矿体或进行其他地下挖掘后所形成的地下矿坑或洞穴称为采空区。采空区根据开采形成时间可分为老采空区、现采空区和未来采空区。老采空区是指历史上已经开采过、现已停止开采的采空区；现采空区是指正在开采的采空区；未来采空区是指计划开采而尚未开采的采空区。又根据采空程度可分为小型采空区和大面积采空区。

由于地下矿体的开发形成采空区，往往导致矿体顶板岩层失去支撑而产生平衡破坏，导致岩层位移和塌陷，严重危害地面建构筑物、道路、桥梁、市政工程、军用设施等工程的安全使用，在我国大部分煤矿开采区常发生采空区灾害现象。近几十年来，随着生产技术的进步和发展，采取了采矿保护措施和地面建筑保护措施，采空区灾害得到了有效的缓解和治理。

二、采空区的地表变形特征和影响因素

采空区的地表变形多为地表塌陷或开裂，地表塌陷逐步发展，最终会形成移动盆地。

小型采空区主要是因为掏煤、淘沙、采金、采水、挖墓、采窑、地窖等人类活动而形成的，其规模不大，多以坑道、巷道等形式出现，其采空范围狭窄，开采深度浅，不会形成移动盆地，但如果任其发展，则地表变化剧烈，地表裂缝分布常与开采面工作面平行，随开采工作面的推进而不断向前发展；其裂缝宽度一般上宽下窄，无显著位移。

大型采空区的变形主要是在地表形成移动盆地，即位于采空区上方，当地下采空后，随之产生地表变形形成凹地，跟着采空区不断扩大，凹地不断发展成凹陷盆地，称为移动盆地。地表移动盆地范围比采空区大得多，其位置和形状与矿层的倾角大小有关。矿层倾角平缓时，地表移动盆地位于采空区正上方，形状对称于采空区(见图4-2(a))；矿层倾角较大时，盆地在沿矿层走向方向仍对称于采空区，而沿倾斜方向，移动盆地与采空区的关系是非对称的，随倾角的增大，盆地中心向倾向方向偏移(见图4-2(b))。

根据移动盆地变形情况，在水平面上划分，移动盆地自中心向两边缘可分为三个区，即盆地中间区(中间下沉区)、内边缘区(移动区或危险变形区)和外边缘区(轻微变形区)，见图4-3。

中间区为移动盆地中心平底部分；内边缘区则变形较大且不均匀，对地表建筑破坏作用较大；外边缘区变形较小，一般对建筑不起损坏作用，以地表下沉10 mm为标准，划分其外围边界。

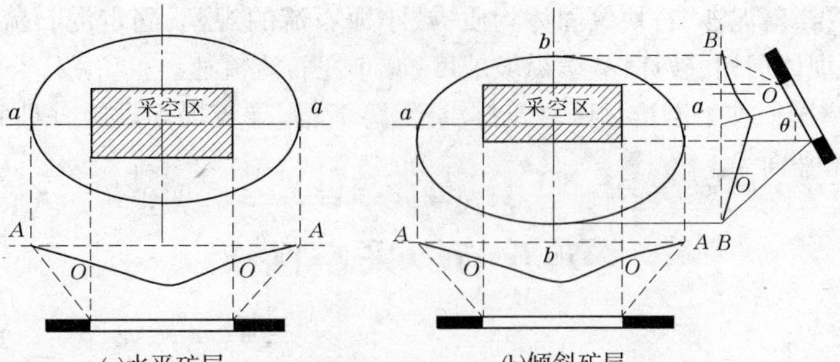

图 4-2　地表移动盆地特征

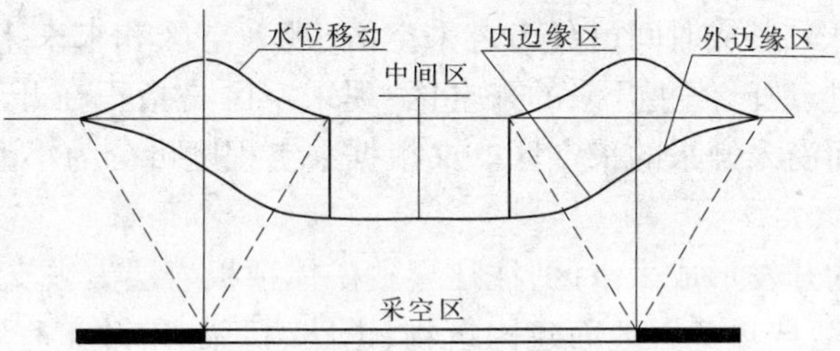

图 4-3　地表移动盆地分区

从垂直方向看，大面积地下采空区上部变形总的过程是从上向下逐渐发展为漏斗状沉落，其变形区分为三个带：

(1)冒落带(崩落带)：采空区顶板塌落形成，厚度 h 一般为采空厚度的 3 ~4 倍。

$$h=\frac{m}{(k-1)\cos\alpha} \tag{4-5}$$

式中　h——冒落带厚度，m；

m——采空区厚度，m；

k——岩石松散系数，取 1.3；

α——岩层倾角，(°)。

(2)裂隙带(破裂弯曲带)。处于冒落带之上，并产生较大的弯曲和变形，厚度一般为采矿厚度的 12 ~18 倍(矿层顶板向上的厚度)。

(3)弯曲带(不破裂弯曲带)。裂隙带顶面到地面的厚度。

三、采空区勘察要点

(一)勘察总则和要求

采空区勘察应查明老采空区上覆岩层的稳定性，预测现采空区和未来采空区的地表移动、变形的特征和规律性，判定其作为工程场地的适宜性。

采空区的勘察宜以收集资料、调查访问为主，并应查明下列内容：

(1)矿层的分布、层数、厚度、深度、埋藏特征和上覆岩层的岩性、构造等。

(2)矿层开采的范围、深度、厚度、时间、方法和顶板管理，采空区的塌落、密实程度、空隙和积水等。

(3)地表变形特征和分布,包括地表陷坑、台阶、裂缝的位置、形状、大小、深度、延伸方向及其与地质构造、开采边界、工作面推进方向等的关系。

(4)地表移动盆地的特征,划分中间区、内边缘区和外边缘区,确定地表移动和变形的特征值。

(5)采空区附近的抽水和排水情况及其对采空区稳定的影响。

(6)收集建筑物变形和防治措施的经验。

对老采空区和现采空区,当工程地质调查不能查明采空区的特征时,应进行物探和钻探。

对现采空区和未来采空区,应通过计算预测地表移动和变形的特征值,计算方法可按现行标准《建筑物、水体、铁路及主要井巷煤柱留设与压煤开采规程》执行。

(二)采空区场地建筑适宜性评价

(1)下列地段不宜作为建筑场地:

①在开采过程中可能出现非连续变形地段(地表产生台阶、裂缝、塌陷坑等)。

当采深采厚比 $H/m<25\sim30$,或 $H/m>25\sim30$ 但地表覆盖层很薄且采用高落式等非正规开采方法或上覆岩层受地质构造破坏时,地表将出现大的裂缝或塌陷坑,易出现非连续的地表移动和变形。

②处于地表移动活跃地段。

③特厚矿层和倾角大于55°的厚矿层露头地段。

④由于地表移动和变形,可能引起边坡失稳和山崖崩塌的地段。

⑤地下水位深度小于建筑物可能下沉量与基础埋深之和的地段。

⑥地表倾斜大于10 mm/m,地表水平变形大于6 mm/m或地表曲率大于0.6 mm/m^{2}的地段。

(2)下列地段作为建筑场地时,其适宜性应专门研究:

①采空区采深采厚比 $H/m<30$ 的地段。

②采深小(H 小于50 m地段),上覆岩层极坚硬,并采用非正规开采方法的采空地段。

③地表倾斜为3~10 mm/m,地表曲率为0.2~0.6 mm/m^2 或地表水平变形为2~6 mm/m的地段。

④老采空区可能活化或有较大残余影响的地段。

(3)下列地段为相对稳定区,可以作为建筑场地:

①已达充分采动,无重复开采可能的地表移动盆地的中间区。

②预计的地表变形值小于下列数值的地段:地表倾斜3 mm/m,地表曲率0.2 mm/m^2,地表水平变形2 mm/m。

四、采空区灾害防治措施

(一)小型采空区

对小型采空区的处理措施有:

(1)小型采空区隐患较大,易发生突然变形,对铁路、公路危害严重,因此线路一般应以绕避为宜。若必须通过，则必须尽可能查明情况，彻底处理，不留后患。

(2)地下水位的变化对小型采空区影响较大，因此对小型采空区附近的工农业抽水以及水库水位变化，要作为重要因素，慎重考虑。

(3)采用洞探的方法查清线路基底的坑洞，进行回填处理，回填材料一般用毛石混凝土或粉煤灰。

(4)采用桥梁跨越小型采空区，使桥梁基础置于坑洞底板以下。

(5)探灌结合的方法进行处理，但坑洞较大时，灌注数量难以估计，钻探量大，质量不好控制。

(6)以隧道通过小型采空区时，应慎重查明其下的小型采空情况。对有突然陷落可能的采空应进行回填处理，增加沉降缝，加强衬砌和基底的结构强度。若情况难以查明时，线路应予绕避。

(7)加强建筑物基础及上部结构刚度。

(二)大面积采空区

(1)为了避免铁路、公路压矿或将来开采时处理困难，影响正常运营，在新线铁路、公路勘测时，特别是干线、高等级公路，以尽量避开采空区为宜，尤其是矿层急倾斜的矿区更应如此。至于地方铁路和专用线，因其运量较小，标准较低，容易处理，在勘测时应与将来处理进行比较后，确定方案。

(2)在已有铁路、公路建筑物的地下开采，或线路要通过正开采的矿区时，常采取以下保护措施，防止地表和建筑物变形。

①留设保护矿柱。

②改变开采工艺，减小地表下沉量。如：采取充填法处理顶板，及时全部充填或两次充填，以减少地表下沉；减少开采厚度或采用条带法（房柱式）开采，使地表变形值不超过建筑物的容许极限值；增大采空区宽度，使地表移动充分和建筑物很快处于盆地中部的均匀下沉区；控制开采的推进速度均匀，合理进行协调开采；加强建筑物基础刚度和上部结构强度。

③加强维修养护，在地表变形期，特别是变形活跃期，应加强巡视，对建筑物加强观测，发现变形及时维修。

④松土坑洞已坍塌成陷坑，空洞小时，仅做地表夯实，可不做其他处理。

⑤坑洞埋深较深，可用试坑和分段拉槽的方法，用普通土或卵石土填筑夯实。

⑥对建筑有影响且埋深较浅的采空，可用开挖回填方法处理。

⑦埋深较深、面积较大的采空区可用钻孔压力注浆处理。

⑧根据洞穴变形的预测值，选择相应的和允许变形的建筑结构形式。

第六节　地面沉降

一、地面沉降的概念及其危害

地面沉降主要是指抽吸地下水引起土层中水位或水压下降、土层颗粒间有效应力增大而导致地层压密造成的地面下沉。研究表明，大范围密集高层建筑区也能使深部土层产生类似机理而导致地面沉降，此外新构造运动或海平面上升等原因也可以造成地面绝对或相对下沉。我国《岩土工程勘察规范》（GB 50021—2001）（2009 年版）界定的地面沉降则主要是抽吸地下水引起水位或水压下降而造成大面积地面沉降。资料显示，发生或可能发生地面沉降的地域范围局限于存在厚层第四纪堆积物的平原、盆地、河口三角洲或滨海地带，往往发生在位于上述地貌类型的大城市或高度工业化地区。我国上海、天津等重要城市年地面沉降量可达 98 ~ 262 mm，最大沉降量已达 2.62 m，沉降范围达到 120 km^2 以上。

地面沉降发生的范围往往较大，且存在一处或多处沉降中心，沉降中心的位置和沉降量与地下水取水井的分布和取水量密切相关。

地面沉降速率一般比较缓慢，常为每年数毫米或每年数厘米，也有少数地区达每年数十厘米。

地面沉降一旦发生后，即使消除了产生地面沉降的原因，沉降了的地面也不可能完全复原。对含水层进行回灌后，也只能恢复因土层颗粒间有效应力变化而引起的弹性变形量部分。

地面沉降区域内因地面绝对标高降低，引起潮水、江水倒灌，地面积水、受淹，排水设施、防汛设施不能保持原定功效。地面沉降还可引起桥墩下沉，桥下净空减小，影响通航标准；码头、仓库及堆场地坪下沉，影响正常使用；堤防工程失去原有功能；各类建筑物，特别是一些古老建筑常因地面沉降而造成排水困难，底层地坪低于室外地面；城市地下管道坡度改变，影响正常使用功能等。

二、地面沉降勘察要求

（一）已发生地面沉降地区的勘察要求

应查明其原因和现状，并预测其发展趋势，提出控制和治理方案。

1. 地面沉降原因的调查内容

对地面沉降原因的调查包括下列内容：

（1）场地的地貌和微地貌。

（2）第四纪堆积物的年代、成因、厚度、埋藏条件和土性特征，硬土层和软弱压缩层的分布。

（3）地下水位以下可压缩层的固结状态和变形参数。

（4）含水层和隔水层的埋藏条件及承压性质，含水层的渗透系数、单位涌水量等水文地质参数。

（5）地下水的补给、径流、排泄条件，含水层间或地下水与地面水的水力联系。

（6）历年地下水位、水头的变化幅度和速率。

（7）历年地下水的开采量和回灌量，开采或回灌的层段。

（8）地下水位下降漏斗及回灌时地下水反漏斗的形成和发展过程。

2. 地面沉降现状的调查内容

对地面沉降现状的调查包括下列内容：

(1)按精密水准测量要求进行长期观测，并按不同的结构单元设置高程基准标、地面沉降标和分层沉降标。

(2)对地下水的水位升降，开采量和回灌量，化学成分，污染情况和孔隙水压力消散、增长情况进行观测。

(3)调查地面沉降对建(构)筑物和环境的影响程度。

(4)绘制不同时间的地面沉降等值线图，并分析地面沉降中心与地下水位下降漏斗的关系及地面回弹与地下水位反漏斗的关系。

(5)绘制以地面沉降为特征的工程地质分区图。

(二)尚未发生但可能发生地面沉降地区的勘察要求

在查明场地工程地质、水文地质条件的基础上，预测发生地面沉降的可能性，并对可能的沉降层位作出估计，对沉降量进行估算，提出预防和控制地面沉降的建议。

(三)勘探测试孔的布设和主要技术要求

1. 勘探测试孔的布设

当地面沉降区域较小时，可沿地面沉降区的长、短轴方向按“十”字形布置勘探测试孔；地面沉降区域较大时或尚未发生但可能发生地面沉降的区域，宜按网络状均匀布置勘探测试孔。孔距一般为 1 000 ~ 3 000 m，重点地段适当加密。

2. 技术要求

各类勘探测试孔孔径、孔深及主要技术要求见表 4-6。

表 4-6　各类勘探测试孔孔径、孔深及主要技术要求

类别	孔径(mm)	孔深要求	主要技术要求
抽水试验孔	400 ~ 550	达主要含水层底板	泥浆护壁钻进，每 2 m 取 1 土样
工程地质孔	≥127	达沉降层底板，控制孔达基岩	全断面取芯，黏性土取芯率 >70%，粉土、砂土取芯率 >50%，每 2 m 取 1 个原状土样
孔隙水压力观测孔	≥127	达最深一个测头埋置位置	测头间距 >5 m，各测头间用黏土球止水
基岩标埋设孔	>150	达稳定基岩	
分层标埋设孔	>150	达分层标埋设位置	

注：在可能情况下，不同类型孔可相互利用。

三、地面沉降预测

地面沉降预测主要是沉降量估算和沉降趋势预测。

(一)沉降量估算方法

地面沉降量的估算可采取分层总和法和单位变形量法。

1. 分层总和法

黏性土和粉土层可按照下式计算：

$$S_\infty = \frac{\alpha}{1+e_0}\Delta pH \tag{4-6}$$

砂土可按下式计算：

$$S_\infty = \frac{1}{E}\Delta pH \tag{4-7}$$

式中　S_∞——土层最终沉降量，mm；

α——土层压缩系数，MPa^{-1}，计算回弹量时用回弹系数；

e_0——土层原始孔隙比；

Δp——水位变化施加于土层上的平均附加应力，MPa；

H——计算土层厚度，m；

E——砂层弹性模量，MPa，计算回弹量时用回弹模量。

地面沉降量等于各土层最终沉降量之和。

2. 单位变形法

根据预测期前 3 ~ 4 年中的实测资料，按照下式计算土层在某一特定时间段内，含水层水头每变化 1 m 相应的变形量称为单位变形量：

$$I_S = \frac{\Delta S_S}{\Delta h_S} \tag{4-8}$$

$$I_C = \frac{\Delta S_C}{\Delta h_C} \tag{4-9}$$

式中　I_S、I_C——水位升、降期的单位变形量，mm；

Δh_S、Δh_C——某一时期内水位升、降幅度，m；

ΔS_S、ΔS_C——相应于该水位变化幅度下的土层变形量，mm。

为了反映地质条件和土层厚度与 I_S、I_C 参数之间的关系，将上述单位变形量除以土层的厚度 H，称为土层的比单位变形量，按下式进行计算：

$$I'_S = \frac{I_S}{H} = \frac{\Delta S_S}{\Delta h_S H} \tag{4-10}$$

$$I'_C = \frac{I_C}{H} = \frac{\Delta S_C}{\Delta h_C H} \tag{4-11}$$

式中　I'_S、I'_C——水位升、降期的比单位变形量，m^{-1}。

在已知预测期的水位升、降幅度和土层厚度的情况下，土层预测沉降量按下式计算：

$$S_S = I_S \Delta h = I'_S \Delta hH \tag{4-12}$$

$$S_C = I_C \Delta h = I'_C \Delta hH \tag{4-13}$$

式中　S_S、S_C——水位上升或下降时，厚度为 H 的土层预测的回弹量或沉降量，mm。

（二）地面沉降发展趋势的预测

在水位升降已经稳定不变的情况下，土层变形量与时间的变化关系，可用下式计算：

$$S_t = S_\infty U \tag{4-14}$$

$$U = 1 - \frac{8}{\pi^2}\left[e^{-N} + \frac{1}{9}e^{-9N} + \frac{1}{25}e^{-25N} + \cdots \right]$$

$$N = \frac{\pi^2 C_V}{4H^2}$$

式中 S_t——预测某时刻 t 月后地面沉降量,mm;

U——固结度,以小数表示;

N——时间因素;

C_V——固结系数,mm^2/月;

H——土层的计算厚度,两面排水时取实际厚度的一半,单面排水时取全部厚度,mm。

四、地面沉降防治措施

(一)已发生地面沉降的地区

对已发生地面沉降的地区,可根据工程地质和水文地质条件,建议采取下列控制和防治措施。

(1)压缩地下水开采量,减少水位降深幅度。在地面沉降剧烈的情况下,应暂时停止开采地下水。

(2)向含水层进行人工回灌,回灌时要严格控制回灌水源的水质标准,以防止地下水被污染,并要根据地下水动态和地面沉降规律,制定合理的采灌方案。

(3)调整地下水开采层次,进行合理开采,适当开采更深层的地下水。

(4)在高层建筑密集区域内应严格控制建筑容积率。

(5)限制工程建设中的人工降低地下水位。

(二)可能发生地面沉降的地区

对于可能发生地面沉降的地区,应预测地面沉降的可能性和估算沉降量,并采取下列预测和防治措施。

(1)根据场地工程地质和水文地质条件,预测可压缩层的分布。

(2)结合水资源评价,研究确定对地下水的合理开采方案,限制人工降低地下水位及在地面沉降区进行工程建设应采取措施的建议。

(3)根据抽水压密试验、渗透试验、先期固结压力试验、流变试验、载荷试验等的测试成果和沉降观测资料,计算分析地面沉降量和发展趋势。

第七节　场地和地基的地震效应

一、场地

场地是指工程群体所在地,具有相似的反应谱特征,其范围相当于厂区、居民区和自然村或不小于 1.0 km^2 的平面面积。场地土则指场地范围内一般深度在 15 ~ 20 m 以内的地基土。

(一)建筑场地抗震地段划分

选择建筑场地时,应按表 4-7 划分对抗震有利、一般、不利和危险的地段。

表 4-7　建筑场地抗震地段划分

地段类型	地质、地形、地貌
有利地段	稳定基岩，坚硬土，开阔、平坦、密实、均匀的中硬土等
一般地段	不属于有利、不利和危险的地段
不利地段	软弱土、液化土，条状突出的山嘴，高耸孤立的山丘，陡坡，陡坎，河岸和边坡的边缘，平面分布上成因、岩性、状态明显不均匀的土层（如故河道、疏松的断层破碎带、暗埋的塘浜沟谷和半填半挖地基），高含水量的可塑黄土，地表存在结构性裂缝等
危险地段	地震时可能发生滑坡、崩塌、地陷、地裂、泥石流等及发震断裂带上可能发生地表错位的部位

（二）建筑场地类别划分

建筑场地类别的划分应以岩土层剪切波速或等效剪切波速和场地覆盖层厚度为准。

1. *岩土层剪切波速的测量*

（1）在场地初步勘察阶段，对大面积的同一地质单元，测试土层剪切波速的钻孔数量不宜少于 3 个。

（2）在场地详细勘察阶段，对单栋建筑，测试土层剪切波速的钻孔数量不宜少于 2 个，测试数据变化较大时，可适量增加；对小区中处于同一地质单元的密集建筑群，测试土层剪切波速的钻孔数量可适当减少，但每栋高层建筑和大跨空间结构的钻孔数量均不得少于 1 个。

（3）对丁类建筑及丙类建筑中层数不超过 10 层、高度不超过 24 m 的多层建筑，当无实测波速时，可根据岩土名称和性状，按表 4-8 划分土的类型，再根据当地经验在表 4-8 的剪切波速范围内估算各土层的剪切波速。

表 4-8　土的类型划分和剪切波速范围

土的类型	岩土名称和性状	土层剪切波速范围（m/s）
岩石	坚硬、较硬且完整的岩石	$v_s > 800$
坚硬土或软质岩石	稳定岩石，密实的碎石土	$800 \geqslant v_s > 500$
中硬土	中密、稍密的碎石土，密实、中密的砾、粗、中砂，$f_{ak} > 200$ 的黏性土和粉土，坚硬黄土	$500 \geqslant v_s > 250$
中软土	稍密的砾、粗、中砂，除松散外的细、粉砂，$f_{ak} \leqslant 200$ 的黏性土和粉土，$f_{ak} > 130$ 的填土，可塑黄土	$250 \geqslant v_s > 150$
软弱土	淤泥和淤泥质土，松散的砂，新近沉积的黏性土，$f_{ak} \leqslant 130$ 的填土，流塑黄土	$v_s \leqslant 150$

注：f_{ak} 为由载荷试验等方法得到的地基承载力特征值，v_s 为岩土剪切波速。

2. 建筑场地覆盖层厚度

建筑场地覆盖层厚度应依下列要求确定：一般情况下应按地面至剪切波速大于500 m/s且其下卧各层岩土的剪切波速均大于500 m/s 的土层顶面的距离确定；当地面5 m 以下存在剪切波速大于相邻上层土剪切波速2.5 倍的土层，且其下卧岩土的剪切波速均不小于400 m/s 时，可按地面至该土层顶面的距离确定；剪切波速大于500 m/s 的孤石、透镜体，应视同周围土层；土层中的火山岩硬夹层，应视为刚体，其厚度应从覆盖土层中扣除。

3. 土层等效剪切波速

土层的等效剪切波速应按下列公式计算：

$$\left.\begin{aligned} v_{se} &= d_0/t \\ t &= \sum_{i=1}^{n}(d_i/v_{si}) \end{aligned}\right\} \qquad (4\text{-}15)$$

式中 v_{se}——土层等效剪切波速，m/s；

d_0——计算深度，m，取覆盖层厚度和20 m 二者的较小值；

t——剪切波在地面至计算深度之间的传播时间；

d_i——计算深度范围内第 i 土层的厚度，m；

v_{si}——计算深度范围内第 i 土层的剪切波速，m/s；

n——计算深度范围内土层的分层数。

4. 建筑的场地类别

建筑的场地类别应根据土层的等效剪切波速和场地覆盖层厚度按表4-9 划分为四类，其中Ⅰ类分为Ⅰ$_0$、Ⅰ$_1$两个亚类。当有可靠的剪切波速和覆盖层厚度且其值处于表4-9所列场地类别的分界线附近时，允许按插值法确定地震作用就是所用的特征周期。

表4-9 各类建筑场地的覆盖层厚度 （单位：m）

岩石的剪切波速或土的等效剪切波速(m/s)	场地类别				
	Ⅰ$_0$	Ⅰ$_1$	Ⅱ	Ⅲ	Ⅳ
$v_s>800$	0				
$800\geqslant v_s>500$		0			
$500\geqslant v_s>250$		<5	≥5		
$250\geqslant v_s>150$		<3	3~50	>50	
$v_s\leqslant150$		<3	3~15	15~80	>80

二、地震效应及勘察要求

抗震设防烈度等于或大于6 度地区的岩土工程勘察应调查和预测场地及地基可能发生的震害。根据工程的重要性、地质条件及工程要求分别给予评价，并提出合理的工程措施。

勘察应符合下列要求：

(1)确定建筑场地类别，并划分对建筑抗震有利、一般、不利和危险的地段。

(2)对岩土体的滑坡、崩塌、采空区等在地震作用下的地基稳定性进行评价。

(3)场地与地基应判别液化,并确定液化等级、液化程度和提出处理方案。

(4)对软土地基应判别是否需要考虑震陷影响并提出相应处理措施。

(5)对需要采用时程分析法补充计算的建筑,尚应根据设计要求,提供土层剖面、场地覆盖层厚度和有关的动力参数。抗震设防烈度等于或大于6度的地区,应根据国家批准的地震动参数区划和有关规范,提出勘察场地的抗震设防烈度、设计基本地震加速度和设计地震分组。

为划分场地类别布置的勘探孔,当缺乏资料时,其深度应大于覆盖层厚度。当覆盖层厚度大于80 m时,勘探孔深度应大于80 m,并分层测定剪切波速。

对丁类建筑及丙类建筑中层数不超过10层、高度不超过24 m的多层建筑,当无实测波速时,可根据岩土名称和性状估算各土层的剪切波速。

三、饱和砂土和饱和粉土的震动液化

(一)液化概念与现场标志

松散的砂土受到震动时有变得更紧密的趋势。但饱和砂土的孔隙全部为水充填,因此这种趋于紧密的作用将导致孔隙水压力的骤然上升,而在地震过程的短暂时间内,骤然上升的孔隙水压力来不及消散,这就使原来由砂粒通过其接触点所传递的压力(有效压力)减小,当有效压力完全消失时,砂层会完全丧失抗剪强度和承载能力,变成像液体一样的状态,即通常所说的砂土液化现象。

判定现场某一地点的砂土已经发生液化的主要依据是:

地面喷水冒砂,同时上部建筑物发生巨大的沉陷或明显的倾斜,某些埋藏于土中的构筑物上浮,地面有明显变形;海边、河边等稍微倾斜的部位发生大规模的滑移,这种滑移具有“流动”的特征,滑动距离由数米至数十米;或者在上述地段虽无流动性质的滑坡,但有明显的侧向移动的迹象,并在岸坡后面产生沿岸大裂缝或大量纵横交错的裂缝;震后通过取土样发现,有明显层理的土,震后层理紊乱,同一地点的相邻触探曲线不相重合,差异变得非常显著。

(二)液化影响因素

有经验表明,影响砂土液化最主要的因素为土颗粒粒径(以平均粒径d_{50}表示)、砂土密度、上覆土层厚度、地面震动强度和地面震动的持续时间及地下水的埋藏深度等,影响砂土液化的因素见表4-10。

(三)砂土液化的初步判定

地面下存在饱和砂土和饱和粉土(不含黄土),除6度外,应进行液化判别;存在液化土层的地基,应根据建筑的抗震设防类别、地基的液化等级,结合具体情况采取相应措施。

饱和的砂土或粉土(不含黄土),当符合下列条件之一时可初步判别为不液化或可不考虑液化影响:

(1)地质年代为第四纪晚更新世(Q_3)或其以前时,7度、8度时可判为不液化。

(2)粉土的黏粒(粒径小于0.005 mm的颗粒)含量百分率,7度、8度和9度分别不小于 10、13 和 16 时，可判为不液化土。

注：用于液化判别的黏粒含量是采用六偏磷酸钠作分散剂测定的，采用其他方法时应按有关规定换算。

表 4-10　影响砂土液化的因素

<table>
<tr><th colspan="3">因素</th><th>指标</th><th>对液化的影响</th></tr>
<tr><td rowspan="4">土性条件</td><td rowspan="3">颗粒特征</td><td>粒径</td><td>平均粒径 d_{50}</td><td>细颗粒较容易液化，平均粒径在 0.1 mm 左右的粉细砂抗液化性最差</td></tr>
<tr><td>级配</td><td>不均匀系数 c_u</td><td>不均匀系数愈小，抗液化性愈差，黏性土含量愈高，愈不容易液化</td></tr>
<tr><td>形状</td><td>—</td><td>圆粒形砂比棱角形砂容易液化</td></tr>
<tr><td colspan="2">密度</td><td>孔隙比 e
相对密实度 D_r</td><td>密度愈高，液化可能性愈小</td></tr>
<tr><td rowspan="9">埋藏条件</td><td colspan="2">渗透性</td><td>渗透系数 k</td><td>渗透性低的砂土容易液化</td></tr>
<tr><td rowspan="2">结构性</td><td>颗粒排列胶结</td><td rowspan="2">—</td><td rowspan="2">原状土比结构破坏土不易液化，老砂层比新砂层不易液化</td></tr>
<tr><td>程度均匀</td></tr>
<tr><td colspan="2">压密状态</td><td>超固结比 OCR</td><td>超压密砂土比正常压密砂土不易液化</td></tr>
<tr><td colspan="2" rowspan="2">上覆土层</td><td>上覆土层有效压力</td><td rowspan="2">上覆土层愈厚，土的上覆有效压力愈大，就愈不容易液化</td></tr>
<tr><td>静止土压力系数 K_0</td></tr>
<tr><td rowspan="2">排水条件</td><td>孔隙水向外排出的渗透路径长度</td><td rowspan="2">液化砂层的厚度</td><td rowspan="2">排水条件良好有利于孔隙水压力的消散，能减小液化的可能性</td></tr>
<tr><td>边界土层的渗透性</td></tr>
<tr><td colspan="2">地震历史</td><td>—</td><td>遭受过历史地震的砂土比未遭受地震的砂土不易液化，但曾发生过液化又重新被压密的砂土，却较易重新液化</td></tr>
<tr><td rowspan="2">动荷条件</td><td rowspan="2">地震烈度</td><td>震动强度</td><td>地面加速度</td><td rowspan="2">地震烈度高，地面加速度大，就愈容易液化；震动时间愈长或震动次数愈多，就愈容易液化</td></tr>
<tr><td>持续时间</td><td>等效循环次数</td></tr>
</table>

(3) 浅埋天然地基的建筑，当上覆非液化土层厚度和地下水位深度符合下列条件之一时，可不考虑液化影响：

$$\left.\begin{aligned} d_u &> d_0 + d_b - 2 \\ d_w &> d_0 + d_b - 3 \\ d_u + d_w &> 1.5d_0 + 2d_b - 4.5 \end{aligned}\right\} \tag{4-16}$$

式中　d_w——地下水位深度，m，宜按设计基准期内年平均最高水位采用，也可按近期内年最高水位采用；

d_u——上覆非液化土层厚度，m，计算时宜将淤泥和淤泥质土层扣除；

d_b——基础埋置深度，m，不超过 2 m 时应采用 2 m；

d_0——液化土特征深度，m，可按表 4-11 采用。

表 4-11 液化土特征深度 （单位：m）

饱和土类别	烈度		
	7 度	8 度	9 度
粉土	6	7	8
砂土	7	8	9

（四）砂土液化的进一步判定

当饱和砂土、粉土的初步判别认为需进一步进行液化判别时，应采用标准贯入试验法判别地面下 20 m 范围内土的液化；对可不进行天然地基及基础的抗震承载力验算的各类建筑，可只判别地面下 15 m 范围内土的液化。当饱和土标准贯入锤击数（未经杆长修正）小于或等于液化判别标准贯入锤击数临界值时，应判为液化土。当有成熟经验时，尚可采用其他判别方法。

对判别液化而布置的勘探点不应少于 3 个，勘探深度应大于液化判别深度。标贯试验点的竖向间距宜为 1.0～1.5 m，每层土的试验点数不宜少于 6 个。

在地面下 20 m 深度范围内，液化判别标准贯入锤击数临界值可按下式计算：

$$N_{cr} = N_0\beta[\ln(0.6d_s + 1.5) - 0.1d_w]\sqrt{3/\rho_c} \tag{4-17}$$

式中 N_{cr}——液化判别标准贯入锤击数临界值；

N_0——液化判别标准贯入锤击数基准值，可按表 4-12 采用；

d_s——饱和土标准贯入点深度，m；

d_w——地下水位深度，m；

ρ_c——黏粒含量百分率，当小于 3 时或为砂土时，应采用 3；

β——调整系数，设计地震第一组取 0.80，第二组取 0.95，第三组取 1.05。

表 4-12 液化判别标准贯入锤击数基准值 N_0

设计基本地震加速度	0.10g	0.15g	0.20g	0.30g	0.40g
液化判别标准贯入锤击数基准值 N_0	7	10	12	16	19

（五）液化指数与液化等级

计算液化指数和划分地基液化等级的主要目的是将预估的液化危害程度定量化，以便采取相应的抗液化措施。液化土层厚度越大，液化危害性越大；液化土层埋深接近地面，液化危害性较大，深度越深，危害性越小。因此，引入随深度变化为梯形的层位影响权函数值。

划分地基液化等级的基本方法为：逐点判别（液化土层的深度厚度）→按孔计算（计算液化指数）→综合判定（划分地基液化等级）。

1. 液化指数

对存在液化土层的地基，按下式计算每个钻孔的液化指数。

$$I_{lE} = \sum_{i=1}^{n}\left(1 - \frac{N_i}{N_{cri}}\right)d_i W_i \tag{4-18}$$

式中 I_{lE}——液化指数；

n——在判别深度范围内每一个钻孔标准贯入试验点的总数；

N_i、N_{cri}——i 点标准贯入锤击数的实测值和临界值，当实测值大于临界值时应取临界值的数值，当只需要判别 15 m 范围以内的液化时，15 m 以下的实测值可按临界值采用；

d_i——i 点所代表的土层厚度，m，可采用与标准贯入试验点相邻的上、下两标准贯入试验点深度差的一半，但上界不高于地下水位深度、下界不深于液化深度；

W_i——i 土层单位土层厚度的层位影响权函数值，m^{-1}，当该层中点深度不大于 5 m 时应采用 10，等于 20 m 时应采用 0，5～20 m 时应按线性内插法取值。

2. 液化等级

液化等级是判定场地受地震液化影响的程度，可根据液化指数及宏观现象综合判定（见表 4-13）。

表 4-13　地基液化等级判定表

液化等级	液化指数	地面喷水冒砂情况	对建筑物危害程度的描述
轻微	$0 < I_{lE} \leqslant 5$ ($0 < I_{lE} \leqslant 6$)	地面无喷水冒砂，或仅在洼地、河边有零星的喷冒点	危害性小，一般不致引起明显的震害
中等	$5 < I_{lE} \leqslant 15$ ($6 < I_{lE} \leqslant 18$)	喷水冒砂可能性大，从轻微到严重均有，多数属中等	危害性较大，可造成不均匀沉降和开裂，有时不均匀沉降可能达 200 mm
严重	$I_{lE} > 15$ ($I_{lE} > 18$)	一般喷水冒砂都很严重，地面变形很明显	危害性大，不均匀沉降可能大于 200 mm，高重心结构可能产生不容许的倾斜

注：括号中为判别深度 20 m 的液化指数，无括号者为判别深度 15 m 的液化指数。

（六）液化场地的抗液化措施

当液化土层较平坦且均匀时，宜按表 4-14 选用地基抗液化措施。也可计入上部结构重力荷载对液化危害的影响，根据液化震陷量的估计适当调整抗液化措施。

不宜将未经处理的液化土层作为天然地基持力层。

（1）全部消除地基液化沉陷的措施应满足下列要求：

①采用桩基时，桩端伸入液化深度以下稳定土层中的长度（不包括桩尖部分）应按计算确定，且对碎石土，砾、粗、中砂，坚硬黏性土和密实粉土尚不应小于 0.8 m，对其他非岩石土不宜小于 1.5 m。

表 4-14　抗液化措施

建筑抗震设防类别	地基的液化等级		
	轻微	中等	严重
乙类	部分消除液化沉陷或对基础和上部结构处理	全部消除液化沉陷或部分消除液化沉陷，且对基础和局部结构处理	全部消除液化沉陷
丙类	基础和上部结构处理，亦可不采取措施	基础和上部结构处理，或更高要求的措施	全部消除液化沉陷，或部分消除液化沉陷，且对基础和上部结构处理
丁类	可不采取措施	可不采取措施	基础和上部结构处理或其他经济的措施

②采用深基础时，基础底面应埋入液化深度以下的稳定土层中，其深度不应小于 0.5 m。

③采用加密法（如振冲、振动加密、挤密碎石桩、强夯等）加固时，应处理至液化深度下界；振冲或挤密碎石桩加固后，桩间土的标准贯入锤击数不宜小于液化判别标准贯入锤击数临界值。

④用非液化土层替换全部液化土层，或增加上覆非液化土层的厚度。

⑤采用加密法或换土法处理时，在基础边缘以外的处理宽度应超过基础底面下处理深度的 1/2 且不小于基础宽度的 1/5。

（2）部分消除地基液化沉陷的措施应符合下列要求：

①处理深度应使处理后的地基液化指数减少，其值不宜大于 5；大面积筏基、箱基的中心区域，处理的液化指数可比上述规定降低 1；对独立基础和条形基础，处理深度尚不应小于基础底面下液化土特征深度和基础宽度的较大值。

②采用振冲或挤密碎石桩加固后，桩间土的标准贯入锤击数不宜小于液化判别标准贯入锤击数的临界值。

③基础边缘以外的处理宽度，应超过基础底面下处理深度的 1/2 且不小于基础宽度的 1/5。

（3）减轻液化影响的基础和上部结构处理，可综合采取下列各项措施：

①选择合适的基础埋置深度。

②调整基础底面面积，减少基础偏心。

③加强基础的整体性和刚度，如采用箱基、筏基或钢筋混凝土交叉条形基础，加设基础圈梁等。

④减轻荷载，增强上部结构的整体刚度和均匀对称性，合理设置沉降缝，避免采用对不均匀沉降敏感的结构形式等。

⑤管道穿过建筑处应预留足够尺寸或采用柔性接头等。

液化等级为中等液化和严重液化的古河道、现代河浜、海滨，当有液化侧向扩展或流滑可能时，在距常时水线约 100 m 以内不宜修建永久性建筑，否则应进行抗滑验算，采取防止土体滑动措施或结构抗裂措施。

第八节　活动断裂

一、概述

抗震设防烈度等于或大于 7 度的重大工程场地应进行活动断裂（以下简称断裂）勘察。断裂勘察应查明断裂的位置和类型，分析其活动性和地震效应。评价断裂对工程建设可能产生的影响，并提出处理方案。

对核电厂的断裂勘察，应按核安全法规和导则进行专门研究。

二、断裂的地震工程分类

（一）全新活动断裂

1. 定义

在全新地质时期（一万年）内有过地震活动或近期正在活动，今后 100 年可能继续活动的断裂叫做全新活动断裂。

2. 全新活动断裂的分级

根据全新活动断裂的活动时间、活动速率及地震强度等因素可按表 4-15 划分为强烈全新活动断裂、中等全新活动断裂和微弱全新活动断裂。

表 4-15　全新活动断裂分级

断裂分级		活动性	平均活动速率（mm/a）	历史地震震级 M
Ⅰ	强烈全新活动断裂	中晚更新世以来有活动，全新世以来活动强烈	$v>1$	$M\geqslant 7$
Ⅱ	中等全新活动断裂	中晚更新世以来有活动，全新世以来活动较强烈	$1\geqslant v\geqslant 0.1$	$7>M\geqslant 6$
Ⅲ	微弱全新活动断裂	全新世以来有活动	$v<0.1$	$M<6$

（二）发震断裂

全新活动断裂中，近期（近 500 年来）发生过地震且震级 $M\geqslant 5$ 的断裂，或在今后 100 年内，可能发生 $M\geqslant 5$ 级的断裂，可定为发震断裂。

（三）非全新活动断裂

一万年以前活动过，一万年以来没有发生过活动的断裂称为非全新活动断裂。

(四)地裂

地裂分为构造性地裂和重力性(非构造性)地裂。

(1)构造性地裂:强烈地震作用下,震中区地面可能出现的以水平位错为主的构造性破裂。它是强烈地震动和断裂位错应力引起的,与发震断裂走向吻合,但不与其连通的地裂。

(2)重力性(非构造性)地裂:由于地基土地震液化、滑移,地下水位下降造成地面沉降等在地面形成沿重力方向产生的无水平位错的张性地裂缝。

三、断裂勘察

断裂勘察应收集和分析有关文献档案资料,包括卫星、航空照片,区域构造地质,强震震中分布,地应力和地应变,历史和近期地震等。

断裂勘察的主要手段之一是工程地质测绘,断裂勘察工程地质测绘和调查,除符合一般要求外,尚应包括下列内容:

(1)地形地貌特征。山区或高原不断上升剥蚀或有长距离的平滑分界线;非岩性影响的陡坡、峭壁,深切的直线形河谷,一系列滑坡、崩塌和山前叠置的洪积扇;定向断续线形分布的残丘、洼地、沼泽、芦苇地、盐碱地、湖泊、跌水、泉、温泉等;水系定向展布或同向扭曲错动等。

(2)地质特征。近期断裂活动留下的第四系错动,地下水和植被的特征;断层带的破碎和胶结特征等;深色物质宜用放射性碳14(^{14}C)法,非深色物质宜采用热释光法或铀系法,测定已错断层和未错断层位的地质年龄,并确定断裂活动的最新时限。

(3)地震特征。与地震有关的断层、地裂缝、崩塌、滑坡、地震湖、河流改道和砂土液化等。

活动断裂的勘察和评价是重大工程在选址时应进行的一项重要工作。断裂勘察的主要研究问题是断裂的活动性和地震,断裂主要在地震作用下才会对场地稳定性产生影响。

在可行性研究勘察时,应建议避让全新活动断裂。避让距离应根据断裂的等级、规模、性质、覆盖层厚度、地震烈度等因素,综合确定。非全新活动断裂可不采取避让措施,但当浅埋且破碎带发育时,可按不均匀地基处理。

第五章 特殊性岩土

第一节 湿陷性土

一、湿陷性黄土

(一)黄土的一般特征

我国黄土一般具有以下特征,当缺少其中一项或几项特征时称为黄土状土。

(1)颜色以黄色、褐黄色为主,有时呈灰黄色,富含碳酸盐类,垂直节理发育。

(2)颗粒组成以粉粒(粒径0.05~0.005 mm)为主,含量一般在60%以上,粒径大于0.25 mm的甚为少见。

(3)有肉眼可见的大孔,孔隙比变化为0.85~1.24,大多数为1.0~1.1。孔隙比是影响黄土湿陷性的主要指标之一。西安地区的黄土当$e<0.9$,兰州地区的黄土当$e<0.86$,一般不具湿陷性或湿陷性很弱。

(二)黄土湿陷性评价

1.湿陷性的判定

当湿陷系数$\delta_s<0.015$时,应定为非湿陷性黄土;当湿陷系数$\delta_s\geqslant0.015$时,应定为湿陷性黄土。

以湿陷系数是否大于或等于0.015作为判定黄土湿陷性的界限值,是根据我国黄土地区的工程实践经验确定的。

2.湿陷程度

湿陷性黄土的湿陷程度可根据湿陷系数δ_s值的大小分为下列三种:

当$0.015\leqslant\delta_s\leqslant0.03$时,湿陷性轻微;

当$0.03<\delta_s\leqslant0.07$时,湿陷性中等;

当$\delta_s>0.07$时,湿陷性强烈。

(三)场地湿陷类型

湿陷性黄土场地的湿陷类型应按自重湿陷量的实测值Δ'_{zs}或计算值Δ_{zs}判定。

当自重湿陷量的实测值Δ'_{zs}或计算值Δ_{zs}小于或等于70 mm时,应定为非自重湿陷性黄土场地。

当自重湿陷量的实测值Δ'_{zs}或计算值Δ_{zs}大于70 mm时,应定为自重湿陷性黄土场地。

当自重湿陷量的实测值Δ'_{zs}或计算值Δ_{zs}出现矛盾时,应按自重湿陷量的实测值判定。

湿陷性黄土场地自重湿陷量的计算值Δ_{zs}按下式计算:

$$\Delta_{zs} = \beta_0 \sum_{i=1}^{n} \delta_{zsi} h_i \tag{5-1}$$

式中 δ_{zsi}——第 i 层土的自重湿陷系数；

h_i——第 i 层土的厚度,mm；

β_0——因地区土质而异的修正系数,当缺乏资料时,可按下列规定取值:陕西地区取 1.50,陇东—陕北—晋西地区取 1.20,关中地区取 0.90,其他地区取 0.50。

自重湿陷量的计算值 Δ_{zs} 应自天然地面(当挖、填方的厚度和面积较大时,应从设计地面)算起,至其下非湿陷性黄土层的顶面止,其中自重湿陷系数 δ_{zs} 值小于 0.015 的土层不累计。

(四)地基湿陷等级

1. 湿陷量的计算值 Δ_s

(1)湿陷量的计算值 Δ_s(mm)应按下式计算:

$$\Delta_s = \sum_{i=1}^{n} \beta \delta_{si} h_i \tag{5-2}$$

式中 δ_{si}——第 i 层土的湿陷系数；

h_i——第 i 层土的厚度,mm；

β——考虑基底下地基土的受水浸湿可能性和侧向挤出等因素的修正系数,当缺乏实测资料时,可按下列规定取值:基底下 0 ~ 5 m 深度内取 1.50,基底下 5 ~ 10 m 深度内取 1.00,基底下 10 m 以下至非湿陷性黄土层顶面,在自重湿陷性黄土场地,可取工程所在地区的 β_0 值。

(2)湿陷量 Δ_s 的计算深度应自基础底面(当基底标高不确定时,自地面下 1.50 m)算起;在非自重湿陷性黄土场地,累计至基底下 10 m(或地基主要压缩层)深度止;在自重湿陷性黄土场地,累计至非湿陷性土层顶面止。其中湿陷系数 δ_s(10 m 以下为 δ_{zs})小于 0.015 的土层不累计。

2. 地基湿陷等级

湿陷性黄土地基的湿陷等级应根据湿陷量的计算值和自重湿陷量的计算值等因素,按表 5-1 判定。

表 5-1 湿陷性黄土地基的湿陷等级 (单位:mm)

Δ_s	非自重湿陷性场地	自重湿陷性场地	
	$\Delta_{zs} \leqslant 70$	$70 < \Delta_{zs} \leqslant 350$	$\Delta_{zs} > 350$
$\Delta_s \leqslant 300$	Ⅰ(轻微)	Ⅱ(中等)	—
$300 < \Delta_s \leqslant 700$	Ⅱ(中等)	Ⅱ(中等)或Ⅲ(严重)	Ⅲ(严重)
$\Delta_s > 700$		Ⅲ(严重)	Ⅳ(很严重)

注:当湿陷量的计算值 $\Delta_s > 600$ mm,自重湿陷量的计算值 $\Delta_{zs} > 300$ mm 时,可判定为Ⅲ级,其他情况可判为Ⅱ级。

(五)湿陷起始压力

湿陷性黄土的湿陷起始压力 p_{sh} 值可按下列方法确定:

(1)当按现场载荷试验结果确定时,应在 $p \sim s_s$(压力与浸水下沉量)曲线上,取其转折点所对应的压力作为湿陷起始压力值,当曲线上的转折点不明显时,可取浸水下沉量(s_s)与承压板直径(d)或宽度(b)之比值等于 0.017 所对应的压力作为湿陷起始压力值。

(2)当按室内压缩试验结果确定时,在 $p \sim \delta_s$ 曲线上宜取 $\delta_s = 0.015$ 所对应的压力作为湿陷起始压力值。

(六)新近堆积黄土

1. 新近堆积黄土的分布和野外特征

新近堆积黄土以有坡积、洪积、风积、冲积和重力堆积(滑坡堆积、崩塌堆积)等成因,但以混合沉积为多,主要分布在黄土源、梁、峁的坡脚和斜坡后缘,冲沟两侧及沟口处的洪积扇和山前坡积地带,河道拐弯处的内侧,河漫滩及低阶地,山间或黄土梁、峁之间凹地的表部,平原上被淹埋的沼洼地。

新近堆积黄土以几十年到百余年内形成的土质最差,结构疏松,锹挖甚易,土的颜色杂乱,灰黄、褐黄、黄褐、棕红等色相杂或相间,大孔排列紊乱,常混有颜色不一的土块,多虫孔和植物根孔,在裂隙或孔壁上常有钙质粉末或菌丝状白色条纹存在,常含有机质、斑状或条状氧化铁,有的混砂、砾或岩石碎屑,有的混碎砖陶瓷碎片或朽木等人类活动的遗物。

新近堆积黄土的厚度由 1 ~ 2 m 到 7 ~ 10 m,厚度变化大,随地形起伏而异。水平和垂直方向上的岩性变化大,土质非常不均匀。

2. 新近堆积黄土的物理性质

(1)具有略高于一般湿陷性黄土的含水量。

(2)大都具有高压缩性,其压缩系数峰值多在 0 ~ 150 kPa 压力段出现。

(3)液限多在 30% 以下。

(4)在同一场地新近堆积黄土的湿陷性与承载力有差别。

3. 新近堆积黄土的判定

当现场鉴别不明确时,可按下列试验指标判定为新近堆积黄土。

(1)在 50 ~ 150 kPa 压力段的压缩变形较大,小压力下具有高压缩性。

(2)利用判别式判定,见式(5-3)。

$$R = -68.45e + 10.98a - 7.16\gamma + 1.18\omega \tag{5-3}$$

$$R_0 = -154.80 \tag{5-4}$$

式中 e——土的孔隙比;

a——压缩系数,MPa^{-1},宜取 50 ~ 150 kPa 或 0 ~ 100 kPa 压力下的大值;

ω——土的天然含水量(%);

γ——土的天然重度,kN/m^3。

当 $R > R_0$ 时,可将该土判定为新近堆积(Q_4^2)黄土。

(七)黄土地基的勘察

1. 对勘察工作的要求

黄土地区岩土工程勘察应查明的内容如下:

(1)黄土地层的时代、成因。

(2)湿陷性黄土层的厚度。

(3)湿陷系数、自重湿陷系数和湿陷起始压力随深度的变化。

(4)场地湿陷类型和地基湿陷等级及其平面分布。

(5)变形参数和承载力。

(6)地下水位升降变化的可能性和变化趋势。

(7)其他工程地质条件。

岩土工程勘察应结合建筑物的特点和设计要求,对场地、地基作出评价,对地基处理措施提出建议。

2. 勘探工作量的布置

1)初步勘察

(1)勘探线应按地貌单元纵横方向布置,在微地貌变化较大的地段予以加密,在平缓地段可按网格布置。初步勘察勘探点的间距宜按表5-2确定。

表5-2　勘探点的间距　(单位:m)

场地类别	初步勘察	详细勘察			
		甲	乙	丙	丁
简单场地	120~200	30~40	40~50	50~80	80~100
中等复杂场地	80~120	20~30	30~40	40~50	50~80
复杂场地	50~80	10~20	20~30	30~40	40~50

注:场地的复杂程度可分为:

1. 简单场地。地形平缓,地貌、地层简单,场地湿陷类型单一,地基湿陷等级变化不大。
2. 中等复杂场地:地形起伏较大,地貌、地层较复杂,不良地质现象局部发育,场地湿陷类型、地基湿陷等级变化较复杂。
3. 复杂场地。地形起伏很大,地貌、地层复杂,不良地质现象广泛发育,场地湿陷类型、地基湿陷等级分布复杂,地下水位变化显著。

建筑类别按《湿陷性黄土地区建筑规范》(GB 50025—2004)有关规定划分。

(2)取土和原位测试勘探点应按地貌单元和控制性地段布置,其数量不得少于全部勘探点的1/2,其中应包括一定数量的探井。

(3)勘探点的深度应根据湿陷性黄土层的厚度和地基主要压缩层的预估深度确定,控制性勘探点中应有一定数量的取土勘探点穿透湿陷性黄土层。

2)详细勘察

(1)详细查明地基土层及其物理力学性质指标,确定场地湿陷类型、地基湿陷等级的平面分布和承载力。

(2)勘探点的布置应根据建筑物总平面和建筑物类别及工程地质条件的复杂程度等因素确定,勘探点的间距宜按表5-2确定。

(3)在单独的甲、乙类建筑场地内,勘探点不应少于4个。

(4)采取不扰动土样和原位测试的勘探点不得少于全部勘探点的2/3,其中采取不扰动土样的勘探点不宜少于1/2,且应包括一定数量的探井。

(5)勘探点的深度应大于地基主要压缩层的深度,或穿透湿陷性土层。对非自重湿陷性黄土场地,自基础底面算起的勘探点深度应大于10 m;对自重湿陷性黄土场地,陕西—陇东—陕北—晋西地区应大于15 m,其他地区应大于10 m。

对甲、乙类建筑物,应有一定数量的取样勘探点穿透湿陷性土层。

3. 湿陷性评价的季节性影响

在特定的条件下,季节性降水或定期灌溉等会影响黄土的湿陷性评价。雨季取样试验确定的湿陷等级和承载力会偏低,而在旱季确定的湿陷等级和承载力又可能偏高。这些因素在勘察和评价时应根据具体情况加以考虑。

4. 钻孔内取不扰动土试样的操作要点

在湿陷性黄土地区进行勘察时,为了正确评价黄土地基的湿陷程度,在钻孔中采取不扰动土试样,必须严格掌握钻进操作方法和取样方法,使用适合的取土器。

1)钻进方法

一般宜采用回转钻进,在含水量适中($16\% < \omega < 24\%$)及有经验时,亦可使用冲击钻进。

回转钻进时应使用螺纹钻头,并应控制每次进尺的深度,严格掌握"一米三钻"的操作顺序,即取样间隔1 m时,第一钻进尺0.5~0.6 m,第二钻清孔进尺0.2~0.3 m,第三钻取土样。当间距大于1 m时,其下部1 m深度内仍按上述方法操作。

清孔时应不加压或少加压慢速钻进,最好使用黄土薄壁取土器压入清孔,一次压入或击入12~15 cm,严禁多次压入或击入。不得使用小钻头钻进,大钻头清孔。

冲击钻进时,应使用专用的薄壁钻头(直径不小于140 mm,壁厚不大于3 mm,刃口角度不大于10°~12°),并严格执行"一米三钻"的操作程序。

2)取样方法

压入法:取样前,将取土器轻轻吊起放至孔内预定取土深度处,然后以匀速压入,中途不得停顿,钻杆要保持垂直和不摇摆,压入深度以超过取土器盛土段3~5 cm为宜。

击入法:要一击完成,不得进行二次锤击。

3)取土器

黄土薄壁取土器规格见表5-3。

表5-3 黄土薄壁取土器设计规格

外径(mm)	刃口内径(mm)	放置内衬后内径(mm)	盛土筒长(mm)	盛土筒厚(mm)	余(废)土筒长(mm)	面积比(%)	切削刀刃角度(°)
≥129	120	122	150~200	2.0~2.5	200	<15	12

5. 钻探取样时需注意的事项

(1)钻进时,严禁向钻孔内加水。

(2)卸土过程不得用榔头敲打取土器,土样从取土器推出时,要防止土筒回弹崩裂土样。

(3)要经常检查钻头和取土器是否完好,检查取出的土样是否受压受损、碎裂等。

(4)注意与探井取样进行对比。

(5)勘察报告应注明钻进、取样方法和取土器规格,并应评价土样质量。

6. 室内试验要求

采用室内压缩试验测定黄土的湿陷系数 δ_s、自重湿陷数 δ_{zs} 和湿陷起始压力 p_{sh}，均应符合下列要求。

(1)土样的质量等级应为Ⅰ级不扰动土样。

(2)环刀面积不应小于5 000 mm^2。使用前应将环刀洗净风干，透水石应烘干冷却。

(3)加荷前，应将环刀试样保持天然湿度。

(4)试样浸水宜用蒸馏水。

(5)试样浸水前和浸水后的稳定标准，应为每小时的下沉量不大于0.01 mm。

7. 湿陷性黄土地基处理原则

1)基本原则

(1)防止或减少建筑物地基浸水湿陷的设计措施，可分为地基处理措施、防水措施和结构措施三种。

(2)应采用以地基处理为主的综合治理方法。防水措施和结构措施一般用于地基不处理或用于消除地基部分湿陷量的建筑，以弥补地基处理的不足。

2)地基处理措施

(1)消除地基的全部湿陷量，或采用桩基础穿透全部湿陷性土层，或将基础设置在非湿陷性土层上，常用于甲类建筑。

(2)消除地基的部分湿陷量，如采用复合地基、换土垫层、强夯等，主要用于乙、丙类建筑。

(3)丁类建筑，地基可不处理。

3)防水措施

(1)基本防水措施。在建筑物布置、场地排水、室内排水、地面防水、散水、排水沟、管道敷设、管道材料和接口管方面，应采取措施防止雨水或生产、生活用水的渗漏。

(2)检漏防水措施。在基本防水措施的基础上，对防护范围内的地下管道，应增设检漏管沟和检漏井。

(3)严格防水措施。在检漏防水措施的基础上，应提高防水地面、排水沟、检漏管沟和检漏井等设施的材料标准，如增设可靠的防水层，采用钢筋混凝土排水沟等。

4)结构措施

减小或调整建筑物的不均匀沉降，或使结构适应地基的变形。

5)建筑物沉降观测

在施工和使用期间，对甲类建筑和乙类中的重要建筑应进行沉降观测，并应注明沉降观测点的位置和观测要求。

观测点设置后，应立即观测一次。对多、高层建筑，每完工一层观测一次，竣工时再观测一次，以后每年至少观测一次，直至沉降稳定。

二、非黄土的湿陷性土

除常见的湿陷性黄土外，在我国干旱和半干旱地区，特别是在山前洪、坡积扇(裙)地带常遇到湿陷性碎石土、湿陷性砂土和其他湿陷性土。这种土在一定压力下浸水也常呈现强烈的湿陷性。这类湿陷性土在评价方面尚不能完全沿用我国现行《湿陷性黄土地区建筑规范》(GB 50025—2004)的有关规定,可称之为非黄土的湿陷性土。

(一)湿陷性评价

1. 湿陷性判定

当不能取试样做室内湿陷性试验时,应采用现场载荷试验确定湿陷性。在 200 kPa 压力下浸水载荷试验的附加湿陷量与承压板宽度之比等于或大于 0.023 的土,应判为湿陷性土。

2. 湿陷程度

湿陷性土的湿陷程度分类应符合表 5-4 的判定。

表 5-4 湿陷性土的湿陷程度分类

湿陷程度	附加湿陷量 ΔF_s(cm)	
	承压板面积 0.50 m^2	承压板面积 0.25 m^2
轻微	$1.6 < \Delta F_s \leqslant 3.2$	$1.1 < \Delta F_s \leqslant 2.3$
中等	$3.2 < \Delta F_s \leqslant 7.4$	$2.3 < \Delta F_s \leqslant 5.3$
强烈	$\Delta F_s > 7.4$	$\Delta F_s > 5.3$

注:对能用取土器取得不扰动试样并进行室内试验的湿陷性粉砂,其试验方法和评定标准按现行国家标准《湿陷性黄土地区建筑规范》(GB 50025—2004)执行。

3. 总湿陷量 Δ_s

湿陷性土地基受水浸湿至下沉稳定为止的总湿陷量 Δ_s(cm),应按下式计算:

$$\Delta_s = \sum_{i=0}^{n} \beta \Delta F_{si} h_i \tag{5-5}$$

式中 ΔF_{si}——第 i 层土浸水载荷试验的附加湿陷量,cm;

h_i——第 i 层土的厚度,cm,从基础底面(初步勘察时自地面下 1.5 m)算起,$\Delta F_{si}/b < 0.023$ 的土层厚度不计入;

β——修正系数,cm^{-1},承压板面积为 0.50 m^2 时,$\beta = 0.014$,承压板面积为 0.25 m^2 时,$\beta = 0.020$。

4. 湿陷等级

湿陷性土地基的湿陷等级应按表 5-5 判定。

表 5-5 湿陷性土地基的湿陷等级

总湿陷量 Δ_s(cm)	湿陷土层总厚度(m)	湿陷等级
$5 < \Delta_s \leqslant 30$	>3	Ⅰ
	≤3	Ⅱ
$30 < \Delta_s \leqslant 60$	>3	Ⅱ
	≤3	Ⅲ
$\Delta_s > 60$	>3	Ⅲ
	≤3	Ⅳ

（二）湿陷性土场地勘察

湿陷性土场地勘察，除应遵守规范的一般规定外，尚应符合下列要求：

（1）勘探点的间距应按规范的一般规定取小值。对湿陷性土分布极不均匀的场地应加密勘探点。

（2）控制性勘探孔深度应穿透湿陷性土层。

（3）应查明湿陷性土的年代、成因、分布及其中的夹层、包含物、胶结物的成分和性质。

（4）湿陷性碎石土和砂土宜采用动力触探试验或标准贯入试验确定力学特性。

（5）不扰动土试样应在探井中采取。

（6）不扰动土试样除测定一般物理力学性质外，尚应做土的湿陷性和湿化试验。

（7）对不能取得不扰动土试样的湿陷性土，应在探井中采用大体积法测定密度和含水量。

（8）对于厚度超过 2 m 的湿陷性土，应在不同深度处分别进行浸水载荷试验，且应不受相邻试验的浸水影响。

（三）湿陷性土的岩土工程评价

（1）对湿陷性土应划分湿陷程度和地基湿陷等级。

（2）湿陷性土的地基承载力宜采用载荷试验或其他原位测试确定。

（3）对湿陷性土边坡，当浸水因素可能引起湿陷性土本身或其与下伏地层接触面的强度降低时，应进行稳定性评价。

第二节　红黏土

一、红黏土的形成

（一）红黏土的定义

红黏土分为原生红黏土和次生红黏土。

颜色为棕红或褐黄，覆盖于碳酸盐岩系之上，其液限大于或等于 50% 的高塑性黏土，应判定为原生红黏土。

原生红黏土经搬运、沉积后，仍保留其基本特征，且其液限大于 45% 的黏土，可判定为次生红黏土。

（二）红黏土的形成条件

1. 岩性条件

在碳酸盐类岩石分布区内，经常夹杂着一些非碳酸盐类岩石，它们的风化物与碳酸盐类岩石的风化物混杂在一起，构成了这些地段红黏土成土的物质来源。

2. 气候条件

红黏土是红土的一个亚类。红土化作用是在炎热湿润气候条件下进行的一种特定的化学风化成土作用。在这种气候条件下，年降水量大于蒸发量，形成酸性介质环境。红土化过程是一系列由岩变土和成土之后新生黏土矿物再演变的过程。我国南方更新世以来,曾存在过较长期的湿热气候条件,有利于红黏土的形成。

二、红黏土的工程地质特性

(一)红黏土的物理力学性质

红黏土的物理力学性质指标与一般黏性土有很大区别,主要表现在:

(1)粒度组成的高分散性。红黏土中小于0.005 mm 的黏粒含量为60% ~80%,其中小于0.002 mm 的胶粒含量占40% ~70%,使红黏土具有高分散性。

(2)天然含水量 ω、饱和度 S_r、塑性界限(液限 ω_L、塑限 ω_P、塑性指数 I_P)和天然孔隙比 e 都很高,却具有较高的力学强度和较低的压缩性。这与具有类似指标的一般黏性土力学强度低、压缩性高的规律完全不同。

(3)很多指标变化幅度都很大,如天然含水量、液限、塑限、天然孔隙比等。与其相关的力学指标的变化幅度也较大。

(4)土中裂隙的存在,使土体与土块的力学参数尤其是抗剪强度指标相差很大。

(二)红黏土的矿物成分和化学成分

1. 红黏土的矿物成分

红黏土的矿物成分主要为高岭石、伊利石和绿泥石,见表5-6。黏土矿物具有稳定的结晶格架、细粒组结成稳固的团粒结构、土体近于两相体且土中水又多为结合水,这三者是使红黏土具有良好力学性能的基本因素。

表5-6 红黏土的矿物成分

粒组	成分(以常见顺序排列)	鉴定方法
碎屑	针铁矿、石英	目测、偏光显微镜
小于2 μm 的颗粒	高岭石、伊利石、绿泥石,部分土中还有蒙脱石、云母、多水高岭石、三水铝矿	X 衍射、电子显微镜、差热分析

2. 红黏土的化学成分

红黏土的化学成分主要由 SiO_2、Fe_2O_3、Al_2O_3 等组成,其含量达73%。

(三)红黏土的厚度分布特征与上硬下软现象

1. 厚度分布特征

(1)红黏土层总的平均厚度不大,这是由其成土特性和母岩岩性所决定的。在高原或山区分布较零星,厚度一般为5 ~8 m,少数达15 ~30 m;在准平原或丘陵区分布较连续,厚度一般为10 ~15 m,最厚超过30 m。因此,当作为地基时,往往是属于有刚性下卧层的有限厚度地基。

(2)土层厚度在水平方向上变化很大,往往造成可压缩性土层厚度变化悬殊,地基沉降变形均匀性条件很差。

(3)土层厚度变化与母岩岩性有一定关系。厚层、中厚层石灰岩、白云岩地段,岩体表面岩溶发育，岩面起伏大，导致土层厚薄不一；泥灰岩、薄层灰岩地段则土层厚度变化相对较小。

(4)在地貌横剖面上，坡顶和坡谷土层较薄，坡麓则较厚。古夷平面及岩溶洼地、槽谷中央土层相对较厚。

2. 上硬下软现象

在红黏土地区天然竖向剖面上，往往出现地表呈坚硬、硬塑状态，向下逐渐变软，成为可塑、软塑甚至流塑状态的现象。随着这种由硬变软现象，土的天然含水量、含水比和天然孔隙比也随深度递增，力学性质则相应变差。

据统计，上部坚硬、硬塑土层厚度一般大于5 m，占统计土层总厚度的75%以上；可塑土层占10% ~20%；软塑土层占5% ~10%。较软土层多分布于基岩面的低洼处，水平分布往往不连续。

当红黏土做为一般建筑物天然地基时，基底附加应力随深度减小的幅度往往快于土随深度变软或承载力随深度变小的幅度。因此，在大多数情况下，当持力层承载力验算满足要求时，下卧层承载力验算也能满足要求。

(四)红黏土接触关系特征

红黏土是在经历了红土化作用后由岩石变成土的，无论外观、成分还是组织结构上都发生了明显不同于母岩的质的变化。除少数泥灰岩分布地段外，红黏土与下伏基岩均属岩溶不整合接触，它们之间的关系是突变而不是渐变。

(五)红黏土的胀缩性

红黏土的组成矿物亲水性不强，交换容量不高，交换阳离子以Ca^{2+}、Mg^{2+}为主，天然含水量接近缩限，孔隙呈饱和水状态，以致表现在胀缩性能上以收缩为主，在天然状态下膨胀量很小，收缩性很高；红黏土的膨胀势能主要表现在失水收缩后复浸水的过程中，一部分可表现出缩后膨胀，另一部分则无此现象。因此，不宜把红黏土与膨胀土混同。

(六)红黏土的裂隙性

红黏土在自然状态下呈致密状，无层理，表部呈坚硬、硬塑状态，失水后含水量低于塑限，土中即开始出现裂缝，近地表处呈竖向开口状，向深处渐弱，呈网状闭合微裂隙。裂隙破坏土的整体性，降低土的总体强度；裂隙使失水通道向深部土体延伸，促使深部土体收缩，加深加宽原有裂隙，严重时甚至形成深长地裂。

土中裂隙发育深度一般为2 ~4 m，最深者可达8 m。裂面中可见光滑镜面、擦痕、铁锰质浸染等现象。

(七)红黏土中地下水特征

当红黏土呈致密结构时，可视为不透水层；当土中存在裂隙时，碎裂、碎块或镶嵌状的土块周边便具有较大的透气、透水性，大气降水和地表水可渗入其中，在土体中形成依附网状裂隙赋存的含水层。该含水层很不稳定，一般无统一水位，在补给充分、地势低洼地段，才可测到初见水位和稳定水位，一般水量不大。多为潜水或上层滞水。水对混凝土一般具微腐蚀性。

三、红黏土的岩土工程分类

(一)红黏土的成因分类

红黏土分为原生红黏土和次生红黏土。次生红黏土由于在搬运过程中掺合了一些外来物质,成分较复杂,固结程度也差。经验表明,当物理性质指标数值相似时,次生红黏土的承载力往往只及原生红黏土的3/4。次生红黏土中可塑、软塑状态的比例高于原生红黏土,压缩性也高于原生红黏土。因此,在红黏土勘察中查明红黏土的成因分类及其分布是必要的。

(二)红黏土的状态分类

为查明红黏土上硬下软的特征,勘察中应详细划分土的状态。红黏土状态的划分可采用一般黏性土的液性指数划分法,也可采用红黏土特有的含水比划分法,划分标准见表5-7。据统计结果,含水比 α_w 与液性指数 I_L 的关系如下

$$\alpha_w = 0.45 I_L + 0.55 \tag{5-6}$$

$$\alpha_w = \omega / \omega_L \tag{5-7}$$

式中 α_w——含水比;

I_L——液性指数;

ω——天然含水量(%);

ω_L——液限(%)。

表5-7 红黏土的状态分类

状态	含水比 α_w	液性指数 I_L
坚硬	$\alpha_w \leq 0.55$	$I_L \leq 0$
硬塑	$0.55 < \alpha_w \leq 0.70$	$0 < I_L \leq 0.33$
可塑	$0.70 < \alpha_w \leq 0.85$	$0.33 < I_L \leq 0.67$
软塑	$0.85 < \alpha_w \leq 1.00$	$0.67 < I_L \leq 1.00$
流塑	$\alpha_w > 1.00$	$I_L > 1.00$

(三)红黏土的结构分类

红黏土的结构可根据其裂隙发育特征按表5-8分类,其主要依据为野外观测的裂隙密度。红黏土网状裂隙分布与地貌有一定联系,如坡度、朝向等,且呈向深处递减的趋势。裂隙影响土的整体强度,降低其承载力,对土体稳定不利。

表5-8 红黏土的结构分类

土体结构	裂隙发育特征
致密状的	偶见裂隙(<1条/m)
巨块状的	较多裂隙(1~5条/m)
碎块状的	富裂隙(>5条/m)

(四)红黏土的复浸水特性分类

红黏土在天然状态下膨胀率仅为0.1%~2.0%,其胀缩性主要表现为收缩,线缩率一般为2.5%~8.0%,最大达14%;但在缩后复浸水时,不同土却有不同表现。根据统计分析提出了经验方程 $I'_r \approx 1.4 + 0.0066\omega_L$,以此对红黏土进行复浸水特性分类,见表5-9。

表5-9 红黏土的复浸水特性分类

类别	I_r 与 I'_r 关系	复浸水特性
Ⅰ	$I_r \geq I'_r$	收缩后复浸水膨胀,能恢复到原位
Ⅱ	$I_r < I'_r$	收缩后复浸水膨胀,不能恢复到原位

注:1. $I_r = \omega_L / \omega_P$,称为液塑比。

2. I'_r 为界限液塑比。

划属Ⅰ类者,复水后随含水量增大而解体,胀缩循环呈现胀势,缩后土样高度大于原始高度,胀量逐次积累,以崩解告终;风干复水,土的分散性和塑性恢复,表现出凝聚与胶溶的可逆性。划属Ⅱ类者,复水后含水量增量微小,外形完好,胀缩循环呈现缩势,缩量逐次积累,缩后土样高度小于原始高度;风干复水,干缩后形成的团粒不完全分离,土的分散性、塑性和液塑比 I_r 降低,表现出胶体的不可逆性。这两类红黏土表现出不同的水稳性和工程性能。

(五)红黏土的地基均匀性分类

红黏土地区地基的均匀性差别很大。当地基压缩层范围内均为红黏土时,为均匀地基;当为红黏土和岩石组成土岩组合地基时,为不均匀地基。

在不均匀地基中,红黏土沿水平方向的土层厚度和状态分布都很不均匀。土层较厚地段其下部较高压缩性土往往也较厚;土层较薄地段,则往往基岩埋藏浅,与土层较厚地段的较高压缩性土层标高相当。当建筑物跨越布置在这种地段时,就会置于不均匀地基上。

四、红黏土的地基勘察

(一)工程地质测绘和调查

红黏土地区的工程地质测绘和调查应按《岩土工程勘察规范》(GB 50021—2001)(2009年版)有关规定进行,重点查明下列内容:

(1)不同地貌单元上原生红黏土和次生红黏土的分布、厚度、物质组成、土性等特征及其差异。

(2)下伏基岩的岩性、岩溶发育特征及其与红黏土土性、厚度变化的关系。

(3)地裂分布、发育特征及其成因,土体结构特征,土体中裂隙的密度、深度、延展方向及其发育规律。

(4)地表水体和地下水的分布、动态变化及其与红黏土状态垂向分带的关系。

(5)现有建筑物开裂原因分析,当地勘察、设计、施工经验等。

(二)勘探工作

红黏土地区勘探工作应按岩土工程分类划分红黏土的土质单元。在平面分布上,应划分原生红黏土和次生红黏土的范围;在垂直分布上,应按土的状态分层;当研究土的水理特性和承受水平力的整体强度时,也应根据不同土性和结构分类分别评价。

勘探点间距和深度可按下列要求确定。

1. 初步勘察和详细勘察

由于红黏土具有水平方向厚度变化大、垂直方向状态变化大的特点,故勘探点应采用较小的点距,特别是对于土岩组合不均匀地基。初步勘察时勘探点间距宜取 30 ~ 50 m;详细勘察时勘探点间距,对均匀地基宜取 12 ~ 24 m,对不均匀地基宜取 6 ~ 12 m,并宜沿基础轴线布置。在土层厚度和状态变化大的地段,勘探点可适当加密。必要时,可按柱基单独布置。

勘探点深度可按《岩土工程勘察规范》(GB 50021—2001)(2009 年版)对各类建筑勘察的规定执行。红黏土底部常有软弱土层分布,且基岩面起伏较大,对于土岩组合不均匀地基,勘探点深度应达到基岩面,以便获得完整的地层剖面。

2. 施工勘察

当出现下列情况时,应进行施工勘察:

(1)红黏土厚度、状态变化大,基岩面起伏大,有石芽出露,或基岩面上土层特别软弱,按详勘阶段勘探点间距规定难以查清这些变化时。

(2)土层中有土洞发育,详勘阶段未能查明所有情况时。

(3)采用端承桩,因层面倾斜、基岩面高低不平或有临空面,嵌岩桩有失稳危险时。

施工勘察阶段勘探点间距和深度应根据需要确定。

3. 水文地质勘察、试验和观测工作

水文地质条件对红黏土的评价是非常重要的因素。当需要详细了解地下水埋藏条件、运动规律和动态变化时,仅仅通过地面测绘和调查往往难以满足红黏土岩土工程评价的需要。此时,应进行专门的水文地质勘察、试验和观测工作。

4. 取样与室内试验

1)取样

红黏土地区采取土试样的数量,宜按已划分的土质单元控制,保证各层土的取样数量和统计指标的变异系数等符合有关规范的要求。

2)室内试验

红黏土除应进行常规项目试验外,还应根据需要选择进行下列试验:

(1)收缩试验和复浸水试验,用于评价红黏土在天然状态下和复浸水状态下的胀缩性。

(2)50 kPa 压力下的膨胀量、收缩量及不同失水量条件下的膨胀量等试验,用于了解土的水理特性。

(3)三轴剪切试验或无侧限抗压强度试验,用于评价裂隙发育的红黏土中裂隙对强度和承载力的影响。

(4)重复剪切试验,用于获取评价边坡稳定性的设计参数。

五、红黏土的岩土工程评价

(一)地基承载力评价

1. 地基承载力的评价方法

红黏土的地基承载力特征值可采用静载荷试验和其他原位测试(如静力触探、旁压试验等)、理论公式计算并结合工程实践经验等方法综合确定。

过去积累的确定红黏土承载力的地区性成熟经验应充分利用。

2. 地基承载力的影响因素

当基础浅埋、外侧地面倾斜、有临空面或承受较大水平荷载时,应结合以下因素综合考虑确定其承载力。

(1)土体结构和裂隙对承载力的影响。

(2)开挖面长时间暴露,裂隙发展和复浸水对土质的影响。

(3)地表水体下渗的影响。

(4)有不良地质作用的场地,建在坡上或坡顶的建筑物,以及基础侧旁开挖的建筑物,应评价其稳定性。

(二)红黏土岩土工程评价的内容

(1)建筑物应避免跨越地裂密集带或深长地裂地带。

(2)红黏土在天然状态时一般膨胀性较弱,胀缩性能以收缩为主;当复浸水时,经过胀缩循环,一部分胀量逐次积累,一部分缩量逐次积累。为此,应注意下列问题:

①轻型建筑物的基础埋置深度应大于大气影响急剧层深度。

②炉窑等高温设备的基础应考虑地基土不均匀收缩变形的影响。

③开挖明渠时,应考虑土体干湿循环中胀缩的影响。

④石芽出露地段应考虑地表水下渗、冲蚀形成地面变形的可能性。

(3)选择适宜的持力层和基础形式,在满足前款的前提下,基础宜浅埋,利用浅部硬壳层,并进行下卧层承载力的验算;不能满足承载力和变形要求时,应建议进行地基处理或采用桩基础。

(4)基坑开挖时,宜采取保湿措施,边坡应及时维护,防止失水干缩。

第三节　软　土

一、软土的成因类型和工程性质

(一)软土的判别标准

软土是指天然孔隙比大于或等于1.0,且天然含水量大于液限的细粒土。包括淤泥、淤泥质土、泥炭、泥炭质土等,分类标准见表5-10。

表 5-10 软土的分类标准

土的名称	划分标准
淤泥	$e \geqslant 1.5, I_L > 1$
淤泥质土	$1.5 > e \geqslant 1.0, I_L > 1$
泥炭	$W_u > 60\%$
泥炭质土	$10\% < W_u \leqslant 60\%$

注：e 为天然孔隙比，I_L 为液性指数，W_u 为有机质含量。

（二）软土的工程性质

1. 触变性

当原状土受到振动或扰动以后，由于土体结构遭到破坏，强度会大幅度降低。触变性可用灵敏度 S_t 表示，软土的灵敏度一般为 3～4，最大可达 8～9，故软土属于高灵敏度或极灵敏土。软土地基受振动荷载后，易产生侧向滑动、沉降或基础下土体挤出等现象。

2. 流变性

软土在长期荷载作用下，除产生排水固结引起的变形外，还会产生缓慢而长期的剪切变形。这对建筑物地基沉降有较大影响，对斜坡、堤岸、码头和地基稳定性不利。

3. 高压缩性

软土属于高压缩性土，压缩系数大，故软土地基上的建筑物沉降量大。

4. 低强度

软土不排水抗剪强度一般小于 20 kPa。软土地基的承载力很低，软土边坡的稳定性极差。

5. 低透水性

软土的含水量虽然很高，但透水性差，特别是垂直向透水性更差，垂直向渗透系数一般为 $i \times (10^{-6} \sim 10^{-8})$ cm/s，属微透水或不透水层。对地基排水固结不利，软土地基上建筑物沉降延续时间长，一般达数年以上。在加载初期，地基中常出现较高的孔隙水压力，影响地基强度。

6. 不均匀性

由于沉积环境的变化，土质均匀性差。例如，三角洲相、河漫滩相软土常夹有粉土或粉砂薄层，具有明显的微层理构造，水平向渗透性常好于垂直向渗透性。湖泊相、沼泽相软土常在淤泥或淤泥质土层中夹有厚度不等的泥炭或泥炭质土薄层或透镜体。作为建筑物地基易产生不均匀沉降。

二、软土地基勘察

（一）勘察基本要求

（1）勘察阶段可分为初步勘察和详细勘察，必要时应进行施工勘察。对大型厂址、重要工程，尚应进行可行性研究勘察。但对简单场地、建筑经验成熟地区或位置已确定的工程，勘察阶段可适当简化，可仅进行详细勘察。

（2）当建筑场地工程地质条件复杂，软土在平面上有显著差异时，应根据场地的稳定性和工程地质条件的差异，进行工程地质分区或分段。

(3)勘探工作必须根据工程特性、场地工程地质条件、地层性质，选择合适的勘察方法。除钻探取样外，对软土厚度较大或夹有粉土、砂土时，可采用静力触探试验、标准贯入试验。对饱和流塑黏性土应采用十字板剪切试验、旁压试验、螺旋板载荷试验、扁铲侧胀试验。

(4)采取土试样应采用薄壁取土器。取样时应避免扰动、涌土等，运输、储存、制备过程中均应防止试样的扰动。

(5)对重要的建筑物和有特殊要求的软土地基，或对周围环境有影响的场地，在施工和使用过程中，应根据工程建设的需要，进行必要的监测。

(二)勘察工作重点

软土地基勘察应着重查明和分析以下内容：

(1)软土的成因类型、埋藏条件、分布规律、层理特征，水平与垂直向的均匀性、渗透性，地表硬壳层的分布与厚度，下伏硬土层或基岩的埋藏条件、分布特征和起伏变化情况。

(2)软土的固结历史，强度和变形特征随应力水平的变化规律，以及结构破坏对强度和变形的影响程度。

(3)微地貌形态和暗浜、暗塘、墓穴、填土、古河道的分布范围和埋藏深度。

(4)地下水情况及其对基础施工的影响，基坑开挖、回填、支护、工程降水、打桩和沉井等对软土的应力状态、强度和压缩性的影响。

(5)地震区产生震陷的可能性及对震陷量的估算和分析。

(6)当地的工程经验。

(三)勘察工作量的布置

1. 勘探孔间距

勘探孔间距应根据工程性质、场地类别、勘察阶段确定。一般情况下可按表5-11确定。对深基础开挖工程，勘察范围应大于开挖边界线以外2倍开挖深度。

2. 勘探孔深度

勘探孔深度应根据建筑物等级和勘探孔种类，按表5-12和表5-13确定。当预定深度范围内遇基岩或坚硬土屋，除部分控制性勘探孔应钻入基岩或坚硬土层适当深度外，其他勘探孔达到基岩即可。

表5-11　勘探孔间距　(单位：m)

场地类型	初勘阶段	详勘阶段		
		一级建筑物	二级建筑物	三级建筑物
简单场地	150～200	30～50	40～60	50～70
中等复杂场地	75～150	15～30	25～40	35～50
复杂场地	50～100	<15	<25	<35

对箱形基础和筏板基础，控制性勘探孔的深度应超过地基变形计算深度。地基变形

计算深度，对中、低压缩性土可取附加压力等于上覆土层有效自重压力 20% 的深度；对高压缩性土层可取附加压力等于上覆土层有效自重压力 10% 的深度。

表 5-12 初步勘察勘探孔深度 (单位:m)

工程等级	勘探孔种类	
	一般性勘探孔	控制性勘探孔
一级建筑物	>30	>50
二级建筑物	>20	>30
三级建筑物	>10	>15

表 5-13 详细勘察勘探孔深度 (单位:m)

基础形式	基础宽度				
	1	2	3	4	5
条形基础	8	12	14	—	—
单独基础	—	8	11	13	14

对桩基础，应钻至桩可能最大入土深度以下不少于 3 m。控制性勘探孔应钻至软土层之下稳定坚实土层一定深度。

对大面积堆载场地，勘探孔深度一般为堆土高度，若需验算沉降，则由地基变形计算深度确定。

当需进行地基整体稳定性验算时，控制性勘探孔应根据具体条件满足验算要求。

(四)试验要求

1. 室内试验

(1)软土常规固结试验的加荷等级应根据软土的土性特征、自重压力和建筑物荷重确定，一般第一级荷重宜为 25 kPa 或 50 kPa，最后一级荷重一般不超过 400 kPa。

(2)应根据工程对变形计算的不同要求，测定软土的压缩性指标(压缩系数、压缩模量、先期固结压力、压缩指数、回弹指数和固结系数)，可分别采用常规固结试验、高压固结试验等方法确定。

(3)对厚层高压缩性软土层，应测定次固结系数，用以计算由于次固结作用产生的沉降及其历时关系。

(4)软土的抗剪强度指标宜采用三轴剪切试验确定。三轴剪切试验方法应与工程要求一致。对土体可能发生大应变的工程应测定残余抗剪强度。对饱和软土，试样在有效自重压力下预固结后再进行试验。

(5)软土的无侧限抗压强度试验应采用Ⅰ级土试样，并同时测定其灵敏度。

(6)有特殊要求时，应对软土进行蠕变试验，测定土的长期强度；当研究土对动荷载的反应，可进行动扭剪试验、动单剪试验或动三轴试验。

(7)有机质含量宜采用重铬酸钾容量法测定。

2. 原位测试

软土的原位测试宜采用静力触探试验、旁压试验、十字板剪切试验、扁铲侧胀试验、载荷试验和螺旋板载荷试验。

(1)采用载荷试验确定地基承载力时,首级荷重应从试坑底面以上土的自重开始。承载力特征值宜按 $P_{0.02}$ 标准取值。为了解深部土层的承载特性时,可采用螺旋板载荷试验。

(2)十字板剪切试验,可测定不固结不排水条件下的抗剪强度、土的残余抗剪强度,并计算灵敏度。

(3)扁铲侧胀试验,可测定软土的弹性模量、静止土压力系数、水平基床系数,可判定土层名称和状态。

(4)宜采用注水试验测定软土的渗透系数。

三、软土地基评价

(一)场地稳定性评价

在建筑场地内,当遇下列情况之一时,应评价地基的稳定性:

(1)当建筑物离池塘、河岸、海岸等边坡较近时,应分析评价软土侧向塑性挤出或滑移的危险。

(2)当地基土受力范围内,软土下卧层为基岩或硬土层且其表面倾斜时,应分析判定软土沿此倾斜面产生滑移或不均匀变形的可能性。

(3)当地基土层中含有浅层沼气时,应分析判定沼气的逸出对地基稳定性和变形的影响。

(4)当软土层之下分布有承压含水层时,应分析判定承压水水头对软土地基稳定性和变形的影响。

(5)当建筑场地位于强地震区时,应分析评价场地和地基的地震效应。

(二)拟建场地和持力层的选择

(1)当场地有暗浜(塘)等不利因素存在时,建筑物的布置应尽量避开这些不利地段,若无法避开,则必须进行地基处理。

(2)软土地区的地表一般分布有厚度不大的硬壳层,对于采用天然地基的轻型建筑应充分加以利用,选择硬壳层作为地基持力层,基础宜尽量浅埋。

(3)软土不宜作为桩基持力层,应选择软土层以下的硬土层或砂层作为桩基持力层。

(4)当地基主要受力层范围内有薄砂层或软土与砂土互层时,应分析判定其对地基变形和承载力的影响。

(三)地基承载力的确定

(1)软土地基承载力在不考虑变形的前提下,可根据室内试验、原位测试和当地经验,按下列方法综合确定:

①根据三轴不固结不排水剪切试验指标按《建筑地基基础设计规范》(GB 50007—2002)中的地基承载力计算公式(已考虑基础的深度和宽度)计算。

②利用静力触探或其他原位测试资料与载荷试验或其他相应土性的直接试验结果建立的地区性相关公式计算确定。

③利用物理性指标与承载力之间建立的对应关系确定。

④在已有建筑经验的地区,可以用工程地质类比法确定。

(2)当为上硬下软的双层土地基时,应进行软弱下卧层强度验算。

(3)软土地基承载力实质上是由变形控制的,必须在满足建筑物变形要求的前提下,由设计人员按基础的实际尺寸、埋深和建筑物的地基变形允许值最终确定地基承载力特征值。

第四节　混合土

一、混合土的特征和分类

在自然界中,有一种粗细粒混杂的土,其中细粒含量较多。这种土如按颗粒组成分类,可定为砂土甚至碎石土,而其可通过 0.5 mm 筛后的数量较多又可进行可塑性试验,按其塑性指数又可视为粉土或黏性土。这类土在一般分类中找不到相应的位置。为了正确地评价这类土的工程性质,将其定名为混合土。

由细粒土和粗粒土混杂且缺乏中间粒径的土称为混合土。

当碎石土中粒径小于 0.075 mm 的细粒土质量超过总质量的 25% 时,应定名为粗粒混合土;当粉土或黏性土中粒径大于 2 mm 的粗粒土质量超过总质量的 25% 时,应定名为细粒混合土。

(一)混合土的成因和性质

1.混合土的成因

混合土的成因一般为冲积、洪积、坡积、冰积、崩塌堆积和残积等。残积混合土的形成条件是在原岩中含有不易风化的粗颗粒,例如花岗岩中的石英颗粒。另外几种成因形成的混合土的重要条件是要有提供粗大颗粒(如碎石、卵石)的条件。

2.混合土的性质

混合土因其成分复杂多变,各种成分粒径相差悬殊,故其性质变化很大。混合土的性质主要决定于土中的粗、细颗粒含量的比例、粗粒的大小及其相互接触关系和细粒土的状态。资料表明,粗粒混合土的性质将随其中细粒的含量增多而变差,细粒混合土的性质常因粗粒含量增多而改善。在上述两种情况中,存在一个粗、细粒含量的特征点,超过此特征点后,土的性质会发生突然的改变。例如,按粒径组成可定名为粗、中砂的砂质混合土中,当细粒(粒径 <0.1 mm)的含量超过 25% ~30% 时,标准贯入试验击数 N 和静力触探比贯入阻力 P_s 值都会明显地降低,内摩擦角 φ 减小而 C 值增大。碎石混合土随着细粒含量的增加,内摩擦角 φ 和载荷试验比例界限 p_0 都有所降低而且有一个明显的特征值,细粒含量达到或超过该值时,φ 和 p_0 值都将急剧降低。

(二)混合土的分类

混合土的分类是一个复杂的问题,常常由于分类不当而造成错误的评价。例如,对于含水量黏性土的碎石混合土,将它作为黏性土看待,过低地估计了这种土的承载性能,造成浪费;反之,若将它作为碎石土看待,则又可能过高地估计了其承载性能,而造成潜在的不安全。因此,混合土的定名和分类的原则,应当根据其组成材料的不同、呈现的性质不同,针对具体情况慎重对待。例如,土中以粗粒为主,且其性质主要受粗粒控制,定名和分类时,应以反映粗粒为主,可定为黏土质砂、砂土质砾石等。同样,如以细粒为主,则可定为砂质黏性土、砾质黏性土等。

二、混合土的勘察

(一)工程地质测绘和调查

混合土的测绘和调查,重点在于:

(1)查明地形和地貌特征,混合土的成因、分布,下卧土层或基岩的埋藏条件,坡向、坡度。

(2)查明混合土的组成、物质来源、均匀性及其在水平方向和垂直方向上的变化规律。

(3)查明混合土中粗大颗粒的风化情况,细颗粒的成分和状态。

(4)混合土是否具有湿陷性、膨胀性。

(5)混合土场地是否存在崩塌、滑坡、潜蚀和洞穴等不良地质作用。

(6)泉水和地下水的情况。

(7)当地利用混合土作为建筑地基、建筑材料的经验和地基处理措施。

(二)勘探和原位测试

混合土地基勘察的目的主要是查明土体的构成成分、均匀性及其性状在平面上和垂直方向上的变化规律。

(1)宜采用多种勘探手段和方法,如探井、钻孔、动力触探、静力触探、旁压试验和物探等。动力触探试验适用于粗粒粒径较小的混合土,静力触探适用于以含细粒为主的混合土,动力触探、静力触探试验资料应有一定数量的探井或钻孔予以检验。旁压试验适用于土中粗颗粒较少且粒径小的混合土。

(2)勘探孔的间距宜较一般土地区为小,勘探孔的深度要比一般土地区为深。应有一定数量的探井、探坑,以便直接对混合土的结构进行观察,并采取大体积土试样进行颗粒分析和物理力学性质试验。当不能采取不扰动土试样时,应多采取扰动试样,并应注意试样的代表性。

(3)现场载荷试验的承压板直径和现场直剪试验的剪切面直径均应大于试验土层最大粒径的5倍,载荷试验的承压板面积不应小于0.5 m^2,直剪试验的剪切面面积不宜小于0.25 m^2。

(4)现场密度测试。对细粒混合土,一般可用大环刀法取样分析;对粗粒混合土,可现场挖坑,采用充砂法或充水法测定其密度。

(三)室内试验

对混合土进行室内试验时,应注意土试样的代表性。在使用室内试验资料时,应估计由于土试样代表性不够所造成的影响。必须充分估计到由于土中所含粗大颗粒对土样结构的破坏和对测试资料的正确性和完备性的影响。不可盲目地套用一般测试方法和不加分析地使用测试资料。混合土的室内试验,应注意其与一般土试验的区别。

1. 天然密度

混合土中一般含有粗土颗粒,其天然密度试验一般宜用大块土进行。进行密度试验时,应特别注意土试样的代表性。当混合土中有集中的细粒团块时,应测定这些团块的密度。在利用密度资料时,要考虑土中实际存在的未能取到土样中的粗大颗粒的影响。

2. 天然含水量

混合土中含大颗粒的多少,对天然含水量的测定值影响很大。一般在室内试验测定含水量时,因土试样体积很小,粗大颗粒常不能包进去。因此,在使用天然含水量资料时,应考虑这一影响。此外,由于粗细颗粒的比表面积相差悬殊。在这一类土中,所测得的包含粗细颗粒土试样的平均含水量也常常不能代表土中细颗粒的含水量。

3. 相对密度(比重)试验

混合土中的粗细颗粒的矿物成分常有很大差别。它们的相对密度(比重)常相差很大。在测定相对密度和使用相对密度测试资料时应予注意。

4. 颗粒分析

取到的土试样常不能代表实际土体。例如,许多过大的颗粒(如卵石、碎石、漂石等)未能取到土试样中,使用颗粒分析资料时,应考虑到这一点。另外,常有许多细颗粒黏附于大颗粒上,筛分风干土试样常不能正确地反映细粒的含量,故一般宜用湿法进行颗粒分析。有些土中的粗粒易粉碎,故不宜对土试样锤捣。

5. 压缩试验

压缩试验常只能取混合土中的细粒集中部分的土试样进行试验,所以在估计土体的压缩性时应将试验中未能包括的粗颗粒的影响估计进去。此外,因为土中会有粗颗粒,在室内制备试样时,常常破坏了土的结构,从而歪曲了压缩试验结果。

三、混合土的评价

对于残积成因的混合土及膨胀性和湿陷性等具有特殊性质的混合土,除参考本节内容进行评价外,尚需参照本章中有关特殊性土的各节进行评价。

(一)混合土地基承载力评价

混合土地基的承载力评价,应根据土的颗粒级配、土的结构、构造与建筑物安全等级和勘察阶段采用载荷试验、动力触探试验并结合当地经验确定。

(二)混合土的变形评价

(1)混合土一般不易取到不扰动土试样,因此混合土的变形参数应由现场剪切试验或载荷试验获得。变形计算方法可采用变形模量计算公式计算混合土的沉降量。

(2)膨胀土、湿陷性土、盐渍土地区的混合土,常具有膨胀性、湿陷性或溶陷性,在考虑地基变形时,应考虑其变形,并适当考虑粗大颗粒对变形的影响。

(三)混合土的地基稳定性评价

对混合土地基,应充分考虑其与下伏岩土接触面的性质,层面的倾向、倾角,混合土体中和下伏岩土中存在的软弱面的倾向、倾角,核算地基的整体稳定性。对于含巨大漂石的混合土,尤其是粒间填充不密实或为软弱土所填充时,要考虑这些漂石的滚动或滑动,影响地基的稳定性。

(四)混合土的边坡稳定性评价

混合土边坡的容许坡度值可根据现场调查和当地经验确定。对重要工程应进行专门研究。

(五)混合土地基的评价和处理

(1)对不稳定的混合土地基,应根据其处理的技术可能性和经济合理性采取避开或其他处理措施。

(2)在崩塌堆积形成的混合土上进行建筑时,应考虑到产生滑坡、崩塌、泥石流的可能性,采取避开或其他处理措施。

(3)具有膨胀性、湿陷性、溶陷性的混合土可参照本教材有关章节采取相应措施。

(4)含有漂石且其间隙填充不密实的混合土地基,可根据漂石的大小,采取重锤夯击、强夯、灌浆等加固措施。

第五节　填　土

一、填土的分类及工程性质

(一)填土的分类

填土是指由人类活动而堆填的土。根据其物质组成和堆填方式分为素填土、杂填土和冲填土三类。

1. 素填土

由天然土经人工扰动和搬运堆填而成,不含杂质或含杂质很少,一般由碎石、砂或粉土、黏性土等一种或几种材料组成。按主要组成物质分为碎石素填土、砂性素填土、粉性素填土、黏性素填土等,可在素填土的前面冠以其主要组成物质的定名,对素填土进一步分类。

2. 杂填土

含有大量建筑垃圾、工业废料或生活垃圾等杂质的填土。按其组成物质成分和特征分为:

(1)建筑垃圾土。主要由碎砖、瓦砾、朽木、混凝土块、建筑垃圾等夹土组成,有机物含量较少。

(2)工业废料土。由现代工业生产的废渣、废料堆积而成,如矿渣、煤渣、电石渣等及其他工业废料夹少量土类组成。

(3)生活垃圾土。填土中由大量从居民生活中抛弃的废物,诸如炉灰、布片、菜皮、陶瓷片等杂物夹土类组成,一般含有机质和未分解的腐殖质较多。

3. 冲填土

冲填土又称吹填土,是由水力冲填泥沙形成的填土,它是我国沿海一带常见的人工填土之一,主要是由于整治或疏通江河航道,或因工农业生产需要填平或填高江河附近某些地段时，用高压泥浆泵将挖泥船挖出的泥沙，通过输泥管排送到需要加高地段及泥沙堆积区，经沉淀排水后形成大片冲填土层。上海的黄浦江，天津的海河、塘沽，广州的珠江，黄河下游大堤加固等河流两岸及滨海地段不同程度的分布着这类土。

另外，因为填土的性质与堆填年代有关，因此可以按堆填时间的长短划分为古填土（堆填时间在 50 年以上）、老填土（堆填时间在 15 ~ 50 年）和新填土（堆填时间不满 15 年）。按堆填方式可分为有计划填土和无计划填土。某些因矿床开采而形成的填土又可按原岩的软化性质划分为非软化的、软化的和极易软化的填土。我国岩土工程工作者根据各地的特殊条件对填土的分类各自积累了自己的经验，如北京地区把杂填土中的炉灰单独进行分类，并根据堆积年代进一步细分为炉灰和变质炉灰。

（二）填土的工程性质

一般来说，填土具有不均匀性、湿陷性、自重压密性及低强度、高压缩性。

1. 素填土的工程性质

素填土的工程性质取决于它的均匀性和密实度。在堆填过程中，未经人工压实者，一般密实度较差；但堆积时间较长，由于土的自重压密作用，也能达到一定密实度。如堆积时间超过 10 年的黏性素填土，超过 5 年的砂性素填土，均具有一定的密实度和强度，可以作为一般建筑物的天然地基。

2. 杂填土的工程性质

1）性质不均，厚度和密度变化大

由于杂填土的堆积条件、堆积时间，特别是物质来源和组成成分的复杂与差异，造成杂填土的性质很不匀匀，密度变化大，分布范围和厚度的变化均缺乏规律性，带有极大的人为随意性，往往在很小范围内变化很大。当杂填土的堆积时间愈长，物质组成愈均匀，颗粒愈粗，有机物含量愈少，则作为天然地基的可能性愈大。

2）变形大，并有湿陷性

就其变形特性而言，杂填土往往是一种欠压密土，一般具有较高的压缩性。对部分新的杂填土，除正常荷载作用下的沉降外，还存在自重压力下沉降及湿陷变形的特点；对生活垃圾土还存在因进一步分解腐殖质而引起的变形。在干旱和半干旱地区，干或稍湿的杂填土往往具有湿陷性。堆积时间短、结构疏松，这是杂填土浸水湿陷和变形大的主要原因。

3）压缩性大，强度低

杂填土的物质成分异常复杂，不同物质成分，直接影响土的工程性质。当建筑垃圾土的组成物以砖块为主时，则优于以瓦片为主的土。建筑垃圾土和工业废料土，在一般情况下优于生活垃圾土。因生活垃圾土物质成分杂乱，含大量有机质和未分解的腐殖质，具有很大的压缩性和很低的强度。即使堆积时间较长，仍较松软。

4）孔隙大且渗透性不均匀

杂填土由于其组成物质的复杂多样性，造成杂填土中孔隙大并且其渗透性不均匀，因此在地下水位较低的地区，地下水位以上的杂填土中经常存在鸡窝状上层滞水。

3. 冲填土的工程性质

1）不均匀性

冲填土的颗粒组成随泥沙的来源而变化，有沙粒也有黏土粒和粉土粒。在吹泥的出口处，沉积的土粒较粗，甚至有石块，顺着出口向外围则逐渐变细。在冲填过程中由于泥沙来源的变化，造成冲填土在纵横方向上的不均匀性，故土层多呈透镜体状或薄层状出现。当有计划有目的地预先采取一些措施后而冲填的土，则土层的均匀性较好，类似于冲积地层。

2）透水性能弱、排水固结差

冲填土的含水量大，一般大于液限，呈软塑或流塑状态。当黏粒含量多时，水分不易排出，土体形成初期呈流塑状态，后来虽土层表面经蒸发干缩龟裂，但下面土层由于水分不易排出仍处于流塑状态，稍加触动即发生触变现象。因此，冲填土多属未完成自重固结的高压缩性的软土。土的结构需要有一定时间进行再组合，土的有效应力要在排水固结条件下才能提高。

土的排水固结条件也决定于原地面的形态，如原地面高低不平或局部低洼，冲填后土内水分排不出去，长时间仍处于饱和状态；如冲填于易排水的地段或采取了排水措施时，则固结进程加快。

二、填土的勘察

（一）勘察工作内容

（1）通过调查访问和收集资料，调查地形和地物的变迁，填土的来源、堆积年限和堆积方法。

（2）查明填土的分布范围、厚度、物质成分、颗粒级配、均匀性、密实性、压缩性和湿陷性等，对冲填土尚应了解其排水条件和固结程度。

（3）调查有无暗浜、暗塘、渗井、废土坑、旧基础及古墓的存在。

（4）查明地下水的水质，判定地下水对建筑材料的腐蚀性及与相邻地表水体的水力联系。

（二）勘探与测试

1. 勘探点、勘探孔的布置

勘探点一般应按复杂场地布置，逐步加密勘探点。勘探孔应穿透填土层。当填土下为软弱土层时，部分钻孔还应加深。对暗埋的塘、浜、沟、坑的范围，应予追索并圈定范围。加密勘探点的深度应穿透填土层。

2. 勘探方法

勘探方法应根据填土性质确定。对以粉土、黏性土为主的填土，可采用钻探取样、轻型钻具与原位测试相结合的方法，轻型钻具如小口径螺纹钻、洛阳铲等；对含较多粗粒成分的建筑垃圾、工业废料填土，宜采用动力触探、钻探，并配置适量探井。

勘探黏性素填土时还应注意填土和新近堆积黏性土的区别，一般可从土粒结构和埋藏形态来区别，填土土粒结构杂乱，埋藏形态没有规律，而新近堆积黏性土则具有自然沉积土的结构层理，在黄土地区还可看到黄土特有的大孔隙。

3. 测试工作

测试工作应以原位测试为主，辅以室内试验，宜符合下列原则：

（1）填土的均匀性及密实度宜用触探测定，辅以室内试验。轻型动力触探适用于黏性、粉性素填土，静力触探适用于冲填土和黏性素填土，重型动力触探适用于粗粒填土。

(2)填土的压缩性、湿陷性可采用室内固结试验、浸水固结试验或载荷试验、浸水载荷试验确定。对于细颗粒填土，采用室内试验；对于粗颗粒填土，可采用现场试验。

(3)杂填土的密度，必要时可采用大容积法测定。对于颗粒粗大的填土，大容积法也难以取得好的效果时，可将整个探井挖出的填土称重再设法测得整个探井的体积，以求得填土的密度。

(4)填土的均匀性，可以采用地球物理勘探的方法进行原位测试。近年来，物探方法发展很快，探地雷达、面波测试、剪切波速测试等方法均可定性地进行填土的均匀性评价，特别是需对填土的地基处理效果进行全面比较评价时，物探方法越发显示出其广泛、全面的特点。

填土的室内试验，当能够取得适合室内试验的土样时，应采取试样进行室内试验。室内试验除一般物理力学性质试验外，特别注重压缩性、湿陷性、膨胀性等项目。在进行室内试验时，应特别注意填土的特点，不可机械套用天然土的试验方法。

三、填土地基的评价

填土地基的评价主要内容应包括：阐明填土的成分、分布和堆积年代，判定地基的均匀性、压缩性和密实度，必要时应按厚度、强度和变形特性分层或分区评价。

(一)填土的均匀性和密实度

这与填土的组成物质、分布特征和堆积年代有密切关系。

对于堆积年限较长的素填土、冲填土及由建筑垃圾和性能稳定的工业废料组成的杂填土，当较均匀和较密实时，可考虑作为天然地基。由有机质含量较多的生活垃圾和对基础有腐蚀的工业废料组成的杂填土，不宜作为天然地基。

(二)填土地基承载力的确定

填土地基的承载力可由载荷试验或其他原位测试，并结合工程实践经验等方法综合确定。

(三)填土地基的稳定性

当填土底面的天然坡度大于20%时，应验算其沿坡面的稳定性，并应判定原有斜坡受填土影响引起滑动的可能性。

第六节　多年冻土

一、多年冻土的概念和分类

(一)多年冻土的概念

多年冻土指含有固态水且冻结状态持续2年或2年以上的土(岩)。

(二)多年冻土的融沉性分类

根据融化下沉系数 δ_0 的大小，多年冻土可分为不融沉、弱融沉、融沉、强融沉和融陷五级，见表5-14。

表 5-14　多年冻土的融沉性分类

土的名称	总含水量 ω（%）	平均融沉系数 δ_0	融沉等级	融沉类别	冻土类型
碎石土、砾、粗砂、中砂（粒径 < 0.075 mm）的颗粒含量不大于 15%	$\omega<10$	$\delta_0\leqslant1$	Ⅰ	不融沉	少冰冻土
	$\omega\geqslant10$	$1<\delta_0\leqslant3$	Ⅱ	弱融沉	多冰冻土
碎石土、砾、粗砂、中砂（粒径 < 0.075 mm）的颗粒含量大于 15%	$\omega<12$	$\delta_0\leqslant1$	Ⅰ	不融沉	少冰冻土
	$12\leqslant\omega<15$	$1<\delta_0\leqslant3$	Ⅱ	弱融沉	多冰冻土
	$15\leqslant\omega<25$	$3<\delta_0\leqslant10$	Ⅲ	融沉	富冰冻土
	$\omega\geqslant25$	$10<\delta_0\leqslant25$	Ⅳ	强融沉	饱冰冻土
粉砂、细砂	$\omega<14$	$\delta_0\leqslant1$	Ⅰ	不融沉	少冰冻土
	$14\leqslant\omega<18$	$1<\delta_0\leqslant3$	Ⅱ	弱融沉	多冰冻土
	$18\leqslant\omega<28$	$3<\delta_0\leqslant10$	Ⅲ	融沉	富冰冻土
	$\omega\geqslant28$	$10<\delta_0\leqslant25$	Ⅳ	强融沉	饱冰冻土
粉土	$\omega<17$	$\delta_0\leqslant1$	Ⅰ	不融沉	少冰冻土
	$17\leqslant\omega<21$	$1<\delta_0\leqslant3$	Ⅱ	弱融沉	多冰冻土
	$21\leqslant\omega<32$	$3<\delta_0\leqslant10$	Ⅲ	融沉	富冰冻土
	$\omega\geqslant32$	$10<\delta_0\leqslant25$	Ⅳ	强融沉	饱冰冻土
黏性土	$\omega<\omega_P$	$\delta_0\leqslant1$	Ⅰ	不融沉	少冰冻土
	$\omega_P\leqslant\omega<\omega_P+4$	$1<\delta_0\leqslant3$	Ⅱ	弱融沉	多冰冻土
	$\omega_P+4\leqslant\omega<\omega_P+15$	$3<\delta_0\leqslant10$	Ⅲ	融沉	富冰冻土
	$\omega_P+15\leqslant\omega<\omega_P+35$	$10<\delta_0\leqslant25$	Ⅳ	强融沉	饱冰冻土
含土冰层	$\omega\geqslant\omega_P+35$	$\delta_0>25$	Ⅴ	融陷	含土冰层

注：1. 总含水量 ω_0 包括冰和未冻水。

2. 本表不包括盐渍化冻土、冻结泥炭化土、腐殖土、高塑性黏土。

冻土的平均融化下沉系数 δ_0 可按下式计算

$$\delta_0=\frac{h_1-h_2}{h_1}=\frac{e_1-e_2}{1+e}\times100\quad(\%)\tag{5-8}$$

式中　h_1、e_1——冻土试样融化前的高度（mm）和孔隙比；

h_2、e_2——冻土试样融化后的高度（mm）和孔隙比。

二、多年冻土地区的勘察

（一）多年冻土地区勘察的主要内容

多年冻土勘察应根据多年冻土的设计原则、多年冻土的类型和特征进行，并应查明下列内容：

(1)多年冻土的分布范围及上限深度。

(2)多年冻土的类型、厚度、总含水量、构造特征、物理力学和热学性质。

(3)多年冻土层上水、层间水和层下水的赋存形式、相互关系及其对工程的影响。

(4)多年冻土的融沉性分级和季节融化层土的冻胀性分级。

(5)厚层地下冰、冰锥、冰丘、冻土沼泽、热融滑塌、热融湖塘、融冻泥流等不良地质作用的形态特征、形成条件、分布范围、发生发展规律及其对工程的危害程度。

(二)多年冻土地区的勘察工作布置

(1)勘探点的布置和勘探点的间距,除满足一般地区勘察要求外,尚应适当加密。

(2)勘探孔的深度应满足下列要求:

①对保持冻结状态设计的地基,不应小于基底以下2倍基础宽度,对桩基应超过桩端以下3~5 m。

②对逐渐融化状态和预先融化状态设计的地基,应符合非冻土地基的要求。

③无论何种设计原则,勘探孔的深度均宜超过多年冻土上限深度的1.5倍。

④在多年冻土的不稳定地带,应查明多年冻土下限深度;当地基为饱冰冻土或含土冰层时,应穿透该层。

(3)采取土试样和进行原位测试的勘探点数量及竖向间距,可按一般地区勘察要求进行。在季节融化层,取样的竖向间距应适当加密。

(4)勘探测试还应满足下列要求:

①多年冻土地区钻探宜缩短施工时间,宜采用大口径低速钻进,终孔直径不宜小于108 mm,必要时可采用低温泥浆,并避免在钻孔周围造成人工融区或孔内冻结。

②应分层测定地下水位。

③保持冻结状态设计地段的钻孔,孔内测温工作结束后应及时回填。

④试样在采取、搬运、贮存、试验过程中应避免融化。

⑤试验项目除按常规要求外,尚应根据需要,进行总含水量、体积含冰量、相对含冰量、未冻水含量、冻结温度、导热系数、冻胀量、融化压缩等项目的试验;对盐渍化多年冻土和泥炭化多年冻土,尚应分别测定易溶盐含量和有机质含量。

⑥工程需要时,可建立地温观测点,进行地温观测。

⑦当需查明与冻土融化有关的不良地质作用时,调查工作宜在2月至5月进行;多年冻土上限深度的勘察时间宜在9、10月。

三、多年冻土的岩土工程评价

(一)多年冻土的地基承载力

多年冻土的地基承载力可根据建筑物安全等级,区别保持冻结地基或容许融化地基,结合当地经验用载荷试验或其他原位测试方法综合确定,对次要建筑物可根据邻近工程经验确定。

(二)多年冻土的地基评价

多年冻土常在地面下的一定深度,其上部接近地表部分,往往亦受季节性影响,冬冻夏融，此冬冻夏融的部分常称为季节融化层。因此，多年冻土地区常伴有季节性冻结现象。

根据多年冻土的融沉性分级对多年冻土进行评价。

Ⅰ类土：为不融沉土，除基岩之外为最好的地基土。一般建筑物可不考虑冻融问题。

Ⅱ类土：为弱融沉土，为多年冻土良好的地基土。融化下沉量不大，一般当基底最大融深控制在3.0 m之内时，建筑物均未遭受明显破坏。

Ⅲ类土：为融沉土，作为建筑物地基时，一般基底融沉不得大于1.0 m。因这类土不但有较大的融沉量和压缩量，而且冬天回冻时，有较大的冻胀量，应采取深基础、保温、防止基底融化等专门措施。

Ⅳ类土：为强融沉土，往往会造成建筑物的破坏。因此，原则上不容许地基土发生融化，宜采用保持冻结的原则设计或采用桩基等。

Ⅴ类土：为融陷土，含大量的冰，不但不容许基底融化，还应考虑它的长期流变作用，需进行专门处理，如采用砂垫层等。

（三）建筑场地的选择

设计等级为甲级、乙级的建筑物宜避开饱冰冻土、含土冰层地段和冰锥、冰丘、热融湖、厚层地下冰，融区与多年冻土区之间的过渡带，宜选择坚硬岩层、少冰冻土和多冰冻土地段，以及地下水位或冻土层上水位低的地段和地形平缓的高地。

第七节　膨胀岩土

一、膨胀岩土的判别及类型

膨胀土是土中黏粒成分主要由亲水性矿物组成，同时具有显著的吸水膨胀和失水收缩两种变形特性的黏性土。具有此变形特性的黏土类岩石称为膨胀岩。

二、膨胀土的工程地质特征

（一）野外特征

（1）地貌特征。多分布在二级及二级以上的阶地和山前丘陵地区，个别分布在一级阶地上，呈垄岗－丘陵和浅而宽的沟谷，地形坡度平缓，一般坡度小于12°，无明显的自然陡坎。在流水冲刷作用下的水沟、水渠，常易崩塌、滑动而淤塞。

（2）结构特征。膨胀土多呈坚硬－硬塑状态，结构致密，呈棱形土块者常具有胀缩性，棱形土块越小，胀缩性越强。土内分布有裂隙，斜交剪切裂隙越发育，胀缩性越严重。

膨胀土多为细腻的胶体颗粒组成，断口光滑，土内常包含钙质结核和铁锰结核，呈零星分布，有时也富集成层。

（3）地表特征。分布在沟谷头部、库岸和路堑边坡上的膨胀土常易出现浅层滑坡，新开挖的路堑边坡，旱季常出现剥落，雨季则出现表面滑塌。膨胀土分布地区还有一个特点，即在旱季常出现地裂缝，长可达数十米至近百米，深数米，雨季闭合。

(4)地下水特征。膨胀土地区多为上层滞水或裂隙水,无统一水位,随着季节水位变化,常引起地基的不均匀膨胀变形。

(二)膨胀土胀缩变形的主要因素

(1)膨胀土的矿物成分主要是次生黏土矿物－蒙脱石(微晶高岭土)和伊利石(水云母),具有较高的亲水性,失水时土体即收缩,甚至出现干裂,遇水即膨胀隆起。因此,土中含有上述黏土矿物的多少直接决定膨胀性的大小。

(2)膨胀土的化学成分则以 SiO_2、Al_2O_3 和 Fe_2O_3 为主,黏土粒的硅铝分子比的比值越小,胀缩性就小,反之则大。

(3)黏土矿物中,水分子不仅与晶胞离子相结合,而且与颗粒表面上的交换阳离子相结合。这些离子随与其结合的水分子进入土中,使土发生膨胀,因此离子交换量越大,土的胀缩性就越大。

(4)黏粒含量愈高,比表面积大,吸水能力愈强,胀缩变形就大。

(5)土的密度大,孔隙比就小,反之则孔隙比大。前者浸水膨胀强烈,失水收缩小;后者浸水膨胀小,失水收缩大。

(6)膨胀土含水量变化,易产生胀缩变形,当初始含水量与胀后含水量愈接近,土的膨胀就小,收缩的可能性和收缩值就愈大;如两者差值愈大,土膨胀可能性及膨胀值就大,收缩就愈小。

(7)膨胀土的微观结构与其膨胀性关系密切,一般膨胀土的微观结构属于面－面叠聚体,膨胀土微结构单元体集聚体中叠聚体越多其膨胀就越大。

(三)膨胀岩土的判别

膨胀岩土的判别目前尚无统一的指标。国内外不同的研究者对膨胀岩土的判定标准和方法也不同,大多采用综合判别法。

1. 膨胀土的判别

具有下列特征的土可初判为膨胀土:

(1)多分布在二级或二级以上阶地、山前丘陵和盆地边缘。

(2)地形平缓、无明显自然陡坎。

(3)常见浅层滑坡、地裂,新开挖的路堑、边坡、基槽易发生坍塌。

(4)裂缝发育,方向不规则,常有光滑面和擦痕,裂缝中常充填灰白、灰绿色黏土。

(5)干时坚硬,遇水软化,自然条件下呈坚硬或硬塑状态。

(6)自由膨胀率一般大于40%。

(7)未经处理的建筑物成群破坏、低层较多层严重,刚性结构较柔性结构严重。

(8)建筑物开裂多发生在旱季,裂缝宽度随季节变化。

2. 膨胀岩的判别

(1)多见于黏土岩、页岩、泥质砂岩,伊利石含量大于20%。

(2)具有前述的第(2)至第(5)项的特征。

三、膨胀岩土地区的勘察

(一)工程地质测绘和调查

膨胀岩土地区工程地质测绘和调查宜采用1:1 000～1:2 000比例尺,应着重研究下列内容:

(1)研究微地貌、地形形态及其演变特征,划分地貌单元,查明天然斜坡是否有胀缩剥落现象。

(2)查明场地内岩土膨胀造成的滑坡、地裂、小冲沟等的分布。

(3)查明膨胀岩土的成因、年代、竖向和横向分布规律及岩土体膨胀性的各向异性程度。

(4)查明膨胀岩节理、裂隙构造及其空间分布规律。

(5)调查地表水排泄、积聚情况,地下水的类型、水位及其变化幅度,土层中含水量的变化规律。

(6)收集历年降雨量、蒸发量、气温、地温等气象资料。

(7)调查当地建筑物的结构类型、基础形式和埋深,建筑物的损坏部位,破裂机制、破裂的发生发展过程及胀缩活动带的空间展布规律。

(8)调查当地天然及人工植被的分布、浇灌方法。

(二)勘察方法及工作量

勘察方法及工作量根据勘察阶段确定,应满足如下要求:

(1)勘探点宜结合地貌单元和微地貌形态布置。其数量应比非膨胀岩土地区适当增加,其中采取试样的勘探点不应少于全部勘探点的1/2。

(2)勘探孔的深度,除应满足基础埋深和附加应力的影响深度外,尚应超过大气影响深度;控制性勘探孔不应小于8 m,一般性勘探孔不应小于5 m。

(3)在大气影响深度内,每个控制性勘探孔均应采取Ⅰ、Ⅱ级土试样,取样间距不应大于1 m,在大气影响深度以下,取样间距可为1.5～2.0 m;一般性勘探孔从地表下1 m开始至5 m深度内,可取Ⅲ级土试样,测定天然含水量。

(4)膨胀岩土应测定自由膨胀率、收缩系数及膨胀压力。对膨胀土,需测定50 kPa压力下的膨胀率;对膨胀岩,尚应测定黏粒、蒙脱石或伊利石含量、体膨胀量及无侧限抗压强度。为确定膨胀岩土的承载力、膨胀压力,还可进行浸水载荷试验、剪切试验和旁压试验等。

四、膨胀岩土的地基评价

(一)膨胀岩土场地的分类

按场地的地形地貌条件,可将膨胀土建筑场地分为两类:

(1)平坦场地:地形坡度小于5°,且同一建筑物范围内局部地形高差小于1 m;地形坡度大于5°小于14°,且距坡肩水平距离大于10 m的坡顶地带。

(2)坡地场地:地形坡度大于或等于5°,但同一座建筑物范围内局部地形高差大于1 m。

(二)膨胀潜势

膨胀土的膨胀潜势可按其自由膨胀率分为三类(见表5-15)。

表5-15　膨胀土的膨胀潜势

自由膨胀率(%)	膨胀潜势
$40 \leqslant \delta_{ef} < 65$	弱
$65 \leqslant \delta_{ef} < 90$	中
$\delta_{ef} \geqslant 90$	强

(三)膨胀土地基的胀缩等级

根据地基的膨胀、收缩变形对低层砖混房层的影响程度,地基土的膨胀等级可按分级变形量分为三级(见表5-16)。

表5-16　膨胀土地基的胀缩等级

分级变形量(mm)	级别
$15 \leqslant S_c < 35$	Ⅰ
$35 \leqslant S_c < 70$	Ⅱ
$S_c \geqslant 70$	Ⅲ

五、膨胀土地基的变形量

膨胀土地基变形可按以下三种情况(见图5-1)计算。

(1)当离地表1 m处地基土的天然含水量等于或接近最小值时或地面有覆盖且无蒸发可能性,以及建筑物在使用期间,经常有水浸湿地基,可按式(5-9)计算膨胀变形量

$$s_e = \psi_e \sum_{i=1}^{n} \delta_{epi} h_i \tag{5-9}$$

式中　s_e——地基土的膨胀变形量,mm;

ψ_e——计算膨胀变形量的经验系数,宜根据当地经验确定,无经验时,三层及三层以下建筑物可采用0.6;

δ_{epi}——基础底面下第 i 层土在该土的平均自重压力与平均附加压力之和作用下的膨胀率,由室内试验确定;

h_i——第 i 层土的计算厚度,mm;

n——自基础底面至计算深度内所划分的土层数(见图5-1),计算深度应根据大气影响深度确定,有浸水可能时,可按浸水影响深度确定。

(2)当离地表1 m处地基土的天然含水量大于1.2倍塑限含水量时,或直接受高温作用的地基,可按式(5-10)计算收缩变形量

$$s_e = \psi_s \sum_{i=1}^{n} \lambda_{si} \Delta\omega_i h_i \tag{5-10}$$

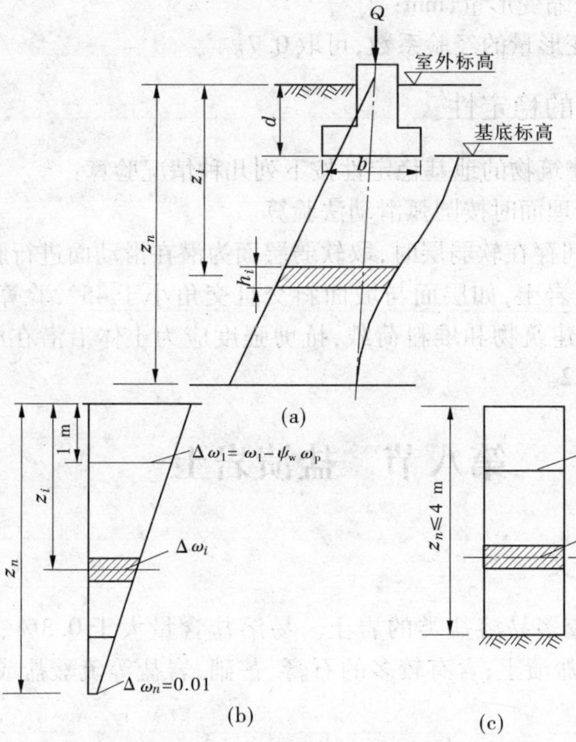

图 5-1 地基土变形计算示意

式中 s_e——地基土的膨胀变形量,mm;

ψ_s——计算收缩变形量的经验系数,宜根据当地经验确定,无经验时,三层及三层以下建筑物可采用 0.8;

λ_{si}——第 i 层土的收缩系数,应由室内试验确定;

$\Delta\omega_i$——地基土收缩过程中,第 i 层土可能发生的含水量变化的平均值(以小数计)。

在计算深度内,各土层的含水量变化值应按下式计算

$$\Delta\omega_i = \Delta\omega_1 - (\Delta\omega_1 - 0.01)\frac{z_i - 1}{z_n - 1} \tag{5-11}$$

$$\Delta\omega_1 = \omega_1 - \psi_w\omega_p \tag{5-12}$$

式中 ω_1、ω_p——地表下 1 m 处土的天然含水量和塑限含水量(小数);

ψ_w——土的湿度系数;

z_i——第 i 层土的深度,m;

z_n——计算深度,可取大气影响深度,m,在地表下 4 m 土层深度内存在不透水基岩时,可假定含水量变化值为常数(见图 5-1),在计算深度内有稳定地下水位时,可计算至水位以下 3 m。

(3)在其他情况下,可按式(5-13)计算地基土的胀缩变形量

$$s_e = \psi\sum_{i=1}^{n}(\delta_{epi} + \lambda_{si}\Delta\omega_i)h_i \tag{5-13}$$

式中 s_e——地基土的胀缩变形量,mm;

ψ_e——计算胀缩变形量的经验系数,可取0.7。

六、膨胀岩土地基的稳定性

位于坡地场地上的建筑物的地基稳定性按下列几种情况验算:

(1)土质均匀且无节理面时按圆弧滑动法验算。

(2)岩土层较薄,层间存在软弱层时,取软弱层面为潜在滑动面进行验算。

(3)层状构造的膨胀岩土,如层面与坡面斜交且交角小于45°,验算层面的稳定性。验算稳定性时,必须考虑建筑物和堆料荷载,抗剪强度应为土体沿潜在滑动面的抗剪强度,稳定安全系数可取1.2。

第八节 盐渍岩土

一、盐渍岩土的定义

盐渍岩土是指含有较多易溶盐类的岩土。易溶盐含量大于0.3%,且具有溶陷、盐胀、腐蚀等特性的土称为盐渍土;含有较多的石膏、芒硝、岩盐等硫酸盐或氯化物的岩层,则称为盐渍岩。

二、盐渍岩土的分类

(一)盐渍岩的分类

盐渍岩可分为石膏、硬石膏岩、石盐岩和钾镁质岩三类。

(二)盐渍土的分类

盐渍土按含盐类的化学成分可分为氯盐类($NaCl$、KCl、$CaCl_2$、$MgCl_2$)、硫酸盐类(Na_2SO_4、$MgSO_4$)和碳酸盐类(Na_2CO_3、$NaHCO_3$)三类。

盐渍土所含盐的化学成分,主要以土中所含阴离子的氯根(Cl^-)、硫酸根(SO_4^{2-})、碳酸根(CO_3^{2-})、重碳酸根(HCO_3^-)的含量(每100 g土中的毫摩尔数)的比值来表示,其分类见表5-17。

表5-17 盐渍土按含盐化学成分分类

盐渍土名称	$c(Cl^-)/2c(SO_4^{2-})$	$[2c(CO_3^{2-})+c(HCO_3^-)]/[c(Cl^-)+2c(SO_4^{2-})]$
氯盐渍土	>2	—
亚氯盐渍土	2~1	—
亚硫酸盐渍土	1~0.3	—
硫酸盐渍土	<0.3	—
碱性盐渍土	—	>0.3

当土中含盐量超过一定值时，对土的过程性质就有一定影响，所以按含盐量（%）分类是对按含盐化学成分分类的补充，见表5-18。

表5-18 盐渍土按含盐量分类

盐渍土名称	平均含盐量（%）		
	氯及亚氯盐	硫酸及亚硫酸盐	碱性盐
弱盐渍土	0.3~1.0	—	—
中盐渍土	1~5	0.3~2.0	0.3~1.0
强盐渍土	5~8	2~5	1~2
超盐渍土	>8	>5	>2

三、盐渍岩土的勘察

盐渍岩土地区的岩土工程勘察，除应满足一般地区勘察的要求外，尚应进行下列工作。

（一）应着重查明的内容

（1）盐渍岩土的成因、分布范围和形成特点。

（2）含盐类型、化学成分、含盐量及其在岩土中的分布。

（3）溶蚀洞穴发育程度和分布。

（4）地下水的类型、埋藏条件、水质、水位及其季节变化。

（5）植物生长状况。

（6）含石膏为主的盐渍岩的水化深度，含芒硝较多的盐渍岩，在隧道通过地段的地温情况。

（7）收集气象、水文和毛细水上升高度等资料。

（8）调查当地工程经验。

（二）盐渍岩土的勘察测试工作

（1）勘探点的布置尚应满足查明盐渍岩土分布特征的要求。

（2）采取岩土试样宜在干旱季节进行。对用于测定含盐离子的扰动土试样的采取，宜符合表5-19的要求。

表5-19 盐渍土扰动土试样取样要求

勘察阶段	深度范围（m）	取土试样间距（m）	取样孔占勘探孔总数的百分数（%）
初步勘察	<5	1.0	100
	5~10	2.0	50
	>10	3.0~5.0	20
详细勘察	<5	0.5	100
	5~10	1.0	50
	>10	2.0~3.0	20

(3)根据盐渍岩土的岩性特征选用载荷试验等适宜的原位测试方法。对于溶陷性盐渍土尚应进行浸水载荷试验,以确定其溶陷性。

(4)对盐胀性盐渍土应进行长期观测和现场试验,以确定盐胀临界深度、有效盐胀厚度和总盐胀量。当土中硫酸钠含量不超过1%时,可不考虑盐胀性。

(5)室内试验可根据工程需要对盐渍土进行化学成分分析和土的结构鉴定。对具有溶陷性和盐胀性的盐渍土,应进行溶陷性和盐胀性试验。当需要求得有害毛细水上升高度值时,对砂土应测定最大分子吸水量,对黏性土应测定塑限含水量。

四、盐渍岩土的岩土工程评价

盐渍岩土的岩土工程评价主要内容:

(1)岩土中含盐类型、含盐量及主要含盐矿物对岩土工程特性的影响。

(2)岩土的融陷性盐胀量、腐蚀性和场地工程建设的适宜性。

(3)盐渍土地基的承载力宜采用载荷试验确定,当采用其他原位测试方法时,应与载荷试验结果进行对比。

(4)确定盐渍岩地基承载力时,应考虑盐渍岩的水溶性影响。

(5)盐渍岩边坡的坡度宜比非盐渍岩的软质岩石边坡适当放缓,对软弱夹层、破碎带应部分或全部加以防护。

(6)应评价盐渍岩土对建筑材料的腐蚀性。

第九节　风化岩和残积土

风化岩和残积土都是新鲜岩层在物理风化作用和化学风化作用下形成的物质,可统称为风化残留物。风化岩和残积土的主要区别是岩石受到的风化程度不同,其性状不同。风化岩是原岩受风化程度较轻,保存的原岩性质较多,而残积土则是原岩受到风化的程度极重,极少保持原岩的性质。风化岩基本上可以作为岩石看待,而残积土则完全成为土状物。两者的共同特点是均保持在其原岩所在的位置,没有受到搬运营力的水平搬运。

一、风化岩和残积土勘察

(一)勘察重点

应着重查明下列内容:

(1)母岩地质年代和岩石名称。

(2)划分岩石的风化程度。

(3)岩脉和风化花岗岩中球状风化体(孤石)的分布。

(4)岩土的均匀性、破碎带和软弱夹层的分布。

(5)地下水赋存条件。

还应查明下列内容:

(1)不同风化程度风化带的埋深及各带的厚度。

(2)风化的均匀性和连续性。

(3)有无侵入的岩体、岩脉、断裂构造及其破碎带和其他软弱夹层,了解其产状和厚度。

(4)囊状风化的分布深度及分布范围。

(5)残积土中风化残留体(如孤石、未风化成土状的岩脉、岩石构造带风化形成的软弱带等)的分布范围。

(6)各风化带中节理、裂隙的发育情况及其产状。

(7)风化带及残积土开挖暴露后的抗风化能力。

(8)残积土与风化岩是否具有膨胀性及湿陷性。

(二)勘探

(1)勘探点间距应取《岩土工程勘察规范》(GB 50021—2001)(2009 年版)中规定的最小值,各勘察阶段的勘探点均应考虑到不同岩层和其中岩脉的产状及分布特点布置。

(2)一般在初勘阶段,应有部分勘探点达到或深入微风化层,了解整个风化剖面。

(3)除用钻探取样外,对残积土或强风化带应布置一些探井,直接观察其结构,岩土暴露后的变化情况(如干裂、湿化、软化等)。从探井中采取不扰动试样并利用探井做原位密度试验等。

(4)宜在探井中或用双重管、三重管采取试样,每一风化带不应少于 3 组。

(5)在岩石中钻探时尽量测定 RQD 指标,并取样作点荷载试验。

(三)原位测试

(1)对于风化岩和残积土,宜采用原位测试与室内试验相结合的方法。原位测试可采用圆锥动力触探、标准贯入试验、波速测试和载荷试验。

(2)载荷试验:利用载荷试验求取风化岩土的承载力指标及变形指标,并将其结果与其他原位测试方法建立关系;载荷试验压板直径(或边长)应大于该带中最大颗粒的5 倍。

(3)对强风化、中等风化和残积土(全风化),常可用圆锥动力触探、标准贯入试验及静力触探进行剖面划分。

(4)对含粗粒的残积土,应在现场测定其密度。

(5)对暴露后风化岩土的状态改变进行观察测试,例如利用微型贯入仪对其作定量测定等。

(6)为划分风化带,可采用波速测试,并与其他测试结果建立关系。

(四)室内试验

(1)风化岩和残积土的室内试验除按照《岩土工程勘察规范》(GB 50021—2001)(2009 年版)关于岩石和土室内试验的要求执行外,对相当于极软岩和极破碎的岩体,可按土工试验要求进行,对残积土,必要时应进行湿陷性和湿化试验。

(2)对花岗岩残积土(或其他含粗粒的残积土),应增做细粒土(粒径小于0.5 mm)部分的天然含水量 ω_f、塑限 ω_P、液限 ω_L 并计算塑性指数 I_P、液性指数 I_L。

(3)对于风化岩,一般应进行风干状态下单轴极限抗压强度试验并测定其密度、相对密度、吸水率等。

二、风化岩和残积土的岩土工程评价

(1)对于厚层的强风化和全风化岩石,宜结合当地经验进一步划分为碎块状、碎屑状和土状；厚层残积土可进一步划分为硬塑残积土和可塑残积土，也可根据含砾或含砂量划分为黏性土、砂质黏性土和砾质黏性土。

(2)建在软硬互层或风化程度不同地基上的工程，应分析不均匀沉降对工程的影响。

(3)基坑开挖后应及时检验，对于易风化的岩类，应及时砌筑基础和采取其他措施，防止风化发展。

(4)对岩脉和球状风化体(孤石)，应分析评价其对地基(包括桩基)的影响，并提出相应的建议。

第十节　污染土

一、污染土的定义和污染作用过程

由于致污物质的侵入改变了其物理力学性状的土称为污染土。污染土的定名，可在原分类名称前冠以“污染”两字。致污物质主要有酸、碱、煤焦油、石灰渣等。污染源主要有制造酸碱的工厂、石油化纤厂、煤气工厂、污水处理厂及燃料库和某些行业，如印染、造纸、制革、冶炼、铸造等行业。

地基土受污染作用的过程：

(1)当地基土被污染时，首先是土颗粒间的胶结盐类被溶蚀，胶结强度被破坏，盐类在水的作用下溶解流失，土的孔隙比和压缩性增大，抗剪强度降低。

(2)土颗粒被污染后，形成的新物质在土的孔隙中产生相变结晶而膨胀，并逐渐溶蚀或分裂成小颗粒，新生成含结晶水的盐类，在干燥条件下，体积减小，浸水后体积膨胀，经反复作用土的结构受到破坏。

(3)地基土遇酸碱等腐蚀性物质，与土中的盐类形成离子交换，从而改变土的性质。

二、污染土的勘察

(一)污染土勘察的目的和内容

污染土勘察场地和地基可分为可能受污染的拟建场地和地基、已受污染的拟建场地和地基、可能受污染的已建场地和地基、已受污染的已建场地和地基。污染土场地的岩土工程勘察应包括下列内容：

(1)查明污染前后土的物理力学性质、矿物成分和化学成分等。

(2)查明污染源、污染物的化学成分、污染途径、污染史等。

(3)查明污染土对金属材料和混凝土的腐蚀性。

(4)查明污染土的分布，划分污染等级，并进行分区。

(5)地下水的分布、运动规律及其与污染作用的关系。

(6)提出污染土的力学参数，评价污染土场地的工程特性。

(7)提出污染土的处理意见的建议。

(二)污染土场地的勘察方法和工作布置

(1)宜采用钻探、井探、槽探，并结合原位测试，必要时可辅以物探方法。

(2)勘察工作量布置原则。

①受污染的场地,由于污染土分布不均一,应加密勘探点,以查明污染土分布。勘探点可采用网格状布置。布置的原则是近污染源密,远污染源稀。勘探孔的深度应穿透污染土,达到未污染土层。

②已污染场地的取土试样和原位测试数量宜比一般性土增大1/3~1/2。

③对有地下水的钻孔,应在不同深度处采取水试样,以查明污染物在地下水中的分布情况。

(3)对采取的土试样应严格密封,以保持土中污染物原有的成分、浓度、状态等,防止污染物的挥发、逸散和变质,并应避免混入其他物质。

(4)应进行载荷试验或根据土的类别选用其他原位测试方法,必要时应进行污染土与未污染土的对比分析。

(三)污染土的试验

有条件时可进行土污染前后土质变化的研究,或通过同一土层在未污染与被污染场地分别取样进行对比试验。对比试验的内容包括:

(1)土的物理力学性质的对比试验项目,应根据土在污染后可能引起的性质改变,确定相应的特殊试验项目,如膨胀试验、湿化试验、湿陷试验等。

(2)土的化学分析应包括全量分析,易溶盐含量、pH值试验,土对金属和混凝土腐蚀性分析,有机质含量分析及矿物、物相分析等。

(3)必要时应进行土的显微结构鉴定。

(4)分析还应包括水中污染物含量分析,水对金属和混凝土的腐蚀性分析及其他项目。

(5)测定土胶粒表面吸附阳离子交换量和成分,离子基(如易溶硫酸盐)的成分和含量。黏性土的颗粒分析应包括粗粒组(粒径>0.002 mm)和黏粒组(0.002 mm$<$粒径<0.005 mm)。

(6)进行污染与未污染、污染程度不同的对比试验。

三、污染土地基的评价

(一)污染土的识别

(1)地基土受污染、腐蚀后,往往会变色、变软,状态由硬塑或可塑变为软塑,甚至变为流塑。污染土的颜色也与一般土不同,呈黑色、黑褐色、灰色、棕红色和杏红色等,有铁锈斑点。

(2)建筑物地基内的土层变成蜂窝状结构,颗粒分散,表面粗糙,甚至出现局部空洞,建筑物也逐渐出现不均匀沉降。

(3)地下水质呈黑色或其他不正常颜色,有特殊气味。

(二)污染土的评价

污染土评价包括场地污染程度评价、污染土的承载力和强度评价、污染土腐蚀性评价并预测污染的发展趋势。

1. 场地污染程度的评价

污染土的岩土工程评价，对可能受污染场地，应提出污染可能产生的后果和防治措施；对已受污染场地，应进行污染分级和分区，评价污染土的工程特性和腐蚀性，提出治理措施，预测发展趋势。作为污染等级的划分标志，应具备下列条件：

(1)与土和污染物相互作用有明显的相关性。

(2)与土的物理力学指标变化有明显的相关性。

(3)测定该参数有较简易、迅速、经济的方法。

符合这些条件的有：易溶盐含量、氢离子指数(pH值)，或某一元素、某一化合物、某一物理力学指标，甚至颜色、嗅味、状态等。在定量划分有困难时，也可采用半定量的标准。

污染土场地的划分可根据土污染的程度和对建筑物的危害程度确定，一般可划分为严重污染土场地、中等污染土场地和轻微污染土场地。严重污染土是土的物理力学性质有较大幅度的变化；中等污染土是土的性质有明显的变化；轻微污染土是从土的化学分析中检测出有污染物，但其物理力学性质无变化或只有轻微的变化。

2. 污染土的承载力和强度评价

污染土的承载力和变形参数应由载荷试验确定。污染土的强度指标应由现场剪切试验获得，并宜进行污染与未污染和不同程度的对比试验。

3. 污染土的腐蚀性评价

污染土对金属和混凝土都具有腐蚀性，污染土对建筑材料的腐蚀性评价和腐蚀等级的划分应符合《岩土工程勘察规范》(GB 50021—2001)(2009年版)的有关规定，腐蚀性的评价也应按污染等级分区给出。

4. 污染对土的工程特性的影响程度

污染对土的工程特性的影响程度是根据工程具体情况，采用强度、变形、渗透等工程特性指标进行综合评价，见表5-20。

表5-20　污染对土的工程特性的影响程度

影响程度	轻微	中等	大
工业特性指标变化率(%)	<10	10~30	>30

注：工业特性指标变化率是指污染前后工业特性指标的差值与污染前指标的百分比。

第六章　地下水

随着城市建设的发展，特别是高层、超高层建筑物越来越多，建筑物的结构与体型也向复杂化和多样化方向发展。与此同时，地下空间的利用普遍受到重视，大部分“广场式建筑（plaza）”的建筑平面内部包含纯地下室部分，北京、上海等城市还修建了地下广场。高层建筑物基础一般埋深较大，多超过 10 m，甚至超过 20 m。在抗浮设计和地下室外墙承载力验算中，正确确定抗浮设防水位成为一个牵涉巨额造价及施工难度和周期的十分关键的问题。

高层建筑的基础除埋置较深外，其主体结构部分多采用箱基或筏基，基础宽度很大，加上基底压力较大，基础的影响深度可数倍、甚至十数倍于一般多层建筑。在基础影响深度范围内，有时可能遇到 2 层或 2 层以上的地下水，且不同层位的地下水之间，水力联系和渗流形态往往各不相同，造成人们难以准确掌握建筑场地孔隙水压力场的分布。由于孔隙水压力在土力学和工程分析中的重要作用，如果对孔隙水压力考虑不周，将影响建筑沉降分析、承载力验算、建筑整体稳定性验算等一系列工程评价问题。

高层建筑物基础深，需要开挖较深的基坑。在基坑施工及支护工程中如遇到地下水，可能会出现涌水、冒砂、流砂和管涌等问题，不仅不利于施工，还可能造成严重的工程事故。

地下水的赋存和渗流形态对基础工程的影响越来越突出。在工程建设中，地下水的存在与否对地基和基础的安全与稳定有很大的影响，地下水对设计方案、施工方法和工期、工程投资及工程的长期使用都有深切影响。如果对地下水处理不当，可能产生不良影响，甚至发生工程事故。因此，在岩土工程勘察中，特别是高大建筑深基坑等，应特别注意地下水的勘察。

第一节　地下水的勘察要求

一、地下水勘察的基本要求

地下水勘察的基本要求如下：

（1）地下水的类型和赋存状态：孔隙水、裂隙水、岩溶水或上层滞水、潜水、承压水。

（2）主要含水层的分布规律。

（3）区域性气象资料，如年降水量、蒸发量及其变化和对地下水位的影响。

（4）地下水的补给、径流和排泄条件、地表水与地下水的补排关系及其对地下水位的影响。

（5）除测量地下水水位外，还应调查历史最高水位、近 3 ~ 5 年最高地下水位。查明影响地下水位动态的主要因素，并预测未来地下水变化趋势。

(6)查明地下水或地表水污染源,评价污染程度。

(7)对缺乏常年地下水位监测资料的地区,在高层建筑或重大工程的初步勘察时,对地下水位进行长期观测。

二、专门水文地质勘察要求

对高层建筑或重大工程,当水文地质条件对地基评价、基础抗浮和工程降水有重大影响时,宜进行专门的水文地质勘察。

主要任务是:

(1)查明含水层和隔水层的埋藏条件、地下水类型、流向、水位及其变化幅度。当场地范围内分布有多层对工程有影响的地下水时,应分层量测地下水位,并查明不同含水层之间的相互补给关系。

(2)查明场地地质条件对地下水赋存和渗流状态的影响,必要时应设置观测孔或在不同深度处埋设孔隙水压力计,量测水头随深度的变化。

(3)通过现场试验,测定含水层渗透系数等水文地质参数。

第二节　水文地质参数

水文地质参数是反映地层水文地质特征的数量指标,与岩土工程有关的水文地质参数包括渗透系数、导水系数、给水度、释水系数、越流系数、越流因数、单位吸水率、毛细上升高度、地下水位。

水文地质参数的测定方法见表6-1。

表6-1　水文地质参数的测定方法

参数	测定方法
地下水位	钻孔、探井或测压管观测
渗透系数、导水系数	抽水试验、注水试验、压水试验、室内渗透试验
给水度、释水系数	单孔抽水试验、非稳定流抽水试验、地下水长观、室内试验
越流系数、越流因数	多孔抽水试验(稳定流或非稳定流)
单位吸水率	注水试验、压水试验
毛细上升高度	试坑观测、室内试验

注:除地下水位外,对精度要求不高时,可采用经验值。

一、渗透系数

渗透系数是衡量含水层透水能力的定量指标,渗透系数越大,含水层透水能力越强。根据达西定律,水力坡度为1时,渗透系数在数值上等于渗透速度。因为水力坡度无量纲,所以渗透系数具有速度的量纲,常用m/d表示。常见地层渗透系数的经验值见表6-2。

表 6-2 黄淮海平原地区渗透系数经验值

岩性	渗透系数(m/d)	岩性	渗透系数(m/d)
砂卵石	80	粉细砂	5~8
砂砾石	45~50	粉砂	2~3
粗砂	20~30	粉土	0.2
中粗砂	22	粉土-粉质黏土	0.1
中砂	20	粉质黏土	0.02
中细砂	17	黏土	0.001
细砂	6~8		

注:此表是根据冀、豫、鲁、苏北、淮北、北京等省市平原地区部分野外试验资料综合取得的。

二、导水系数

导水系数是衡量含水层给水能力的定量指标,它是水力坡度等于1时,通过单位宽度整个含水层厚度上的流量(单宽流量),在数值上等于渗透系数 k 与含水层厚度 m 的乘积,即

$$T = km \tag{6-1}$$

三、给水度

给水度是指地下水位下降一个单位深度,在重力作用下从单位水平面积的含水层柱体中释放出来的重力水体积,用小数或百分数表示。

给水度大小主要与岩土岩性(空隙大小和空隙率)有关,水位下降速度对给水度也有一定影响。颗粒粗大的松散砂土、碎石土、裂隙比较宽大的岩石及岩溶发育的可溶岩,重力释水时,所含重力水几乎全部可以释放出来,给水度接近孔隙度、裂隙率或岩溶率;而颗粒细小的黏性土,其孔隙度通常很高,但其所含水多为结合水,重力水很少,重力释水时大部分水以结合水或毛细水形式滞留于孔隙中,给水度很小。给水度的经验值见表6-3。

表 6-3 给水度经验值

岩性	给水度	岩性	给水度
粉砂与黏土	0.10~0.15	粗砂与砾石砂	0.25~0.35
细砂与泥质砂	0.15~0.20	黏土胶结的砂岩	0.02~0.03
中砂	0.20~0.25	裂隙矿岩	0.008~0.10

四、释水系数

释水系数是指水头降低1个单位时,从单位面积、厚度为整个含水层厚度的含水层柱体中释放出来的水体积,无量纲。

对于承压含水层,水头下降会引起含水层压密和水体积膨胀,含水层产生弹性释水,释水系数用来表示承压含水层的这种弹性释水能力。

对于潜水含水层,水位下降时,潜水面下降范围(水位变动带)内含水层发生重力释水,而下部饱水部分也因水位下降而产生弹性释水。但是,弹性释水系数通常为 10^{-3} ~ 10^{-5},重力给水度值一般为 0.05 ~ 0.25,二者相差甚大。与重力释水相比,弹性释水量微不足道,通常只考虑潜水含水层的重力给水度。

五、越流和越流系数

越流:潜水含水层和承压含水层之间或两个承压含水层之间的岩土层通常并不是完全隔水的,可能是弱透水的,当上下两个含水层之间存在水头差时,地下水就会从水头高的含水层通过中间的弱透水层向水头低的相邻含水层流动。

越流系数是表示地下水通过弱透水层越流到相邻含水层的能力,它等于含水层与相邻含水层的水头差为一个单位时,通过含水层与弱透水层之间单位面积分界面上的流量

$$k_e = \frac{k'}{m'} \tag{6-2}$$

六、地下水位的测量

岩土工程勘察过程中遇到地下水时应及时测量初见水位和稳定水位,稳定水位应在初见水位后经一定的稳定时间后量测。稳定水位的间隔时间根据地层的渗透性确定,对砂土和碎石不得少于 0.5 h,对粉土和黏性土不得少于 8 h。勘察工作结束后,应统一量测勘察场地稳定水位。水位测量精度不得低于 2 cm。勘察场地有多层含水层时,要分层测量水位,利用勘探钻孔测量水位时,要采取止水措施,将被测含水层与其他含水层隔开。

测量水位可根据工程性质、施工条件、水位埋深等选用不同的测量方法。水位埋深比较浅时,可用钢尺、皮尺、测钟等测量工具在勘探孔或测压管中直接测量;水位埋藏深度较大时,可用电阻水位计在勘探孔或测压管中测量;当工程需要连续监测地下水水位变化时,可在钻孔或测压管中安装自动水位记录仪进行连续自动测量。

七、地下水流向的测定方法和要求

测量地下水的流向:沿等边三角形顶点布置三个钻孔,孔间距根据岩土的渗透性、水力梯度和地形坡度确定,一般为 50 ~ 100 m。当利用现有民井或钻孔时,三个钻孔须形成锐角三角形,其中最小的夹角不宜小于 40°。

首先测量各孔(井)地面高程和地下水位埋深,然后计算出各孔地下水水位。绘制等水位线图,从标高高的等水位线向标高低的水位线画垂线,即为地下水流向(见图 6-1)。

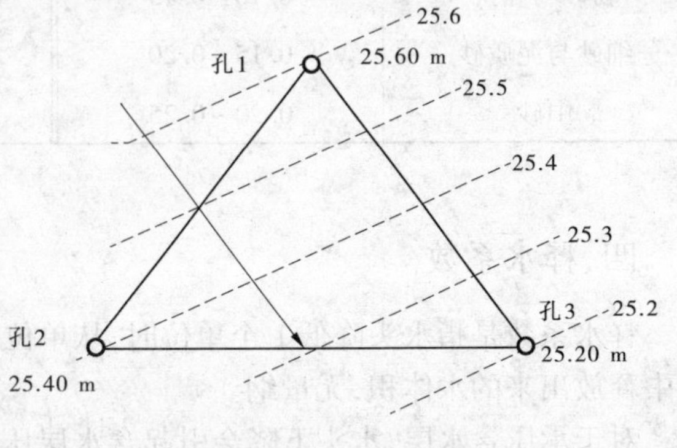

图 6-1 地下水流向测定

八、地下水流速测定方法

(一)利用水力坡度求地下水流速

在等水位线图的地下水流向上，求出相邻两等水位间的水力坡度，然后利用公式(6-3)计算地下水流速

$$v = kI \tag{6-3}$$

式中 v——地下水的渗透速度，m/d；

k——渗透系数，m/d；

I——水力坡度。

(二)利用指示剂或示踪剂，测定地下水的流速

利用指示剂或示踪剂来现场测定流速，要求被测量的钻孔能代表所要查明的含水层，钻孔附近的地下水流为稳定流，呈层流运动。

根据已有等水位线图或三点孔资料，确定地下水流动方向后，在上、下游设置投剂孔和观测孔来实测地下水流速。为了防止指示剂(示踪剂)绕过观测孔，可在其两侧0.5～1.0 m各布一辅助观测孔。投剂孔与观测孔的间距决定于岩石(土)的透水性。

具体方法和孔位布置见图6-2、表6-4。

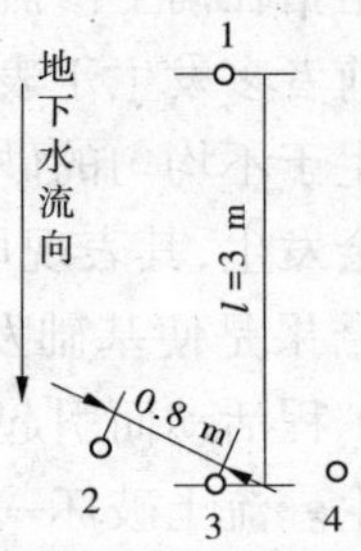

1—投剂孔；2、4—辅助观测孔；
3—主要观测孔

图6-2 测定地下水流速的钻孔布置

表6-4 投剂孔与观测孔的距离

岩石性质	投剂孔与观测孔的间距(m)
细粒砂	2～5
含砾粗砂	5～15
透水性好的裂隙岩石	10～15
岩溶发育的石灰岩	>50

根据试验观测资料绘制观测孔内指示剂随时间的变化曲线，并选指示剂浓度高峰值出现时间(或选用指示剂浓度中间值对应时间)来计算地下水流速

$$v' = \frac{l}{t} \tag{6-4}$$

式中 v'——地下水实际流速(平均)，m/h；

l——投剂孔与观测孔距离，m；

t——观测孔内浓度峰值出现所需时间，h。

渗透速度 u 可按 $v = nu$ 公式换算得到，其中 n 为孔隙度。

第三节　地下水作用评价

一、渗透变形

渗透变形主要有两种形式，一是流土，二是管涌，还有接触冲刷和接触流失等其他形式。流土和管涌主要出现在单一土层地基中。接触冲刷和接触流失多出现在多层结构地基中。除分散性黏性土外，黏性土的渗透变形形式主要是流土。

(一)流土(砂)

流土是指在向上渗流作用下局部土体表面的隆起、顶穿或粗颗粒群同时浮动而流失的现象。前者多发生于表层由黏性土与其他细粒土组成的土体或较均匀的粉细砂层中，后者多发生于不均匀的砂土层中。流砂多发生在颗粒级配均匀而细的粉、细砂中，有时在粉土中亦会发生，其表现形式是所有颗粒同时从一近似于管状通道被渗透水流冲走。流砂的发展结果是使基础发生滑移或不均匀下沉、基坑坍塌、基础悬浮等，见图6-3。流土通常是由工程活动而引起的。但是，在有地下水出露的斜坡、岸边或有地下水溢出的地表面也会发生。流土破坏一般是突然发生的，对岩土工程危害很大。

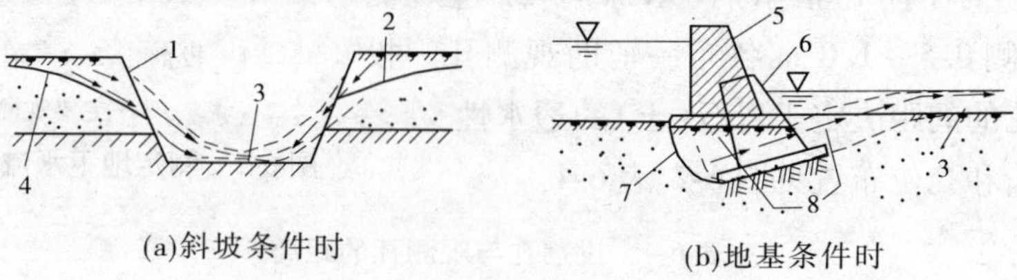

1—原坡面；2—流砂后坡面；3—流砂堆积物；4—地下水位；5—建筑物原位置；
6—流砂后建筑物位置；7—滑动面；8—流砂发生区

图6-3　流砂破坏示意图

流土形成的条件：

(1)岩性。土层由粒径均匀的细颗粒组成(一般粒径在0.01 mm以下的颗粒含量在30%～35%以上)，土中含有较多的片状、针状矿物(如云母、绿泥石等)和附有亲水胶体矿物颗粒，从而增加了岩土的吸水膨胀性，降低了土粒重量。因此，在不大的水流冲力下，细小土颗粒即悬浮流动。

(2)水动力条件。水力梯度较大，流速增大，当沿渗流方向的渗透力大于土的有效重度时，就能使土颗粒悬浮流动形成流土，可以用公式判断。

(二)管涌

管涌(见图6-4)是指在渗流作用下土体中的细颗粒在粗颗粒形成的孔隙孔道中发生移动并被带出，逐渐形成管形通道，从而掏空地基或坝体，使地基或斜坡变形、失稳的现象。管涌通常是由工程活动引起的，但在有地下水出露的斜坡、岸边或有地下水溢出的地带也有发生。

管涌多发生在非黏性土中，其特征是：颗粒大小比值差别较大，往往缺少某种粒径，磨圆度较好，孔隙直径大而互相连通，细粒含量较少，不能全部充满孔隙。颗粒多由比重较小的矿物构成，易随水流移动，有较大的和良好的渗透水流出路等。

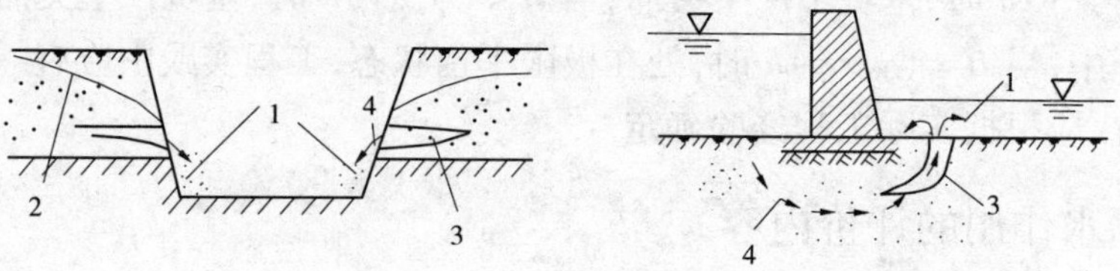

(a)斜坡条件时　　(b)地基条件时

1—管涌堆积颗粒；2—地下水位；3—管涌通道；4—渗流方向

图 6-4　管涌破坏示意图

从土质条件来判断，不均匀系数小于 10 的均匀砂土，或不均匀系数虽大于 10，但含细粒量超过 35% 的砂砾石，其表现形式为流砂或流土；正常级配的砂砾石，当其不均匀系数大于 10，但细粒含量小于 35% 时，其表现形式为管涌；缺乏中间粒径的砂砾石，当细粒含量小于 20% 时为管涌，大于 30% 时为流土。

（三）基坑突涌

当基坑下有承压水存在，开挖基坑减小了含水层上覆不透水层的厚度（见图 6-5），在厚度减小到一定程度时，承压水的水头压力能顶裂或冲毁基坑底板，造成突涌现象。基坑突涌将破坏地基强度，并给施工带来很大困难。

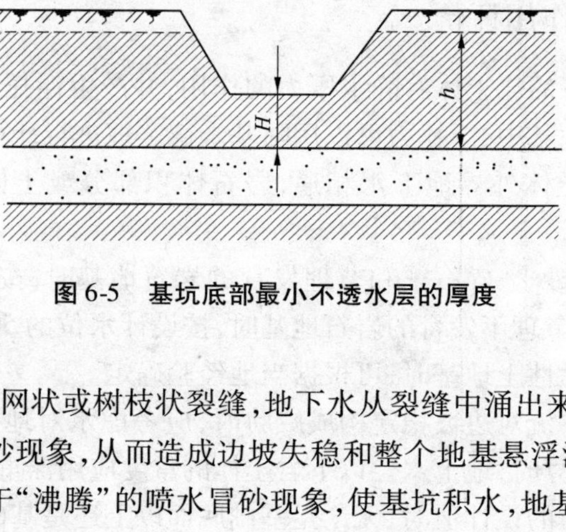

图 6-5　基坑底部最小不透水层的厚度

1. 基坑突涌的形式

（1）基底顶裂，出现网状或树枝状裂缝，地下水从裂缝中涌出来并带出下部土颗粒。

（2）基坑底发生流砂现象，从而造成边坡失稳和整个地基悬浮流动。

（3）基底发生类似于"沸腾"的喷水冒砂现象，使基坑积水，地基土扰动。

2. 基坑突涌产生条件

需验算基坑底不透水层厚度与承压水水头压力，按平衡式（6-5）进行计算

$$\gamma H = \gamma_w h \tag{6-5}$$

要求基坑开挖后不透水层的厚度按式（6-6）计算：

$$H \geqslant (\gamma_w / \gamma) h \tag{6-6}$$

式中　H——基坑开挖后不透水层的厚度，m；

γ——土的重度；

γ_w——水的重度；

h——承压水头高于含水层顶板的高度，m。

当 $H \geqslant (\gamma_w/\gamma)h$ 时，基坑不产生突涌；当 $H < (\gamma_w/\gamma)h$ 时，基坑产生突涌。

以上式子中，当 $H = (\gamma_w/\gamma)h$ 时，处在极限平衡状态，工程实践中应有一定的安全度，但以多少为宜，应根据实际工程经验确定。

二、地下水作用的评价内容

(1)对基础、地下结构物和挡土墙，应评价在最不利组合情况下，地下水对结构物的上浮作用；有渗流时，通过渗流计算分析评价地下水的水头和作用。

(2)计算边坡稳定时，应评价地下水及其动水压力对边坡稳定的不利影响。

(3)在地下水位下降的影响范围内，需要评价地面沉降及其对工程的影响，当地下水位回升时，需要考虑可能引起的回弹和附加的浮托力。

(4)当墙背填土为粉砂、粉土或黏性土，验算支挡结构物的稳定时，需要根据不同排水条件评价静水压力、动水压力对支挡结构物的作用。

(5)在有水头压力差的粉细砂、粉土地层中，需要评价产生潜蚀、流砂、涌土、管涌的可能性。

(6)在地下水位以下开挖基坑或地下工程时，需要根据岩土的渗透性、地下水补给条件，分析评价降水或隔水措施的可行性及其对基坑稳定和邻近工程的影响。

三、地下水浮托作用评价

地下水对水位以下的岩土体有静水压力的作用，并产生浮托力。在透水性较好的土层或节理发育的岩石地基中，浮托力可以用阿基米德定理进行计算，即当岩土体的节理裂隙或孔隙中的水与岩土体外界地下水相通，岩石体积部分或土体积部分的浮力即为浮托力。

建筑物位于粉土、砂土、碎石土和节理发育的岩石地基时，按设计水位的100%计算浮托力；当建筑物位于节理不发育的岩石地基时，按设计水位的50%计算浮托力；当建筑物位于透水性很差的黏性土地基时，可根据当地经验确定。

地下水及地下水渗流对边坡稳定构成威胁时，应考虑水对地下水位以下岩土体的浮托作用，在土坡稳定验算时，地下水位以下岩土体的重度应用浮重度。

在确定地基承载力的设计值时，无论是基础底面以上还是基础底面以下土的重度，在地下水位以下部分均取有效重度。

第四节 工程降水

地下工程施工过程及使用期间有时会因地下水的影响而无法正常运作，此时就必须进行地下水控制，措施之一就是进行工程降水。工程降水工作一般可分为六个基本阶段，即准备阶段、工程勘察阶段、工程降水设计阶段、工程降水施工阶段、工程降水监测与维护阶段和技术成果资料整理阶段。

一、工程降水设计的原则、依据和主要内容

(一)设计原则

工程降水设计应符合下列原则:

(1)工程降水技术要求明确。

(2)工程降水勘察资料应准确无误。

(3)工程降水设计应进行多方案对比分析后选择最优降水方案。

(4)工程降水设计应重视工程环境问题,防止产生不良工程环境影响。

(二)设计依据

工程降水的设计依据应包括下列主要内容:

(1)建筑与市政工程降水的技术要求,包括降水范围、降水深度、降水时间、工程环境影响等。

(2)降水勘察资料。

(3)建筑物与市政工程基础平面图、剖面图,包括相邻建筑物、构筑物位置及基础资料。

(4)基坑、基槽开挖支护设计和施工程序。

(5)现场施工条件。

(三)设计内容

降水工程设计应包括下列主要内容:

(1)任务依据。

(2)论述水文地质条件、工程环境和现场条件。

(3)降水技术方法。

(4)降水技术方案应根据地基基础平面形状、技术要求和水文地质条件,把选择的降水井和排水设施的数量及位置布置在图上,组成降水方案布置图并加以说明。

(5)计算的降水水位和水量。

(6)提出降水工程的辅助措施和补救措施。

(7)对工程环境问题应专门设计与评估。

(8)编制降水施工组织程序、施工安排及安全生产的要求。

(9)提出降水施工、降水监测与维护的有关要求。

(10)绘制降水施工布置图、降水设施结构图、降水水位预测曲线、平面与剖面图。

二、工程降水方法及适应范围

工程降水设计采用的技术方法,可根据降水深度、含水层岩性和渗透性,按表6-5选择确定。

三、工程降水的要求

为了避免土体中的毛细作用使槽底土质处于饱和状态,在施工活动中受到严重扰动,

影响地基的承载力和压缩性,因此要求地下水位降至开挖面以下一定距离(砂土应在0.5 m以下,黏性土和粉土应在1 m以下)。

降水过程中应防止土颗粒流失。

防止深层承压水引起的突涌,必要时应降低基坑下的承压水头。

表6-5 降水技术方法适用范围

技术方法	适应地层	渗透系数(m/d)	降水深度(m)
明排井(坑)	黏性土、粉土、砂土	<0.5	<2
真空井点	黏性土、粉土、砂土	0.1~20	单级<6,多级<20
电渗井点	黏性土、粉土	<0.1	按井的类型确定
引渗井	黏性土、粉土、砂土	0.1~20	根据含水层条件选用
管井	砂土、碎石土	1.0~200	>5
大口井	砂土、碎石土	1.0~200	<20

第五节 水和土腐蚀性评价

地下水中的某些化学成分对混凝土、钢筋等建筑材料有腐蚀性,如果建筑物地基长期处在具有腐蚀性的地下水环境中,势必会受到破坏,因此岩土工程勘察工作中,除非有足够经验或充分资料,能够认定工程场地的土或水(地下水或地表水)对建筑材料有微腐蚀性可以不取样进行水和土腐蚀性评价外,一般均应取土样或水样进行水质或土质分析,评价其对建筑材料的腐蚀性。

一、取样要求

工程场地的水(包括地下水和地表水)和岩土中的化学成分对建筑材料(钢筋和混凝土)可能有腐蚀作用,因此岩土工程勘察时要采取土样和水样,分析其化学成分,评价水和土对建筑材料是否具有腐蚀性。水、土样的采取应该符合下列规定:

(1)水、土试样的采集应有代表性,即能代表天然状态下的水质和土质情况。

(2)水、土试样的采集和试验项目应满足水、土对混凝土和钢结构腐蚀性评价的要求。

(3)混凝土和钢结构处于地下水位以下或地表水中时,分别采取地下水样或地表水样作水的腐蚀性测试;混凝土部分处于地下水位以上,部分处于地下水位以下时,应分别取土样和水试样做腐蚀性测试;混凝土部分处于地下水位以上,应取土试样做腐蚀性测试。

(4)水、土试样应在混凝土结构所在的深度采取,每个场地不应少于2件。当土中盐类成分和含量分布不均时,应分区、分层取样,每区、每层不应少于2件。

(5)地下水样的采取应注意:①水样瓶要洗净,取样前用待取样水对水样瓶反复冲洗三次。②采取水样体积简分析时为 100 mL;侵蚀性 CO_2 分析时为 500 mL,并加 2 ~3 g 大理石粉;全分析时取 500 ~1 000 mL。③采取水样时应将水样瓶沉入水中预定深度缓慢将水注入瓶中,严防杂物混入,水面与瓶塞间要留 1 cm 左右的空隙。④水样采取后要立即封好瓶口,贴好水样标签,及时送化验室。⑤水样应及时化验分析,清洁水放置时间不宜超过 72 h,稍受污染的水不宜超过 48 h,受污染的水不宜超过 12 h。

二、水和土腐蚀性测试项目与试验方法

(1)水对混凝土结构腐蚀性的测试项目包括 pH 值、Ca^{2+}、Mg^{2+}、Cl^-、$SO_4{}^{2-}$、$HCO_3{}^-$、$CO_3{}^{2-}$、侵蚀性 CO_2、游离 CO_2、$NH_4{}^+$、OH^-、总矿化度。

(2)土对混凝土结构腐蚀性的测试项目包括 pH 值、Ca^{2+}、Mg^{2+}、Cl^-、$SO_4{}^{2-}$、$HCO_3{}^-$、$CO_3{}^{2-}$ 的易溶盐(土水比 1∶5)分析。

(3)土对钢结构腐蚀性的测试项目包括 pH 值、氧化还原电位、极化电流密度、电阻率、质量损失。

(4)腐蚀性测试项目的试验方法应符合表 6-6 的规定。

表 6-6　腐蚀性测试项目的试验方法

序号	试验项目	试验方法
1	pH 值	电位法或锥形玻璃电极法
2	Ca^{2+}	EDTA 法
3	Mg^{2+}	EDTA 法
4	Cl^-	摩尔法
5	$SO_4{}^{2-}$	EDTA 容量法或质量法
6	$HCO_3{}^-$	酸滴定法
7	$CO_3{}^{2-}$	酸滴定法
8	侵蚀性 CO_2	盖耶尔法
9	游离 CO_2	碱滴定法
10	$NH_4{}^+$	钠氏试剂比色法
11	OH^-	酸滴定法
12	总矿化度	计算法
13	氧化还原电位	铂电极法
14	极化电流密度	还原极化法
15	电阻率	四极法
16	质量损失	管罐法

三、环境类型的划分及腐蚀性评价

(一)环境类型的划分

根据场地环境地质条件,将环境类型分为三类,见表 6-7。

表 6-7　环境类型分类

环境类型	场地环境地质条件
Ⅰ	高寒区、干旱区直接临水,高寒区、干旱区强透水层中的地下水
Ⅱ	高寒区、干旱区弱透水层中的地下水,各气候区湿、很湿的弱透水层湿润区直接临水,湿润区强透水层中的地下水
Ⅲ	各气候区稍湿的弱透水层,各气候区地下水位以上的强透水层

注:1. 高寒区是指海拔高度等于或大于 3 000 m 的地区;干旱区是指海拔高度小于 3 000 m,干燥度指数 *K* 值等于或大于 1.5 的地区;湿润区是指干燥度指数 *K* 值小于 1.5 的地区。

2. 强透水层是指碎石土和砂土,弱透水层是指粉土和黏性土。

3. 含水量小于 3% 的土层,可视为干燥土层,不具有腐蚀环境条件。

4. 当混凝土结构一边接触地面水或地下水,一边暴露在大气中,水可以通过渗透或毛细作用在暴露大气中的一边蒸发时,应定为Ⅰ类。

5. 当有地区经验时,环境类型可根据地区经验划分;当同一场地出现两种环境类型时,应根据具体情况选定。

(二)腐蚀性评价

(1)受环境类型影响,水和土对混凝土结构的腐蚀性评价见表 6-8。

(2)受地层渗透性影响,水和土对混凝土结构的腐蚀性评价见表 6-9。

按表 6-8、表 6-9 评价的腐蚀等级不同时,应取腐蚀性等级最高者。

表 6-8　按环境类型水和土对混凝土结构的腐蚀性评价

腐蚀等级	腐蚀介质	环境类型 Ⅰ	环境类型 Ⅱ	环境类型 Ⅲ
微	硫酸盐含量 SO_4^{2-} (mg/L)	<200	<300	<500
弱		200~500	300~1 500	500~3 000
中		500~1 500	1 500~3 000	3 000~6 000
强		>1 500	>3 000	>6 000
微	镁盐含量 Mg^{2+} (mg/L)	<1 000	<2 000	<3 000
弱		1 000~2 000	2 000~3 000	3 000~4 000
中		2 000~3 000	3 000~4 000	4 000~5 000
强		>3 000	>4 000	>5 000
微	铵盐含量 NH_4^{+} (mg/L)	<100	<500	<800
弱		100~500	500~800	800~1 000
中		500~800	800~1 000	1 000~1 500
强		>800	>1 000	>1 500

续表 6-8

腐蚀等级	腐蚀介质	环境类型		
		Ⅰ	Ⅱ	Ⅲ
微	苛性碱含量 OH^- (mg/L)	<25 000	<43 000	<57 000
弱		25 000~43 000	43 000~57 000	57 000~70 000
中		43 000~57 000	57 000~70 000	70 000~100 000
强		>57 000	>70 000	>100 000
微	总矿化度 (mg/L)	<10 000	<20 000	<50 000
弱		10 000~20 000	20 000~50 000	50 000~60 000
中		20 000~50 000	50 000~60 000	60 000~70 000
强		>50 000	>60 000	>70 000

注:1. 表中的数值适用于有干湿交替作用的情况,Ⅰ、Ⅱ类腐蚀环境无干湿交替作用时,表中硫酸盐含量数值应乘以1.3的系数。

2. 表中数值适用于水的腐蚀性评价,对土的腐蚀性评价,应乘以1.5的系数,单位为mg/kg。

3. 表中苛性碱(OH^-)含量(mg/L)应为NaOH和KOH中的OH^-含量(mg/L)。

表 6-9　按地层渗透性水和土对混凝土结构的腐蚀性评价

腐蚀等级	pH 值		侵蚀性 CO_2(mg/L)		HCO_3^-(mg/L)
	A	B	A	B	A
微	>6.5	>5.0	<15	<30	>1.0
弱	6.5~5.0	5.0~4.0	15~30	30~60	1.0~0.5
中	5.0~4.0	4.0~3.5	30~60	60~100	<0.4
强	<4.0	<3.5	>60	—	—

注:1. 表中A是指直接临水或强含水层中的地下水,B是指弱透水层中的地下水。强透水层是指碎石土和砂土,弱透水层是指粉土和黏性土。

2. HCO_3^-含量是指水的矿化度低于0.1 g/L的软水时,该类水质HCO_3^-的腐蚀性。

3. 土的腐蚀性评价只考虑pH值指标;评价其腐蚀性时,A是指强透水土层,B是指弱透水土层。

(3)水和土对钢筋混凝土结构中钢筋的腐蚀性评价见表6-10。

表 6-10　水和土对钢筋混凝土结构中钢筋的腐蚀性评价

腐蚀等级	水中 Cl^- 含量(mg/L)		土中 Cl^- 含量(mg/L)	
	长期浸水	干湿交替	A	B
微	<10 000	<100	<400	<250
弱	10 000~20 000	100~500	400~750	250~500
中	—	500~5 000	750~7 500	500~5 000
强	—	>5 000	>7 500	>5 000

注:A是指地下水位以上的碎石土、砂土,稍湿的粉土,坚硬、硬塑的黏性土;B是指湿、很湿的粉土,可塑、软塑、流塑的黏性土。

(4)土对钢结构的腐蚀性评价见表6-11。

表 6-11　土对钢结构的腐蚀性评价

腐蚀等级	pH 值	氧化还原电位 (mV)	视电阻率 (Ω·m)	极化电流密度 (mA/cm^2)	质量损失 (g)
微	>5.5	>400	>100	<0.02	<1
弱	5.5~4.5	400~200	100~50	0.02~0.05	1~2
中	4.5~3.5	200~100	50~20	0.05~0.20	2~3
强	<3.5	<100	<20	>0.20	>3

注：土对钢结构的腐蚀性评价，取各指标中腐蚀性等级最高者。

第七章　工程地质测绘和调查

第一节　工程地质测绘的目的和要求

对地质条件复杂或有特殊要求的工程项目,应进行工程地质测绘。对地质条件简单的场地,可用调查代替工程地质测绘。工程地质测绘宜在可行性研究或初步勘察阶段进行,在详细勘察阶段可对某些专门地质问题做补充测绘。测绘是为了研究拟建场地的地层、岩性、构造、地貌、水文地质条件和不良地质作用,为场址选择和勘察方案的布置提供依据。

一、测绘范围和测绘比例尺

(一)测绘范围的确定

工程地质测绘的范围应包括建设场地及其附近地段,以解决实际问题为前提。具体确定可考虑如下要求:

(1)工程建设引起的工程地质现象可能影响的范围。

(2)影响工程建设的不良地质作用的发育阶段及其分布范围。

(3)对查明测区地层岩性、地质构造、地貌单元等问题有重要意义的邻近地段。

(4)地质条件特别复杂时可适当扩大范围。

(二)比例尺的选择

工程地质测绘的比例尺一般分为以下三种:

(1)小比例尺测绘:比例尺 1:5 000 ~ 1:50 000,一般在可行性研究勘察(选址勘察)时采用。

(2)中比例尺测绘:比例尺 1:2 000 ~ 1:5 000,一般在初步勘察时采用。

(3)大比例尺测绘:比例尺 1:500 ~ 1:2 000,适用于详细勘察阶段。当地质条件复杂或建筑物重要时,比例尺可适当放大。

二、测绘精度要求

测绘的精度要求主要是指图幅的精确度。精确度包括测绘填图时所划分单元的最小尺寸及实际单元的界线在图上标定时的误差大小两个方面。

(1)测绘填图时所划分单元的最小尺寸,一般为 2 mm,即大于 2 mm 者均应标示在图上。根据这一要求,各种单元体标示在图上的容许误差为 2 mm 乘以图幅比例尺分母。在实际工作中还应结合工程的要求,对建筑工程具有重要影响的地质单元,即使小于 2 mm,也应用扩大比例尺的方法标示在图上,并注明其实际数据;对与建筑工程关系不大且相近似的几种单元,可合并标示。

(2)测绘精度:地质界线和地质观测点的测绘精度,在图上不应低于3 mm。

(3)为了达到精度要求,一般在野外测绘填图时,采用比提交成图比例尺大一级的地形图作为填图底图,如进行1∶10 000比例尺测绘时,常采用1∶5 000的地形图作为外业填图底图,外业填图完成后再缩成1∶10 000的成图,提交正式资料。

三、观测点、线布置

(一)布置原则

根据测绘精度要求,需在一定面积内满足一定数量的观测点和观测路线。观测点的布置应尽量利用天然露头,当天然露头不足时,可布置少量的勘探点,并选取少量的土试样进行试验。在条件适宜时,可配合进行一定的物探工作。

每个地质单元体均应有观测点。观测点一般应定在下列部位:不同时代的地层接触线、岩性分界线、地质构造线、标准层位、地貌变化处、天然和人工露头处、地下水露头和不良地质作用分布处。

(二)观测点数量、间距

地质观测点的密度应根据场地的地貌、地质条件、成图比例尺和工程要求等确定,并应有代表性。

第二节 测绘的准备工作

一、资料收集和研究

(1)区域地质资料:如区域地质图、地貌图、构造地质图、矿产分布图、地质剖面图、柱状图及其文字说明。应着重研究地貌、岩性、地质构造和新构造运动的活动迹象。

(2)遥感资料:地面摄影和航片、卫片及解译资料。

(3)气象资料:区域内主要气象要素,如气温、气压、湿度、风速、风向、降水量、蒸发量、降水量随季节变化规律及冻结深度。

(4)水文资料:水系分布图、水位、流速、流量、流域面积、径流系数及动态、洪水淹没范围等资料。

(5)水文地质资料:地下水的主要类型、埋藏深度、补给来源、排泄条件、动态变化规律和岩土的透水性及水质分析资料。

(6)地震资料:测区及其附近地区地震发生的次数、时间、地震烈度、造成的灾害和破坏情况,并应研究地震与地质构造的关系。

(7)地球物理勘探和矿产资料。

(8)工程地质勘察资料:各种线路、桥梁、厂矿建筑及水利工程等工程地质勘察资料,并研究各种岩土的工程性质和特征,了解不良地质作用的位置和发育程度。

(9)建筑经验:已有建筑物的结构、基础类型和埋深,采用的地基承载力,建筑变形情况、沉降观测资料等。

二、踏勘

现场踏勘是在收集资料的基础上进行的，目的在于了解测区地质情况和问题，以便合理地布置观测点和观察路线，正确布置实测地质剖面位置，拟订野外工作方法。

踏勘的方法和内容：

(1)根据地形图，在测区内按固定路线进行踏勘，一般采用"之"字形、曲折迂回而不重复的路线，穿越地形、地貌、地层、构造、不良地质作用等有代表性的地段，初步掌握地质条件的复杂程度。

(2)为了解全区的岩层情况，在踏勘时应选择露头良好、岩层完整有代表性的地段作出野外地质剖面，以便熟悉地质情况和掌握岩土层的分布特征。

(3)访问和收集洪水及其淹没范围等。

(4)寻找地形控制点的位置，并抄录坐标、高程资料。

(5)了解测区的交通、经济、气候、食宿等条件。

三、编制测绘纲要

测绘纲要是进行测绘的依据，勘察任务书或勘察纲要是编制测绘纲要的重要依据。必须充分了解设计内容、意图、工程特点和技术要求，以便按要求进行工程地质测绘。测绘纲要一般包括在勘察纲要内，特殊情况也可单独编制。

测绘纲要内容包括以下几个方面：

(1)工程任务情况：测绘目的、要求，测绘范围和比例尺。

(2)测区自然地理条件：位置、交通、水文、气象、地形、地貌特征。

(3)测区地质概况：地层、岩性、构造、地下水、不良地质作用。

(4)工作量、工作方法和精度要求：工作量包括观察点、勘探点、室内和野外测试工作。

(5)人员组织和经济预算。

(6)设备、器材和材料计划。

(7)工作计划及实施步骤。

(8)要求提交的资料、图件。

第三节　测绘方法

一、像片成图法

利用地面摄影或航空(卫星)摄影像片，先在室内进行解译，划分地层岩性、地质构造、地貌、水系和不良地质作用等，并在像片上选择若干点和路线，然后去实地进行校对修正，绘成底图，然后转绘成图。

利用遥感影像资料解译进行工程地质测绘时，现场检验地质观测点数宜为工程地质测绘点数的30%～50%。野外工作应包括下列内容：

(1)检查解译标志。

(2)检查解译结果。

(3)检查外推结果。

(4)对室内解译难以获得的资料进行野外补充。

二、实地测绘法

常用的方法有三种:路线法、布点法和追索法。

(一)路线法

沿着一定的路线,穿越测绘场地,把走过的路线正确地填绘在地形图上,并沿途详细观察地质情况,把各种地质界线、地貌界线、构造线、岩层产状和各种不良地质作用等标绘在地形图上。路线形式有S形或直线形。路线法一般用于中、小比例尺。

在路线测绘中应注意以下问题:

(1)路线起点的位置,应选择在有明显的地物,如村庄、桥梁或特殊地形处。

(2)观察路线的方向,应大致与岩层走向、构造线方向和地貌单元相垂直,这样可以用较少的工作量获得较多的成果。

(3)观察路线应选择在露头及覆盖层较薄的地方。

(二)布点法

布点法是工程地质测绘的基本方法,也就是根据不同的比例尺预先在地形图上布置一定数量的观察点和观察路线。观察路线长度必须满足要求,路线力求避免重复,使一定的观察路线达到最广泛的观察地质现象的目的。

(三)追索法

追索法是一种辅助方法,是沿地层走向或某一构造线方向布点追索,以便查明某些局部的复杂构造。

三、测绘对象的标测方法

根据不同比例尺的要求,对观察点、地质构造及各种地质界线的标测采用目测法、半仪器法和仪器法。

(一)目测法

目测法是根据地形、地物目估或步测距离。目测法适用于小比例尺工程地质测绘。

(二)半仪器法

半仪器法是用简单的仪器(如罗盘仪、气压计等)测定方位和高程,用徒步仪或测绳量距离。

半仪器法的具体标测方法有下面三种:

(1)三点交会法:当地形、地物明显时采用。

(2)根据气压计结合地形测定。

(3)导线法:从较标准的基点(如三角控制点、水准点或较准确的地物点),向被测目标作导线,用测绳及罗盘测定。

半仪器法适用于中比例尺的工程地质测绘。重要的观测点应采用仪器法测定。

（三）仪器法

仪器法适用于大比例尺工程地质测绘，用全站仪等较精密的仪器测定观测点的位置和标高。

地质观测点的定位应根据精度要求选用适当方法；地质构造线、地层接触线、岩性分界线、软弱夹层、地下水露头和不良地质作用等特殊地质观测点，应采用仪器定位。

（四）卫星定位系统（GPS）

GPS 在满足精度条件下均可应用，是目前常用的标测方法。

第四节　测绘和调查的内容

一、地貌

（1）调查地貌的成因类型和形态特征，划分地貌单元，分析各地貌单元的发生、发展及其相互关系，并划分各地貌单元的分界线。

（2）调查微地貌特征及其与地层岩性、地质构造和不良地质作用的联系。

（3）调查地形的形态及其变化情况。

（4）调查植被的性质及其与各种地形要素的关系。

（5）调查阶地分布和河漫滩的位置及其特征，古河道、牛轭湖等的分布和位置。

二、地层岩性

（一）沉积岩地区

（1）了解岩相的变化情况、沉积环境、接触关系，观察层理类型，岩石成分、结构、厚度和产状要素。

（2）对岩溶应了解岩溶发育规律和岩溶形态的大小、形状、位置、充填情况及岩溶发育与岩性、层理、构造断裂等的关系。

（3）对整个测区应绘制地层岩性剖面图，以了解地层岩性的变化规律和相互关系。

（二）岩浆岩地区

应了解岩浆岩的类型、形成年代、产状和分布范围，并详细研究：

（1）岩石结构、构造和矿物成分及原生、次生构造的特点。

（2）与围岩的接触关系和围岩的蚀变情况。

（3）岩脉、岩墙等的产状、厚度及其与断裂的关系，以及各侵入体间的穿插关系。

（三）变质岩地区

（1）调查变质岩的变质类型（区域变质、接触变质、动力变质、混合变质等）和变质程度，并划分变质带。

（2）确定变质岩的产状、原始成分和原有性质。

（3）了解变质岩的节理、劈理、片理、带状构造等微构造的性质。

三、地质构造

（1）调查各构造形迹的分布、形态、规模和结构面的力学性质、序次、级别、组合方式及所属的构造体系。要特别注意对软弱结构面(或软弱夹层)产状和性质的研究。

(2)研究褶皱的性质、类型和两翼的产状、对称性及舒展程度。还应注意褶皱轴部岩层的破碎和两翼层间错动情况,以及水文地质、工程地质特性。

(3)研究断裂构造的性质、类型、规模、产状、上下盘相对位移量及断裂带宽度、充填物和胶结程度。还应特别注意断裂交会带的情况,并着重研究断裂破碎及影响带的宽度和构造岩的水文地质、工程地质特性,以及断裂的产状、规模和性质在不同地段的变化情况。

(4)研究新构造运动的性质、强度、趋向、频率,分析升降变化规律及各地段的相对运动,特别是新构造运动与地震的关系。

(5)调查节理、裂隙的产状、性质、宽度、成因和充填胶结程度。对大、中比例尺工程地质测绘,应结合工程建筑的位置,选择有代表性的地段和适当的范围,进行节理、裂隙的详细调查,为研究岩体工程地质特性,进行有关工程地质问题分析和评价提供资料。

对裂隙测绘调查的结果,应进行下列计算和绘制有关图件:

①裂隙发育方向玫瑰图。裂隙走向玫瑰图的编制方法:作任意大小的半圆,画上方向和刻度,将裂隙走向按每 5°或 10°分组,统计每一组内的裂隙条数和平均走向,自半圆中心沿半径引辐射直线,直线长度(按比例)代表每一组裂隙的条数,直线的方位代表每一组裂隙平均走向的方位,然后将各组裂隙辐射线的端点连起来,即成玫瑰图(见图 7-1)。

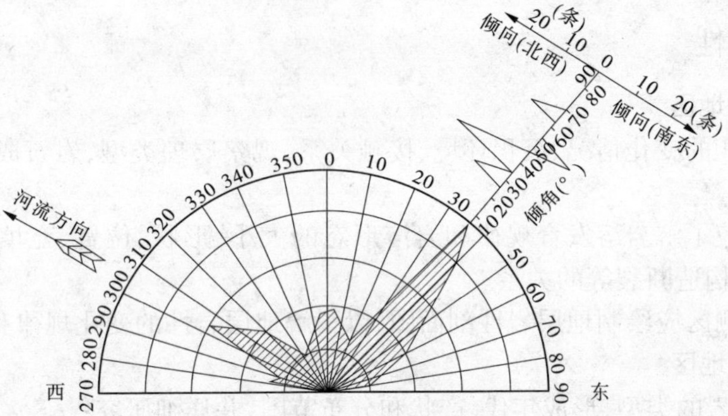

图 7-1 节理玫瑰图

②裂隙数量的统计用裂隙率表示。裂隙率 K_j 即一定露头面积内裂隙所占的面积,其计算式如下

$$K_j = \frac{\sum A_j}{F} \tag{7-1}$$

式中 $\sum A_j$——裂隙面积的总和,m^2;

F——所测量的露头面积,m^2。

裂隙发育程度按裂隙率分为:弱裂隙性,$K_j \leq 2\%$;中等裂隙性,$2\% < K_j \leq 8\%$;强裂隙性,$K_j > 8\%$。

四、不良地质作用

（1）调查滑坡、崩塌、岩堆、泥石流、蠕动变形、移动砂丘等不良地质作用的形成条件、规模、性质及发展状况。

（2）当基岩裸露地表或接近地表时，应调查岩石的风化程度。研究岩体风化情况，分析岩体风化层厚度、风化物性质及风化作用与岩性、构造、气候、水文地质条件和地形地貌等因素的关系。

（3）调查人类活动对场地稳定性的影响，包括人工洞穴、地下采空、大挖大填、抽水排水和水库诱发地震等；建筑物的变形和工程经验。

五、第四纪地质

（1）确定沉积物的年代。

（2）划分成因类型。

（3）第四纪沉积物的岩性分类及其变化规律。

①根据第四纪沉积物的沉积环境、形成条件、颗粒组成、结构、特征、颜色、浑圆度、湿度、密实程度等因素进行岩性划分，并确定土的名称。

②第四纪沉积物的岩性、成分和厚度很不稳定，必须详细研究沉积物在水平方向和垂直方向上的变化规律。

③特殊性土的研究：特殊性土主要包括湿陷性黄土、红黏土、软土、填土、冻土、膨胀性土和盐渍土等。

六、地表水和地下水

（1）调查河流及小溪的水位、流量、流速、洪水位标高和淹没情况。

（2）了解水井的水位、水量、变化幅度及水井结构和深度。

（3）调查泉的出露位置、类型、温度、流量和变化幅度。

（4）查明地下水的埋藏条件、水位变化规律和变化幅度。

（5）了解地下水的流向和水力梯度。

（6）调查地下水的类型和补给来源。

（7）了解水的化学成分及其对各种建筑材料的腐蚀性。

第五节　资料整理

一、检查外业资料

（1）检查各种野外记录所描述的内容是否齐全。

（2）详细核对各种原始图件所划分的地层、岩性、构造、地形地貌、地质成因界线是否符合野外实际情况，在不同图件中相互间的界线是否吻合。

（3）野外所填的各种地质现象是否正确。

(4)核对收集的资料与本次测绘资料是否一致,如出现矛盾,应分析其原因。

(5)整理核对野外采集的各种标本。

二、编制图表

根据工程地质测绘的目的和要求,编制有关图表。工程地质测绘完成后,一般不单独提出测绘成果,往往把测绘资料依附于某一勘察阶段,使某一勘察阶段在测绘的基础上作深入工作。

工程地质测绘的图件包括实际材料图、综合工程地质图、工程地质分区图、综合地质柱状图、综合工程地质剖面图、工程地质剖面图及各种素描图、照片和有关文字说明。对某个专门的岩土工程问题,尚可编制专门的图件。

第八章　岩土测试

第一节　室内试验

一、土的物理性质指标

(一)基本物理性质指标

1. 土的三相组成

在计算土的物理性质指标时，通常认为土是由空气、水和土颗粒三相组成的，如图8-1所示。

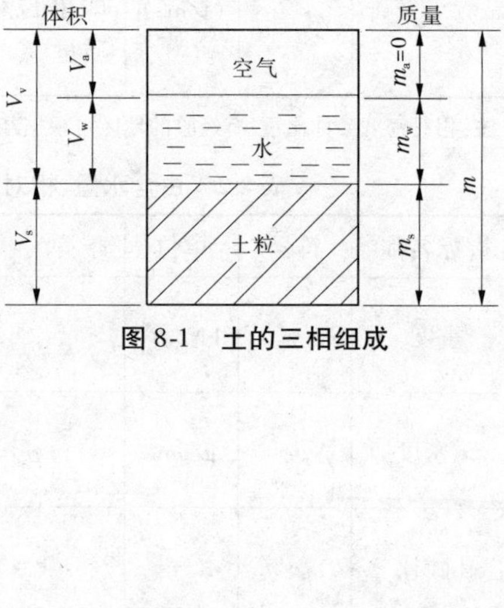

图8-1　土的三相组成

以体积计：

V_a——空气体积；

V_w——水体积；

V_v——孔隙体积，$V_v = V_a + V_w$；

V_s——土粒体积；

V——总体积，$V = V_v + V_s$。

以质量计：

m_a——空气质量，$m_a = 0$；

m_w——水质量；

m_s——土粒质量；

m——总质量，$m = m_w + m_s$。

2. 直接测定的基本物理性质指标

直接测定的基本物理性质指标见表8-1。

3. 计算求得的基本物理性质指标

计算求得的基本物理性质指标见表8-2。

4. 饱和状态下及地下水位以下土的基本物理性质指标

(1)饱和状态下土的孔隙全部为水所充填，饱和度 $S_r = 100\%$。此时土的含水量和土的密度分别称为饱和含水量和饱和密度。

$$\omega_{sr} = \frac{100e}{d_s} = \frac{d_s\rho_w - \rho_d}{d_s\rho_d} \times 100\% = \frac{d_s\rho_w - \rho_{sr}}{d_s(\rho_{sr} - \rho_w)} \times 100\% \tag{8-1}$$

$$\rho_{sr} = \frac{d_s + e}{1 + e}\rho_w = \frac{d_s(100 + \omega_{sr})}{d_s\omega_{sr} + 100}\rho_w \tag{8-2}$$

式中　ω_{sr}——饱和含水量(%)；

ρ_{sr}——饱和密度，g/cm^3；

其余符号意义同前。

表 8-1　试验直接测定的基本物理性质指标

指标名称	符号	单位	物理意义	试验项目、方法	取土要求
含水量	ω(%)		土中水的质量与土粒质量之比	含水量试验： 烘干法(温度 100 ~ 105 ℃) 酒精燃烧法 比重瓶法 炒干法	保持天然湿度
相对密度(比重)	d_s	—	土粒质量与同体积的 4 ℃时水的质量之比	比重试验： 比重瓶法 浮称法 虹吸筒法	扰动土
质量密度	ρ	g/cm³ (t/m³)	土的总质量与其体积之比，即单位体积的质量	密度试验： 环刀法 蜡封法 注砂法	Ⅰ ~ Ⅱ级土试样

注：相对密度又称比重，有经验的地区可根据经验确定。

表 8-2　由含水量、相对密度、密度计算求得的基本物理力学指标

指标名称	符号	单位	物理意义	基本公式
重度	γ	kN/m³	$\gamma = \frac{\text{土所受的重力}}{\text{土的总体积}}$	$\gamma = g\rho = 10\rho$
干密度	ρ_d	g/cm³	$\rho_d = \frac{m_3}{V} = \frac{\text{土粒质量}}{\text{土的总体积}}$	$\rho_d = \frac{\rho}{1+0.01\omega}$
孔隙比	e	—	$e = \frac{V_v}{V_s} = \frac{\text{土中孔隙体积}}{\text{土粒体积}}$	$\omega = \frac{d_s\rho_w(1+0.01\omega)}{\rho} - 1$
孔隙率	n(%)		$n = \frac{V_w}{V} \times 100 = \frac{\text{土中孔隙体积}}{\text{土的总体积}}$	$n = \frac{e}{1+e} \times 100$
饱和度	S_r(%)		$S_r = \frac{V_w}{V_v} \times 100 = \frac{\text{土中水的体积}}{\text{土中孔隙体积}}$	$S_r = \frac{\omega d_s}{e}$

(2)地下水位以下的土，颗粒受到水的浮力作用，其重度称为水下浮重度 γ'：

$$\gamma' = \frac{\rho_d(d_s - 1)g}{d_s} = \frac{d_s - 1}{1 + e}\rho_w g = (1 - 0.01n)(d_s - 1)\rho_w g \tag{8-3}$$

式中　γ'——水下浮重度；

　　其余符号意义同前。

(二)黏性土的可塑性指标

1. 直接测定的指标

直接测定的可塑性指标见表8-3。

表8-3　直接测定的可塑性指标

指标名称	符号	物理意义	试验方法	取样要求
液限	ω_L(%)	土由可塑状态过渡到流动状态的界限含水量	圆锥仪法	扰动土
塑限	ω_P(%)	土由可塑状态过渡到半固体状态的界限含水量	搓条法	扰动土

2. 计算求得的指标

计算求得的可塑性指标见表8-4。

表8-4　计算求得的可塑性指标

指标名称	符号	物理意义	计算公式
塑性指数	I_P	土呈可塑状态时含水量变化的范围,代表土的可塑程度	$I_P=\omega_L-\omega_P$
液性指数	I_L	土抵抗外力的量度,其值越大,抵抗外力的能力越小	$I_L=\dfrac{\omega-\omega_P}{\omega_L-\omega_P}$
含水比	u	土的天然含水量与液限含水量之比	$u=\dfrac{\omega}{\omega_L}$
活动度	A	土的含水量变化时,土的体积相应变化的程度,其值越大,变化程度越大	$A=\dfrac{I_P}{P_{0.002}}$

注:表中$P_{0.002}$为土中粒径小于0.002 mm的颗粒含量占颗粒总质量的百分比。

(三)颗粒组成和砂土的密度指标

1. 直接测定的指标

直接测定的颗粒组成和砂土密度指标见表8-5。

表8-5　直接测定的颗粒组成和砂土密度指标

指标名称	符号	单位	物理意义	试验方法
颗粒组成			土颗粒按粒径大小分组所占的质量百分数	筛分法,比重计法,移液管法
最大干密度	ρ_{dmax}	g/cm^3	土在最紧密状态的干密度	击实法
最小干密度	ρ_{dmin}	g/cm^3	土在最松散状态的干密度	注入法,量筒法

2. 计算求得的指标

(1)计算求得的颗粒组成指标见表8-6,颗粒分配曲线见图8-2。

表 8-6　计算求得的颗粒组成指标

指标名称	符号	单位	物理意义	求得方法
界限粒径	d_{60}	mm	小于该粒径的颗粒占总质量的 60%	从颗粒级配曲线上求得,见图 8-2
平均粒径	d_{50}		小于该粒径的颗粒占总质量的 50%	
中间粒径	d_{30}		小于该粒径的颗粒占总质量的 30%	
有效粒径	d_{10}		小于该粒径的颗粒占总质量的 10%	
不均匀系数	C_u		土的不均匀系数愈大,表明土的粒度组成愈分散	$C_u=\frac{d_{60}}{d_{10}}$
曲率系数(级配系数)	C_c		表示某种中间粒径的粒组是否缺失的情况	$C_c=\frac{d_{30}^2}{d_{10}d_{60}}$

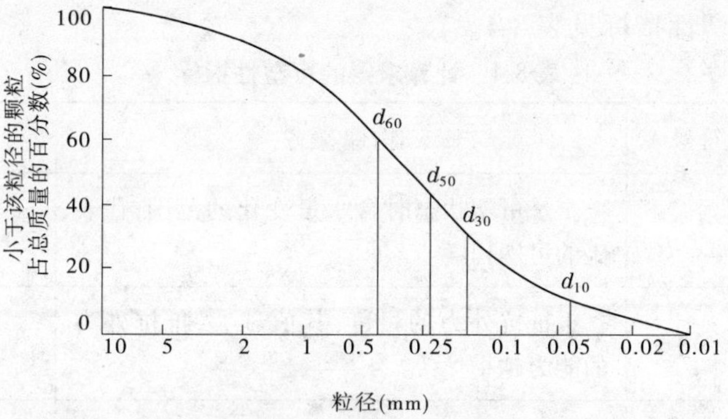

图 8-2　颗粒分配曲线

(2)砂土的密实度用下式计算

$$D_r=\frac{e_{max}-e}{e_{max}-e_{min}}=\frac{\rho_{dmax}(\rho_d-\rho_{dmin})}{\rho_d(\rho_{dmax}-\rho_{dmin})} \tag{8-4}$$

$$e_{max}=\frac{d_s\rho_w}{\rho_{dmin}}-1,e_{min}=\frac{d_s\rho_w}{\rho_{dmax}}-1$$

式中　e——天然孔隙比;

e_{max}——最大孔隙比;

e_{min}——最小孔隙比;

ρ_{dmax}——最大干密度,g/cm³;

ρ_{dmin}——最小干密度,g/cm³;

D_r——相对密实度;

其余符号意义同前。

(四)土的击实性指标

1. 物理意义

在一定的击实功能作用下,能使填筑土达到最大密度所需的含水量称为最优含水量,与其相应的干密度称为最大干密度。最优含水量与下列因素有关:

(1)土的可塑性增大,最优含水量也增大,如图 8-3 所示。

(2)随着夯实功能的增大,含水量—干密度向左上方移动,最优含水量减小,最大干

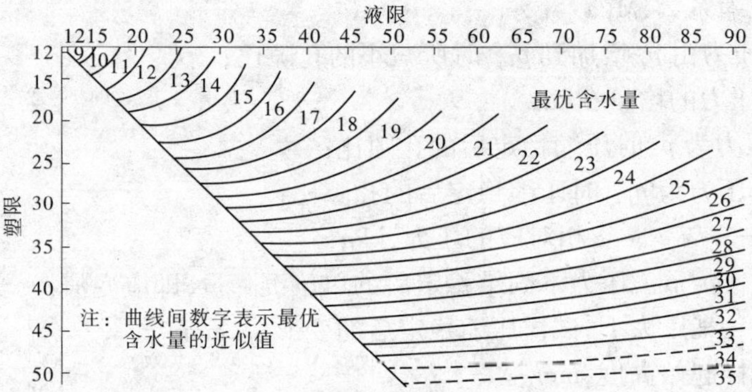

图 8-3　标准击实试验最优含水量近似值

密度增大，如图 8-4 所示。

2. 土被击实时最大干密度的理想公式

土被击实时，最理想的情况是将土孔隙内的气体全部驱走，土体积减小到土的孔隙内仅存在所含的水分，此时土的最大干密度可从下列理想式求得

$$(\rho_d)'_{max} = \frac{d_s\rho_w}{1 + 0.01\omega d_s} \tag{8-5}$$

式中　$(\rho_d)'_{max}$——某一给定含水量 ω 的情况下，被击实的填筑土中气体全部驱走时能达到的理想最大干密度，g/cm^3；

其余符号意义同前。

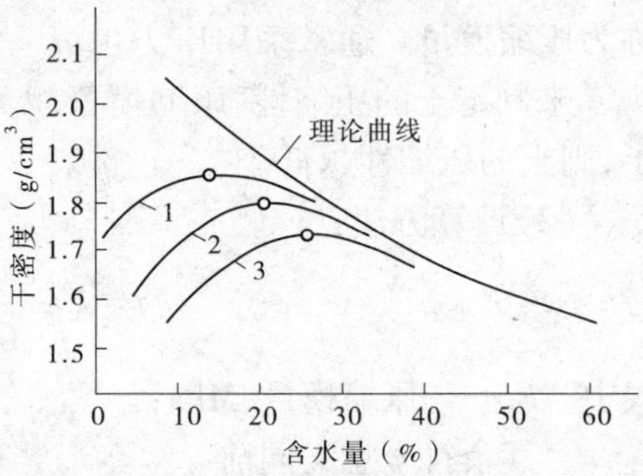

1、2—机械夯实；3—人力夯实

图 8-4　理论与实际的夯实效果

实际的含水量—干密度曲线总是低于理想最大干密度曲线，如图 8-4 所示。

二、土的力学性质指标

（一）压缩性指标

物理意义：土的压缩性是土体在荷载的作用下产生变形的特性。就室内试验而言，是土在荷载作用下孔隙体积逐渐变小的特性。

1. 压缩系数 a

（1）物理意义：$e \sim p$ 曲线中某一压力区段的割线斜率称为压缩系数。通常采用压力由 $p_i = 100$ kPa 增加到 $p_{i+1} = 200$ kPa 时所得的压缩系数 a_{1-2} 来判定土的压缩性，压缩系数越大，表明在同一压力变化范围内土的孔隙比减小得越多，则土的压缩性越高。

（2）计算方法：

$$\left.\begin{aligned} a &= 1\,000 \times \frac{\Delta e}{\Delta p} = \frac{1\,000(e_i - e_{i+1})}{p_{i+1} - p_i} = \frac{1\,000(1+e)(s_{i+1} - s_i)}{p_{i+1} - p_i} \\ s_i &= \frac{\sum \Delta h_i}{h} \end{aligned}\right\} \tag{8-6}$$

式中 a——压缩系数,MPa^{-1};

Δe——压力由 p_i 增加到 p_{i+1} 时所减小的孔隙比;

Δp——压力的增量,kPa;

e_i——压力为 p_i 时压缩稳定后的孔隙比;

e_{i+1}——压力为 p_{i+1} 时压缩稳定后的孔隙比;

p_i、p_{i+1}——与 e_i、e_{i+1} 相对应的压力,kPa;

s_i、s_{i+1}——p_i、p_{i+1} 压力下固结稳定后的单位沉降量,即应变值;

$\sum \Delta h_i$——某压力下,试样压缩稳定后的变形量,mm;

h——试样起始高度,mm。

2. 压缩模量 E_s

(1)物理意义:在无侧向膨胀条件下,压缩时垂直压力增量与垂直应变增量的比值,称为压缩模量。通常采用压力由 p_i = 100 kPa 增加到 p_{i+1} = 200 kPa 时所得的压缩模量 E_{s1-2} 来判定土的压缩性,压缩模量越大,表明土在同一压力变化范围内土的压缩变形越小,则土的压缩性越低。

(2)计算方法:

$$E_s = \frac{p_{i+1} - p_i}{1\,000(s_{i+1} - s_i)} = \frac{1 + e}{a} \tag{8-7}$$

式中 E_s——压缩模量,MPa;

其余符号意义同前。

(二)抗剪强度

土在外力作用下在剪切面单位面积上所能承受的最大剪应力称为土的抗剪强度。土的抗剪强度是由颗粒间的内摩擦力及由胶结物和水膜的分子引力所产生的黏聚力共同组成的。

直接剪切试验的结果用总应力法按库仑公式计算抗剪强度指标。用同一土样切取不少于 4 个试样进行不同垂直压力作用下的剪切试验后,用相同的比例尺在坐标纸上绘制抗剪强度 τ_f 与垂直压力 p 的相关直线。直线交 τ_f 轴的截距即为土的黏聚力 C,直线倾斜角即为土的内摩擦角 φ,见图 8-5。相关直线可用图解法或最小二乘法确定。

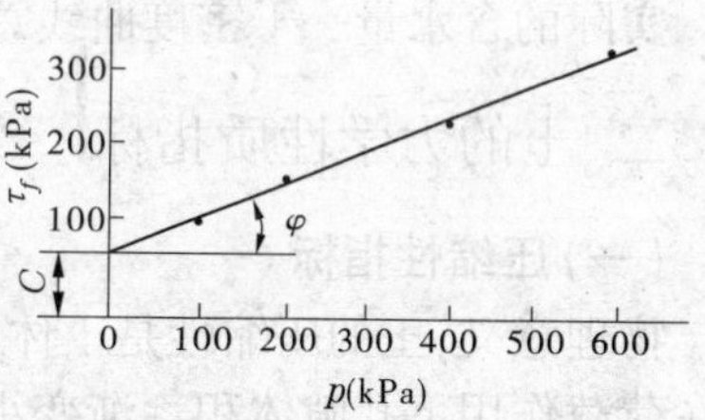

图 8-5 抗剪强度与垂直压力的相关直线

三、土的物理力学指标的应用

土的物理力学指标的应用如表 8-7 所示。

四、岩石的物理力学性质指标

(一)岩石的主要物理性质

1. 基本物理性质

基本物理性质包括相对密度、密度、孔隙率,其物理意义与土的基本物理性质同。

表 8-7　土的主要物理力学性质指标的应用

指标		符号	实际应用	土的分类	
				黏性土	砂土
密度 重度 水下浮重度		ρ γ γ'	1. 计算干密度、孔隙比等其他物理力学指标	+	+
			2. 计算土的自重压力	+	+
			3. 计算地基的稳定性和地基土的承载力	+	+
			4. 计算斜坡的稳定性	+	+
			5. 计算挡土墙的压力	+	+
相对密度		d_s	计算孔隙比等其他物理力学性质指标	+	+
含水量		ω	1. 计算孔隙比等其他物理力学性质指标	+	+
			2. 评价土的承载力	+	+
			3. 评价土的冻胀性	+	+
干密度		ρ_d	1. 计算孔隙比等其他物理力学性质指标	+	+
			2. 评价土的密度	−	+
			3. 控制填土地基质量	+	−
孔隙比 孔隙率		e n	1. 评价土的密实度	−	+
			2. 计算土的水下浮重度	+	+
			3. 计算压缩系数和压缩模量	+	−
			4. 评价土的承载力	+	+
饱和度		S_r	1. 划分砂土的湿度	−	+
			2. 评价土的承载力	−	+
可塑性	液限 塑限 液限指数 塑性指数	ω_L ω_P I_P I_L	1. 黏性土的分类	+	−
			2. 划分黏性土的状态	+	−
			3. 评价土的承载力	+	−
			4. 估计土的最优含水量	+	−
			5. 估算土的力学性质	+	−
	含水比	u	评价老黏土和红黏土的承载力	+	−
	活动度		评价含水量变化时土的体积变化	+	−
颗粒组成	有效粒径	d_{10}	1. 砂土的分类及级配情况	−	+
	平均粒径	d_{50}	2. 大致估计土的渗透性	−	+
	不均匀系数	C_u	3. 计算过滤器孔径及计算反滤层	−	+
	曲率系数	C_c	4. 评价砂土和粉土液化的可能性	+	+
最大孔隙比		e_{max}	1. 评价砂土密度	−	+
最小孔隙比		e_{min}	2. 评价砂土体积的变化	−	+
相对密实度		D_r	3. 评价砂土液化的可能性	−	+
压缩性	压缩系数 压缩模量 压缩指数 体积压缩系数	a_{1-2} E_s C_c m_s	1. 计算地基变形	+	−
			2. 评价土的承载力	+	−
抗剪强度	内摩擦角 黏聚力	φ C	1. 评价地基的稳定性、计算承载力	+	+
			2. 计算斜坡的稳定性	+	+
			3. 计算挡土墙的土压力	+	+

注：表中"＋"表示相应的指标为表内所指的该类土所采用，"－"表示这一指标不被采用。

2. 岩石的吸水性

(1)吸水率。在通常的条件下,是将岩石浸于水中,测定岩石的吸水能力。

$$\omega_1 = \frac{G_{w1}}{G_s} \tag{8-8}$$

式中 ω_1——岩石的吸水率;

G_{w1}——吸水质量,g;

G_s——绝对干燥的岩石质量,g。

(2)饱和吸水率。岩石干燥后置于真空中保存,然后放入水中,或在相当大的压力(150 个大气压)下浸水,使水浸入全部开口的孔隙中去,此时的吸水率称为饱和吸水率。

$$\omega_2 = \frac{G_{w2}}{G_s} \tag{8-9}$$

式中 ω_2——岩石的饱和吸水率;

G_{w2}——饱和吸水质量,g。

(3)饱和系数。岩石的吸水率与饱和吸水率之比称为岩石的饱和系数。

$$K_w = \frac{\omega_1}{\omega_2} \tag{8-10}$$

式中 K_w——岩石的饱和系数;

其余符号意义同前。

(4)岩石的耐冻性。岩石的饱和系数可作为岩石耐冻性的间接指标。饱和系数愈大,岩石的耐冻性愈差。

(二)岩石的力学性质

1. 抗压强度

抗压强度用岩石的极限抗压强度,也就是使样品破坏的极限轴向压力来表示。在天然含水量或风干状态下测得的极限抗压强度称为干极限抗压强度,在饱和浸水状态下测得的极限抗压强度称为饱和极限抗压强度。

2. 岩石的软化性(软化系数)

岩石的软化性是指岩石耐风化、耐水浸的能力。软化系数为

$$K_R = \frac{R_b}{R_c} \tag{8-11}$$

式中 K_R——岩石的软化系数,$K_R \leqslant 0.75$ 时称为软化岩石;

R_b——饱和极限抗压强度;

R_c——干极限抗压强度。

3. 极限抗拉、极限抗弯、极限抗剪强度

岩石的极限抗拉强度一般远小于极限抗压强度,平均为抗压强度的 3% ~5%。岩石的极限抗弯强度一般也远小于极限抗压强度,但大于极限抗拉强度,平均为抗压强度的 7% ~12%。岩石的极限抗剪强度一般也远小于极限抗压强度,等于或略小于极限抗弯强度。

4. 力学试验对取试样的要求

(1)样品大小:试验用样品的大小与岩石的强度有关。当极限抗压强度大于 75 MPa

时，磨光后的样品的边长或直径不小于5 cm；当强度为25～75 MPa时，样品边长或直径不小于7 cm；当强度小于25 MPa时，样品边长或直径不小于10 cm。

（2）样品数量：用于抗压强度试验的样品一般不少于3个，对于不均匀的岩石，样品数量还应增多。

（3）产状和层面：由于岩石的抗压强度在不同的方向一般是不同的，因此在采取立方体样品时，必须标明它们的产状和层面，以决定试验的方向。

第二节　静力触探试验

静力触探（CPT）是用静力将探头以一定的速率压入土中，利用探头内的力传感器，通过电子量测器将探头受到的贯入阻力记录下来。由于贯入阻力的大小与土层的性质有关，因此通过贯入阻力的变化情况，可以达到了解土层工程性质的目的。

静力触探试验的优点是连续、快速、准确，可以在现场直接得到各土层的贯入阻力指标，从而能了解在天然状态下的有关物理力学参数。

适用于软土、一般黏性土、粉土、砂土和含少量碎石的土。

一、静力触探的贯入设备

（一）加压装置

加压装置的作用是将探头压入土层中，按加压方式可分为下列几种。

1. 手摇式轻型静力触探

手摇式轻型静力触探利用摇柄、链条、齿轮等用人力将探头压入土中。适用于较大设备难以进入的狭小场地的浅层地基现场测试。

2. 齿轮机械式静力触探

齿轮机械式静力触探主要组成部件有变速马达（功率2.8～3 kW）、伞形齿轮、丝杆、导向滑块、支架、底板、导向轮等。因其结构简单，加工方便，既可单独落地组装，也可装在汽车上，但贯入力较小，贯入深度有限。

3. 全液压传动静力触探

全液压传动静力触探分单缸和双缸两种。主要组成部件有油缸和固定油缸底座、油泵、分压阀、高压油管、压杆器和导向轮等。目前在国内使用液压静力触探仪比较普遍，一般是将载重卡车改装成轿车型静力触探车，其动力来源既可使用汽车本身动力，也可使用外接电源，工作条件较好，最大贯入力可达200 kN。

（二）反力装置

1. 利用地锚作反力

当地表有一层较硬的黏性土覆盖层时，可使用2～4个或更多的地锚作反力，视所需反力大小而定。锚的长度一般为1.5 m左右，应设计成可以拆卸式的，并且以单叶片为好。叶片的直径可分成多种，如25 cm、30 cm、35 cm、40 cm，以适应各种情况。地锚通常用液压拧锚机下入土中，也可用机械或人力下入。手摇式轻型静力触探设备采用的地锚，因其所需反力较小，锚的长度也较短，为1.2 m，叶片直径则为20 cm。

2. 用重物作反力

如表层土为砂砾、碎石土等，地锚难以下入，此时只有采用压重物来解决反力问题，在触探架上压以足够的重物，如钢轨、钢锭、生铁块等。软土地基贯入 30 m 以内的深度，一般需压重 4 ~5 t。

3. 利用车辆自重作反力

将整个触探设备装在载重汽车上，利用载重汽车的自重作反力，当反力仍不足时，可在汽车上装上拧锚机，可下入 4 ~6 个地锚，也可在车上装载一厚度较大的钢板或其他重物，以增加触探车本身的重量。

贯入设备装在汽车上工作方便，工效比较高，但也有不足处。由于汽车底盘距地面过高，使钻杆施力点距离地面的自由长度过大，当下部遇到硬层而使贯入阻力突然增大时，易使钻杆弯曲或折断，应考虑降低施力点距地面的高度。

触探探杆通常用外径为 32 ~35 mm、壁厚为 5 mm 以上的高强度的无缝钢管制成，也可用外径为 42 mm 的无缝钢管。为了使用方便，每根触探杆的长度以 1 m 为宜，探杆头宜采用平接，以减少压入过程中探杆与土的摩擦力。

二、探头

(一)探头的工作原理

将探头压入土中时，土层的阻力使深头受到一定的压力，土层的强度愈高，探头所受到的压力愈大。通过探头内的阻力传感器(以下简称传感器)，将土层的阻力转换为电信号，然后由仪表测量出来。为了实现这个目的，需运用三个方面的原理，即材料弹性变形的虎克定律，电量变化的电阻率定律和电桥原理。传感器受力后要产生变形，根据弹性力学原理，如应力不超过材料的弹性范围，其应变的大小与土的阻力大小成正比，而与传感器截面面积成反比。因此，只要能将传感器均应变大小测量出，即可知土阻力的大小，从而求得土的有关力学指标。

如果在传感器上牢固地贴上电阻应变片，当传感器受力变形时，应变片也随之产生相应的应变，从而引起应变的电阻产生变化。根据电阻定律，应变片的阻值变化，与电阻丝的长度变化成正比，与电阻丝的截面面积变化成反比，这样就能将钢材的变形转化为电阻的变化。但由于钢材在弹性范围内的变形很小，引起电阻的变化也很小，不易测量出来。为此，在传感器上贴一组电阻应变片，组成一个桥路，使电阻的变化转化为电压的变化，通过放大，就可以测量出来。因此，静力触探就是通过探头传感器实现一系列的转换，土的强度—土的阻力—传感器的应变—电阻的变化—电压的输出，最后由电子仪器放大和记录下来，达到测定土强度和其他指标的目的。

(二)探头的结构

目前国内用的探头有两种，一种是单桥探头，另一种是双桥探头。此外，还有能同时测量孔隙水压力的两用(p_s-u)或三用(q_c-u-f_s)探头，即在单桥或双桥探头的基础上增加了能量测孔隙水压力的功能。

1. 单桥探头

由图 8-6 可知，单桥探头由带外套筒的锥头、弹性元件(传感器)、顶柱和电阻应变片组成,探头的形状规格不一,常用的探头规格如表 8-8 所示,其中有效侧壁长度为锥底直径的 1.6 倍。

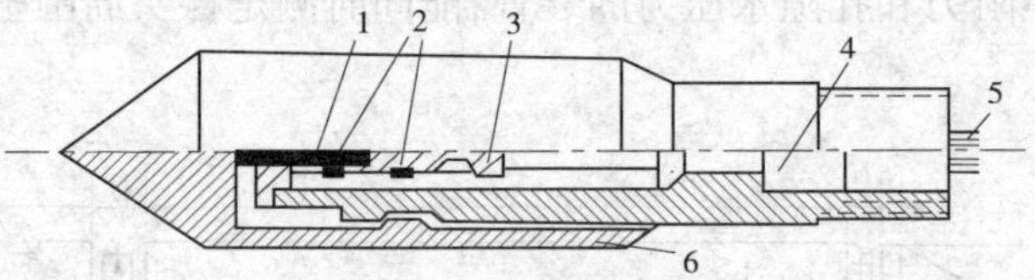

1—顶柱;2—电阻应变片;3—传感器;4—密封垫圈套;5—四芯电缆;6—外套筒

图 8-6 单桥探头结构

表 8-8 单桥探头的规格

型号	探头直径 ϕ(mm)	探头截面面积 A(cm^2)	有效侧壁长度 L(mm)	锥角 α(°)
Ⅰ-1	35.7	10	57	60
Ⅰ-2	43.7	15	70	60
Ⅰ-3	50.4	20	81	60

2. 双桥探头

单桥探头虽带有侧壁摩擦套筒,但不能分别测出锥头阻力和侧壁摩擦力。双桥探头除锥头传感器外,还有侧壁摩擦传感器及摩擦套筒。侧壁摩擦套筒的尺寸与锥底面积有关。双桥探头结构见图 8-7,其规格见表 8-9。

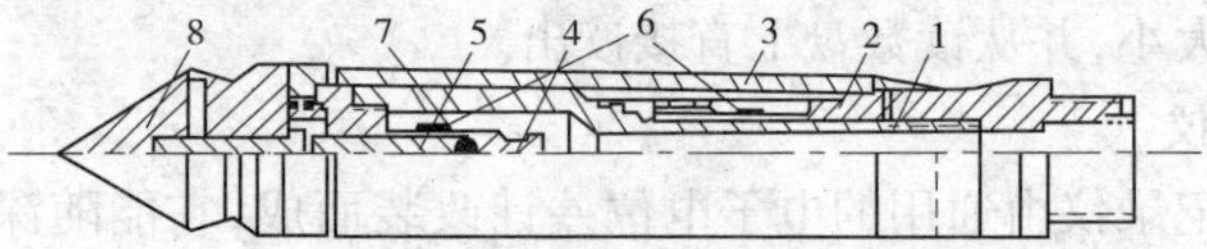

1—传力杆;2—摩擦传感器;3—摩擦筒;4—锥尖传感器;
5—顶柱;6—电阻应变片;7—钢球;8—锥尖头

图 8-7 双桥探头结构

表 8-9 双桥探头的规格

型号	探头直径 ϕ(mm)	探头截面面积 A(cm^2)	摩擦筒表面面积 F(mm)	锥角 α(°)
Ⅱ-1	35.7	10	150,200	60
Ⅱ-2	43.7	15	300	60
Ⅱ-3	50.4	20	300	60

3. 孔压静力触探探头

图 8-8 所示为带有孔隙水压力测试的静力触探探头,该探头除具有双桥探头所需的各种部件外,还增加了由过滤片(通常由微孔陶瓷制成)做成的透水滤器和一个孔压传感

器，过滤片的渗透系数一般为$(1\sim5)\times10^{-5}$ cm/s，过滤片周围应有(110 ± 5) kPa 的抗渗压能力，其位置一般以对称 3 ~6 孔镶嵌于锥面为佳，孔压静力触探探头具有能同时测定锥头阻力、侧壁摩擦阻力和孔隙水压力的装置，能同时测定探头周围土中孔隙水压力的消散过程。

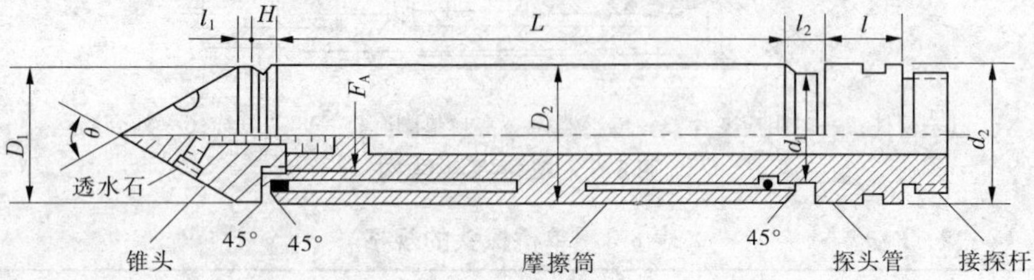

图 8-8 孔压静力触探探头

三、量测记录仪器

目前，我国常用的静力触探测量仪器有两种类型，一种为电阻应变仪，另一种为自动记录仪。

(一) 电阻应变仪

电阻应变仪由稳压电源、振荡器、测量电桥、放大器、相敏检波器和平衡指示器等组成。应变仪是通过电桥平衡原理进行测量的。当触探头工作时，传感器发生变形，引起测量桥路的平衡发生变化，通过手动调整电位器使电桥达到新的平衡，根据电位器调整程序就可确定应变量的大小，并从读数盘上直接读出。

(二) 自动记录仪

静力触探自动记录仪由通用的电子电位差计改装而成，它能随深度自动记录土层贯入阻力的变化情况，并以曲线的方式自动绘在记录纸上，从而提高了野外工作的效率和质量。

自动记录仪主要由稳压电源、电桥、滤波器、放大器、滑线电阻和可逆电机组成。由探头输出的信号，经过滤波器以后，到达测量电桥，产生出一个不平衡电压，经放大器放大后，推动可逆电机转动，与可逆电机相连的指示机构，就沿着有分度的标尺滑行，标尺是按信号大小比例刻制的，因而指示机构所指示的位置即为被测信号的数值。

其中深度控制是在自动记录仪中采用一对自整角机，即 45LF5B 及 45LJ5B(或 5A 型)，前者为发信机，固定在触探贯入设备的底板上，与摩擦轮相连，而摩擦轮则紧随钻杆压入土中而转动，从而带动发讯机转子旋转，送出信号，利用导线带动装在自动记录仪上的收信机(45LJ5B 机)转子旋转，再利用一组齿轮使接收机与仪表的走纸机构连接。当钻杆下压 1 m 时，记录纸刚好移动 1 cm(比例为 1:100)或 2 cm(比例为 1:50)，从而与压入深度同步，这样所记录的曲线就是用 1:100 或 1:50 比例尺绘制的触探孔土层的力学柱状图。微机控制的记录在触探试验过程中可显示和存入与各深度对应的 q_c 和 f_s 值，起拔探杆时即可进行资料分析处理，打印出直观曲线。

四、现场试验

(一)试验前的准备工作

(1)探杆及电缆的准备。备用探杆总长度应大于测试孔深度 2.0 m。对探杆要逐根检查试接,顺序放置。测试用电缆按探杆连接顺序一次穿齐,其长度可按下式估算:

$$L \geqslant n(Z + 0.2) + 7 \tag{8-12}$$

式中 L——电缆长度,m;

n——备用探杆根数;

Z——单根探杆长度,m。

(2)设置反力设施(或利用车装重量)。提供的反力应大于预估的最大贯入阻力,使静力触探试验达到预定深度。

(3)检查探头。核对探头标定记录,调零试压。孔压探头在贯入前应用特制的抽气泵对孔压传感器的应变腔抽气并注入脱气液体(水、硅油或甘油),直至应变腔无气泡出现。

(4)使用外接电源工作时,应检查电源电压是否符合要求。

(5)联机调试,检查仪表是否正常。

(6)触探主机就位后,应调平机座并用水平尺校准。

(7)孔压静探试验前还应做好如下准备工作:

①当地下水水位较浅时,宜在触探孔位处先挖一个深见地下水的小坑,将装满饱和液(脱气水)的小塑料袋包扎的探头悬吊于坑内水位以下。

②当地下水水位较深时,宜用直径较孔压探头大的或其他锥头先开孔钻至地下水水位以下,然后按上述办法将孔压探头悬吊于孔内水位以下。

(二)现场实测工作

(1)探头应匀速垂直压入土中,贯入速率为 1.2 m/min。

(2)每次加接探杆时,丝扣必须上满,卸探杆时,不得转动下面的探杆,要防止探头电缆压断、拉脱或扭曲。

(3)探头的归零检查应按下列要求进行:

①使用单桥或双桥探头触探时。

a. 将探头贯入地面下 0.5 ~1 m 后,上提探头 5 ~10 cm,观测零位漂移情况,待其稳定后,将仪表调零并压回原位即可开始正式贯入。

b. 在地面下 6 m 深度范围内,每贯入 2 ~3 m 应提升探头一次,将零漂值作为初读数记录下来。

c. 孔深超过 6 m 后,视不归零值的大小,可放宽归零检查的深度间隔(一般为 5 m)或不做归零检查。

d. 终孔起拔时和探头拔出地面时,应记录零漂值。

②进行孔压触探时,在整个贯入过程中不得提升探头,终孔起拔时应记录锥尖和侧壁的零漂值;探头拔出地面时,应立即卸下锥尖,记录孔压计的零漂值。

(4)使用数字式仪器时,每贯入 0.1 m 或 0.2 m 应记录一次读数;使用自动记录仪时,应随时注意桥走低和划线情况,标注出深度和归零检查结果。

(5)当在预定深度进行孔压消散试验时,应量测停止贯入后不同时间的孔压值和端阻值,其计时间隔由密而疏合理控制;试验过程不得松动探杆。

(6)当出现下列情况之一时,应终止贯入,并立即起拔:

①孔深已达任务书要求;

②反力失效或主机已超负荷;

③探杆明显弯曲,有断杆危险。

五、成果的整理

(一)各种触探参数的计算

首先应对原始数据进行检查与修正。当零漂值随深度变化,自动记录的深度与实际深度(以探杆长度计算)有差别时,应按线性内插法对原始数据进行修正。对于自动记录仪,可通过每隔一定深度提升一次,使笔头调零来消除零漂值影响。

根据有关技术规定,将触探参数点绘成依深度而定的分布曲线,统称触探曲线。自动记录仪绘制出的贯入阻力随深度变化曲线,其本身就是土层力学性质的柱状图,只需在其纵横坐标上绘制比例标尺,就可在图上直接查出 p_s 或 q_c、f_s、u 值的大小。

如果做了孔压消散试验,还应绘制孔压消散曲线。

(二)划分土层及绘制剖面图

(1)在划分土层时,一般根据已有经验并参照下述标准进行,当实测 p_s 值不超过表 8-10所列的变动幅度时,可合并为一层。

表 8-10 p_s 值并层容许变动幅度 (单位:MPa)

实测范围	变动幅度
$p_s \leqslant 1$	±(0.1~0.3)
$1 < p_s \leqslant 3$	±(0.3~0.5)
$3 < p_s \leqslant 6$	±(0.5~1)

(2)根据静力触探深度与贯入阻力曲线可绘制出土的力学剖面图,并按上述标准进行力学分层,写上每层土的 p_s 或 q_c 的范围值(或一般值)。当有钻孔资料与触探相配合时,可用对比法进行分层,从而提高分层精度。

(3)对于一些很薄的交互层或含薄层粉砂土,不应按表 8-10 进行分层,而应以 $p_{smax}/p_{smin} \leqslant 2$ 为分层标准,结合记录曲线的线形和土的类别予以综合考虑。

(4)在分层时还需考虑触探曲线中"提前"或"滞后"所反映的问题。当探头由坚硬土层进入松软土层或由松软土层突然进入坚硬土层时,往往出现这种现象,其幅度一般为 10~20 cm。其原因既有触探机理上的问题,也有仪器性能反映迟缓和土层本身在两层土交接处带有一些渐变的性质,因此情况较复杂。在分层时应根据具体情况加以分析。

(三)土层的触探参数计算与取值

土层依上述方法划分之后,各层土的触探参数值一般以其算术平均值表示

$$\bar{\gamma} = \frac{1}{n}\sum_{i=1}^{n} \gamma_i \tag{8-13}$$

式中　y_i——土层各个深度触探参数值；

$\bar{y}$——土层触探参数平均值。

对于自动记录曲线，经修正成成果曲线后，可根据各层土的曲线幅度变化情况，将其划分成若干小层，对每一小层按等积原理取该小层的触探参数平均值，然后按各小层厚度取该大层土触探参数的加权平均值。

对于下列情况，土层触探参数值应根据具体情况作必要取舍：

(1)在曲线中，遇个别峰值，可不参与平均值计算。所谓个别峰值，是指黏性土或粉土中的僵石、湖沼软土中的贝壳、泥炭土中的朽木、土中个别粗大颗粒等，它们不代表土层的基本特性；但在曲线图上，应如实绘出，有助于对地层的分析。

(2)厚度小于 1 m 的土夹层，当贯入阻力较上、下土层为高(或低)时，应取其较大(或最小)值为层平均值。这里所谓的较大值是指峰值点上、下各 20 cm 以内的大值平均值。

(3)土层是由若干厚度在 30 cm 以内的粉土(砂)和黏性土交互层沉积而成，且不宜进一步细分时，则应分别计算该套组合土层的峰值平均值和谷值平均值。这是由于土层的界面效应对薄层土的贯入阻力有影响，使得土层的峰值较“真值”为小，谷值又较“真值”为大。这种地层应结合工程性质综合分析评价。

六、成果的应用

根据静力触探资料，利用当前经验，可进行力学分层，估算土的塑性状态或密实度、强度、压缩性、地基承载力、单桩承载力、沉桩阻力，进行液化判别等。根据孔压消散曲线，可估算土的固结系数和渗透系数。

(一)土层分类

利用静力触探进行土层分类，由于不同类型的土可能有相同的 p_s、q_c 或 f_s 值，因此单靠某一个指标如单桥探头的 p_s 是无法对土层进行正确分类的。用双桥探头可判定土类。

使用双桥探头时可按图 8-9 划分土类。

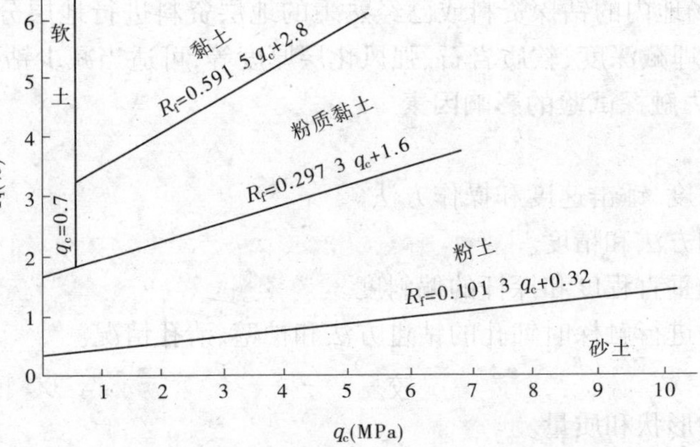

图 8-9　用双桥探头触探参数判别土类

R_f 为摩阻比，$R_f = 100f_s/q_c$，$q_c < 0.7$ MPa 可划分为软土。

(二)应用范围

(1)查明地基土在水平方向和垂直方向的变化，划分土层，确定土的类别(见图 8-8)。

(2)确定建筑物地基土的承载力和变形模量及其他物理力学指标。

(3)选择桩基持力层，预估单桩承载力，判别桩基沉入的可能性。

(4)检查填土及其他人工加固地基的密实程度和均匀性，判别砂土的密实度及其在地震作用下的液化可能性。

(5)湿陷性黄土地基用于查找浸水湿陷的范围和界线。

(6)估算土的固结系数和渗透系数等。

第三节　圆锥动力触探试验

一、圆锥动力触探试验的类型、应用范围和影响因素

圆锥动力触探试验(DPT)是岩土工程勘察中常规的原位测试方法之一，它是利用一定质量的落锤，以一定高度的自由落距将标准规格的圆锥形探头打入土层中，根据探头贯入的难易程度(可用贯入一定距离的锤击数、贯入度或探头单位面积动贯入阻力来表示)判定土层的性质。

(一)圆锥动力触探试验的技术特点

(1)通过触探试验获得地基土的物理力学性质指标。经过试验对比和相关分析，可获得地基土的密实度、地基承载力和变形指标等参数。

(2)判定地基土的均匀性。圆锥动力触探试验是一种在地层中可以从上至下连续贯入的测试方法，每个触探点的试验曲线可反映出地层在竖向上的变化规律。利用多个触探点的试验曲线，可分析地层在水平向的变化、评价地基的均匀性。

(3)具有钻探和测试的双重功能。圆锥动力触探可利用锤击数判定土的力学性质，同时也可以利用场地内的钻探资料或已经熟悉的地层资料进行地层分层，确定地层的分布厚度、基岩面的埋藏深度、软质岩石、强风化层厚度等，可适当减少钻孔的数量。

(二)圆锥动力触探试验的影响因素

1. 人为因素

(1)落锤的高度、锤击速度和操作方法。

(2)读数量测方法和精度。

(3)触探孔的垂直程度和探杆的偏斜度。

(4)在钻孔中进行触探时钻孔的钻进方法和护壁、清孔情况。

2. 设备因素

(1)穿心锤的形状和质量。

(2)探头的形状和大小。

(3)触探杆的截面尺寸、长度和质量。

(4)导向锤座的构造及尺寸。

(5)所用材料的材型及性能。

3.其他主要影响因素

(1)土的性质:如土的密度、含水量、状态、颗粒组成、结构强度、抗剪强度、压缩性和超固结比等。

(2)触探深度:主要包括触探杆侧壁摩擦和触探杆长度的影响两部分。

一般认为,触探贯入时由于土对触探杆侧壁的摩擦作用消耗了部分能量而使触探击数增大。侧壁摩擦的影响有随土的密度和触探深度的增大而增大的趋势。国外资料介绍,对于一般土层条件,用泥浆护壁钻进,触探深度小于 15 m 时,可不考虑侧壁摩擦的影响。第一机械工业部西南勘测大队在松散 - 稍密的砂土和圆砾、卵石层上所做对比试验表明:重型动力触探在深度 12 m 左右范围内,侧壁摩擦的影响是不显著的。如果土层较密,深度较大,侧壁摩擦有明显的影响。

(3)地下水。地下水的影响与土层的粒径和密度有关。一般的规律是颗粒越细、密度越小,地下水对触探击数的影响就越大,而对密实的砂土或碎石土,地下水的影响就不明显。一般认为,利用圆锥动力触探确定地基承载力时可不考虑地下水的影响;而在建立触探击数与砂土物理力学性质的关系时,应适当考虑地下水的影响。

4.圆锥动力触探影响因素的考虑方法

(1)设备规格定型化。遵照规范规程,可以使人为因素和设备因素的影响降低到最低限度。

(2)操作方法标准化。对于明显的影响因素,例如触探杆侧壁摩擦的影响,可经采取一定的技术措施,如泥浆护壁、分段触探等予以消除,或通过专门的试验研究,以对触探指标进行必要的修正。

(3)限制应用范围。例如对触探深度、土的密度和适用土层等进行必要的限制。

(三)国内圆锥动力触探试验类型及适用范围

圆锥动力触探试验的类型分为轻型、重型和超重型三种,各种试验的类型和规格见表 8-11。

表 8-11　圆锥动力触探类型及适用范围

<table>
<tr><th colspan="2">类型</th><th>轻型</th><th>重型</th><th>超重型</th></tr>
<tr><td rowspan="2">落锤</td><td>锤的质量(kg)</td><td>10</td><td>63.5</td><td>120</td></tr>
<tr><td>落距(cm)</td><td>50</td><td>76</td><td>100</td></tr>
<tr><td rowspan="2">探头</td><td>直径(mm)</td><td>40</td><td>74</td><td>74</td></tr>
<tr><td>锥角(°)</td><td>60</td><td>60</td><td>60</td></tr>
<tr><td colspan="2">探杆直径(mm)</td><td>25</td><td>42</td><td>50 ~ 60</td></tr>
<tr><td colspan="2">指标</td><td>贯入 30 cm 的锤击数 N_{10}</td><td>贯入 10 cm 的锤击数 $N_{63.5}$</td><td>贯入 10 cm 的锤击数 N_{120}</td></tr>
<tr><td colspan="2">适用范围</td><td>浅部的填土、砂土、粉土、黏土</td><td>砂土、中密以下的碎石土、极软岩</td><td>密实、很密的碎石土、软岩、极软岩</td></tr>
</table>

圆锥动力触探试验设备主要由圆锥触探头、触探杆、穿心锤三部分组成。轻型圆锥动力触探试验设备见图 8-10。重型和超重型圆锥动力触探试验触探头见图 8-11。

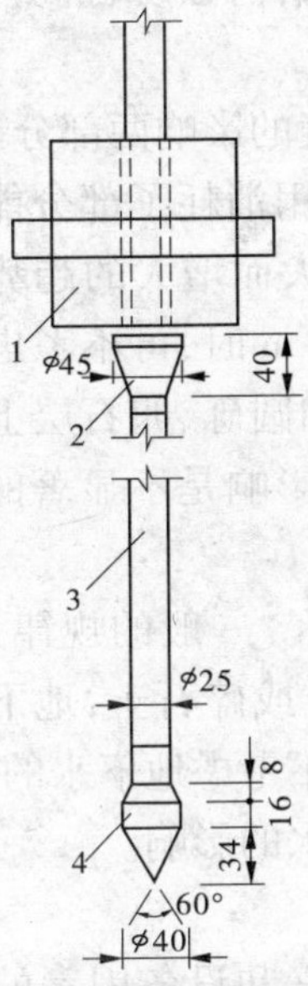

1—穿心锤;2—锤垫;3—触探杆;4—锥头

图 8-10　轻型动力触探试验设备　（单位:mm）

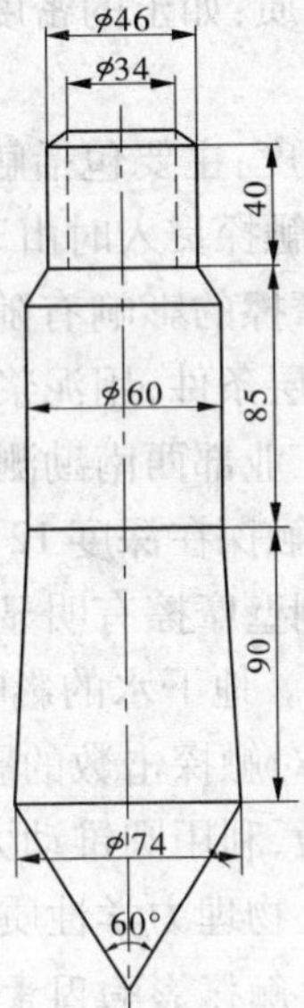

图 8-11　重型动力触探试验设备　（单位:mm）

二、圆锥动力触探试验技术要求

(1)采用自动落锤装置。

(2)触探杆最大偏斜度不应超过 2%,锤击贯入应连续进行;同时防止锤击偏心、探杆倾斜和侧向晃动,保持探杆垂直度;锤击速率宜为 15~30 击/min。

(3)每贯入 1 m,宜将探杆转动一圈半;当贯入深度超过 10 m 时,每贯入 20 cm 宜转动探杆一次。

(4)对轻型动力触探,当 $N_{10}>100$ 或贯入 15 cm 锤击数超过 50 时,可停止试验;对重型动力触探,当连续三次 $N_{63.5}>50$ 时,可停止试验或改用超重型动力触探。

三、圆锥动力触探试验成果分析

圆锥动力触探试验所获得的锤击数值(或动贯入阻力)应在剖面图上或柱状图上绘制随深度变化的关系曲线,触探曲线可绘制成直方图。

根据触探曲线的形态,结合钻探资料,进行地层的力学分层。图中应标明圆锥动力触探试验的类型、比例尺和分层深度。

圆锥动力触探试验是在地层的某一段进行连续测试的方法,因此在每个触探点的深度方向上,触探指标的大小可以反映不同地基土的密实度、地基承载力和其他工程性质指标的大小。在实际工作中,可以利用每个勘探点的触探指标随深度的关系曲线,结合场地内的钻探资料和地区经验,划分出不同的地层,但在进行土的分层和确定土的力学性质时应考虑触探的界面效应，即“超前”和“滞后”反应。当触探头尚未达到下卧土层时，在一定深度以上，下卧土层的影响已经超前反应出来，叫做“超前反应”。而当探头已经穿过上覆土层进入下卧土层中时，在一定深度以内，上覆土层的影响仍会有一定反应，这叫做“滞后反应”。

根据各孔的贯入指标平均值，用厚度加权平均法计算场地分层贯入指标平均值和变异系数。

四、圆锥动力触探成果应用

根据圆锥动力触探试验指标和地区经验，可进行力学分层，评定土的均匀性（状态、密实度）、土的强度、变形参数、地基承载力、单桩承载力，查明土洞、滑动面、软硬土层界面，检测地基处理效果等。应用试验成果时是否修正或如何修正，应根据建立统计关系时的具体情况确定。

第四节　标准贯入试验

标准贯入试验（SPT）是用质量为63.5 kg的重锤按照规定的落距（76 cm）自由下落，将标准规格的贯入器打入地层，根据贯入器在贯入一定深度得到的锤击数来判定土层的性质。这种测试方法适用于砂土、粉土和一般黏性土，但不适用于软塑、流塑的软土。

一、标准贯入试验的测试方法

（一）设备组成及设备规格

标准贯入试验设备由标准贯入器（见图8-12）、触探杆及穿心锤（即落锤）组成。标准贯入试验的设备规格见表8-12。

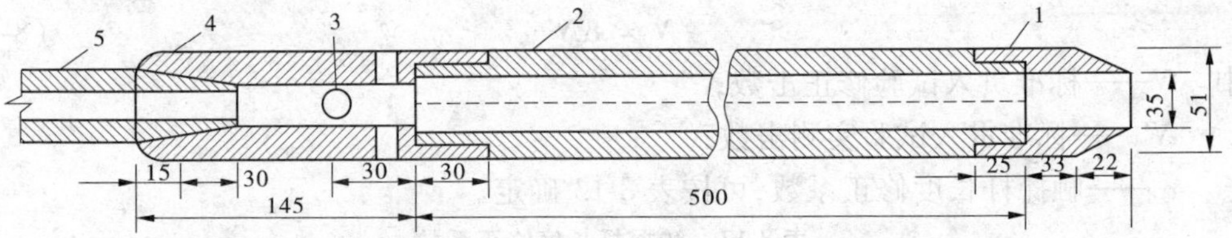

1—贯入器靴；2—由两个半圆形管合成的贯入器身；3—出水孔 $\phi15$；4—贯入器头；5—触探杆

图8-12　标准贯入器　（单位：mm）

（二）试验要点

（1）与钻探配合进行，先钻进到需要进行试验的土层标高以上约15 cm，清孔后换用标准贯入器，并量得深度尺寸。

（2）采用自动脱钩的自由落锤法进行锤击，并减少导向杆与锤间的摩阻力，避免锤击时的偏心和侧向晃动，保持贯入器、探杆、导向杆连接后的垂直度。

表 8-12　标准贯入试验设备规格

<table>
<tr><td colspan="2" rowspan="2">落锤</td><td>锤的质量(kg)</td><td>63.5</td></tr>
<tr><td>落距(cm)</td><td>76</td></tr>
<tr><td rowspan="6">贯入器</td><td rowspan="3">对开管</td><td>长度(mm)</td><td>>500</td></tr>
<tr><td>外径(mm)</td><td>51</td></tr>
<tr><td>内径(mm)</td><td>35</td></tr>
<tr><td rowspan="3">管靴</td><td>长度(mm)</td><td>50~76</td></tr>
<tr><td>刃口角度(°)</td><td>18~20</td></tr>
<tr><td>刃口单刃厚度(mm)</td><td>1.6</td></tr>
<tr><td colspan="2" rowspan="2">钻杆</td><td>直径(mm)</td><td>42</td></tr>
<tr><td>相对弯曲</td><td><1/1 000</td></tr>
</table>

(3)以 15~30 击/min 的贯入速度将贯入器打入试验土层中,先打入 15 cm 不计击数,继续贯入土中 30 cm,记录锤击数 N。若地层比较密实,贯入击数较大时,也可记录贯入深度小于 30 cm 的锤击数,这时需换算成贯入深度为 30 cm 的锤击数 N。

(4)拔出贯入器,取出贯入器中的土样进行鉴别描述。

(5)若需进行下一深度的贯入试验,则继续钻进,重复上述操作步骤。一般每隔 1 m 进行一次试验。

(6)在不能保持孔壁稳定的钻孔中进行试验时,可用泥浆护壁。

(三)影响因素及其校正

当用标准贯入试验锤击数确定承载力或其他指标时,应按下式对锤击数进行触探杆长度修正:

$$N = \alpha N' \tag{8-14}$$

式中　N——标准贯入试验修正击数;

N'——标准贯入试验实测击数;

α——触探杆长度修正系数,可按表 8-13 确定。

表 8-13　触探杆长度修正系数

触探杆长度	≤3	6	9	12	15	18	21
修正系数	1.00	0.92	0.86	0.81	0.77	0.73	0.70

标准贯入试验锤击数除按杆长进行修正外,还可对土的自重压力和地下水位的影响进行修正。

二、资料整理和成果应用

(一)资料整理

标准贯入试验锤击数 N 可直接标在工程地质剖面图上,也可绘制单孔标准贯入试验

击数 N 与深度关系曲线或直方图；若标准贯入不是连续进行，可直接在剖面图和柱状图上标出标准贯入位置与标准贯入击数，并说明是实测击数还是修正击数。统计分层标准贯入击数平均值或标准值时，应剔除异常值。

(二)成果应用

标准贯入试验锤击数 N 值，可对砂土、粉土、黏性土的物理状态，土的强度、变形参数、地基承载力、单桩承载力，砂土和粉土的液化，成桩的可能性等作出评价。应用 N 值时是否修正和如何修正，应根据建立统计关系时的具体情况确定。

第五节　载荷试验

载荷试验是在一定面积的承压板上向地基土逐级施加荷载，用于测定承压板下应力主要影响范围内岩土的承载力和变形特性的原位测试方法。它反映承压板下 1.5 ~ 2.0 倍承压板直径或宽度范围内地基土强度、变形的综合性状。

根据承压板的设置深度及形状，可分为平板载荷试验（包括浅层和深层）和螺旋板载荷试验，其中浅层平板载荷试验适用于浅层（埋深小于 3.0 m）地基土；深层平板载荷试验适用于埋深等于或大于 3 m 和地下水水位以上的地基土；螺旋板载荷试验适用于深层地基土或地下水水位以下的地基土。浅层平板载荷试验较为常用，是本教材阐述的重点，该试验主要适用于确定浅部地基土层（埋深小于 3.0 m）承压板下压力主要影响范围内的承载力和变形模量。

载荷试验应布置在有代表性的地点，每个场地不宜少于 3 个，当场地岩土体不均时，应适当增加。浅层平板载荷试验应布置在基础底面标高处。

一、试验设备及规格

(一)承压板(台)

1. 钢质承压板

钢质承压板适用于各种土层，承压板面积一般为 0.25 ~ 1.0 m^2，承压板需要有一定厚度和足够刚度。

2. 钢筋混凝土承压板

钢筋混凝土承压板在现场制作，承压板面积可达 1.0 m^2 以上，适用于特殊目的，在多桩复合地基载荷试验时，由于压板面积大，常用现浇的钢筋混凝土板。

3. 砖砌承压台

在现场没有现成的承压板时可以采用砖砌的承压台，但要保证有足够的强度和刚度。

(二)半自动稳压油压载荷试验设备

半自动稳压油压载荷试验设备适用于承压板面积为 0.25 ~ 1.0 m^2。利用高压油泵，通过稳压器及反力锚定装置，将压力稳定地传递到承压板。该设备由下列三部分组成：

(1)加荷及稳压系统：由承压板、加荷千斤顶、立柱、稳压器和支撑稳压器的三脚架组成。加荷千斤顶、稳压器、储油箱和高压油泵分别用高压胶管连接，构成一个油路系统。

(2)反力锚定系统：包括桁架和反力锚定两部分，桁架由中心柱套管、深度调节丝杠、斜撑管、主钢丝绳、三向接头等组成。

(3)观测系统:用百分表或其他自动观测装置进行观测。

(三)载荷试验机

该设备采用了液压加荷稳压、自动检测记录、逆变电源等技术,提高了自动化程度。适用于黏性土、粉土、砂土和混合土。

该设备由下列四部分组成:

(1)反力装置:为伞形构架式,由地锚、拉杆、横梁、立柱等组成。

(2)加压系统:由承压板、加荷顶、高压油管及其连接件和液压自动加荷台等组成。

(3)自动检测记录仪:由数字钟与定时控制、数字显示表和打印机组成。

(4)交直流逆变器。

(四)载荷试验设备

适用于黏性土、粉土、砂土和粒径不大的碎石土。该设备采用了滚珠丝杠和光电转换新技术,自动化程度较高,设备由下列三部分组成:

(1)稳压加荷装置:由砝码、钢丝绳、天轮、滚珠丝杠稳压器、加荷顶、承压板、手动油泵、油箱和压力表等组成。

(2)反力装置:由 K 形刚性桁架、反力螺杆、反力横梁和活顶头等组成。

(3)沉降观测装置:采用光电百分表,由吊挂架、传感器下托、光电转角传感器、警报器、数字显示仪和备用电源等组成。

(五)静力载荷测试仪

适用于黏性土、粉土、砂土和碎石土等。该仪器自动化程度高,可实现自动加荷、自动补荷、自动判别稳定、自动存储数据,并可进行现场实时数据处理。

常用的浅层平板载荷试验设备见图 8-13。

二、试验要点

(一)承压板面积

承压板面积一般采用 0.25 ~ 0.5 m^2,对均质、密实以上的地基土(如老堆积土、砂土)可采用 0.1 m^2,对新近堆积土、软土和粒径较大的填土不应小于 0.5 m^2。

(二)试坑宽度

根据半无限空间弹性理论,试验标高处的试坑宽度不应小于承压板宽度或直径的 3 倍。

(三)试验土层

应保持试验土层的原状结构和天然湿度,在试坑开挖时,应在试验点位置周围预留一定厚度的土层,在安装承压板前再清理至试验标高。

(四)承压板与土层接触处的处理

在承压板与土层接触处,应铺设厚度不超过 20 mm 厚的中砂或粗砂找平层,以保证承压板水平并与土层均匀接触。对软塑、流塑状态的黏性土或饱和松散砂,承压板周围应铺设 200 ~ 300 mm 厚的原土作为保护层。

(五)试验标高低于地下水位的处理

当试验标高低于地下水位时,为使试验顺利进行,应先将水位降至试验标高以下,并

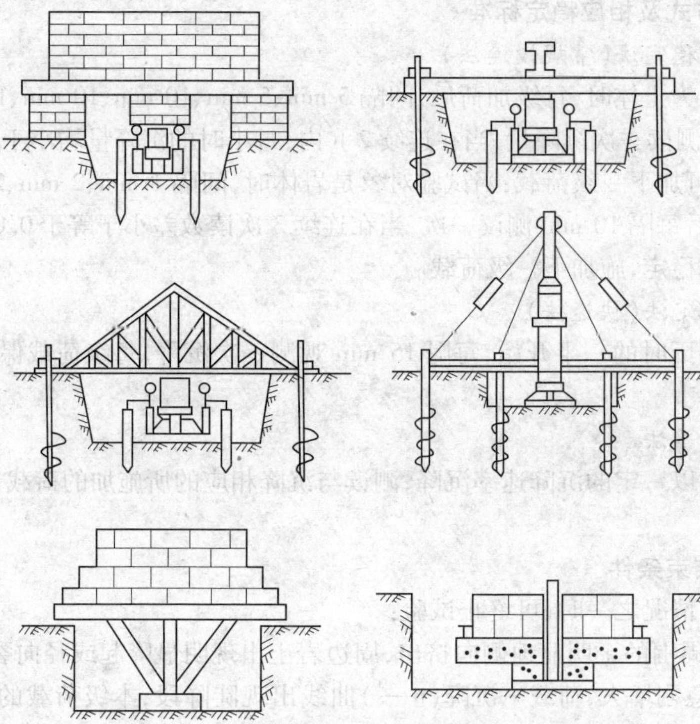

图 8-13　常用的浅层平板载荷试验设备

在试坑底部铺设一层厚 50 mm 左右的中、粗砂，安装设备，待水位恢复后再加荷试验。

（六）加荷分级

加荷分级不应小于 8 级，最大加载量不应小于设计要求的 2 倍，荷载按等量分级施加，每级荷载增量为预估极限荷载的 1/10 ~ 1/8。当不易预估极限荷载时，可参考表 8-14 选用。

表 8-14　每级荷载增量参考值

试验土层特征	每级荷载增量（kPa）
淤泥，流塑黏性土，松散砂土	≤15
软塑黏性土、粉土，稍密砂土	15 ~ 25
可塑－硬塑黏性土、粉土，中密砂土	25 ~ 50
坚硬黏性土、粉土，密实砂	50 ~ 100
碎石土，软岩石、风化岩石	100 ~ 200

（七）试验精度

荷载量测精度不应低于最大荷载的 ±1%，承压板的沉降可采用百分表或电测位移计量测，其精度不应低于 ±0.01 mm。

(八)加荷方式及相应稳定标准

1. 沉降相对稳定法(常规慢速法)

当试验对象为土体时,每级加荷后,间隔 5 min、5 min、10 min、10 min、15 min、15 min,以后每隔 0.5 h 测读一次沉降量,当在连续 2 h 内,每小时的沉降量均小于 0.1 mm 时,则认为已趋稳定,可加下一级荷载;当试验对象是岩体时,间隔 1 min、2 min、2 min、5 min 测读一次沉降,以后每隔 10 min 测读一次,当在连续 3 次读数差小于等于 0.01 mm 时,则认为沉降已达相对稳定,施加下一级荷载。

2. 沉降非稳定法(快速法)

自加荷操作历时的一半开始,每隔 15 min 观测一次沉降,每级荷载保持 2 h,即可施加下一级荷载。

3. 等沉降速率法

控制承压板以一定的沉降速率沉降,测读与沉降相应的所施加的荷载,直至试验达破坏状态。

(九)试验结束条件

当出现下列情况之一时,可终止试验:

(1)承压板周围的土明显地侧向挤出,周边岩土出现明显隆起或径向裂缝持续发展。

(2)沉降 s 急剧增大,荷载—沉降(p—s)曲线出现陡降段,本级荷载的沉降量大于前级荷载沉降量的 5 倍。

(3)某级荷载下,24 h 内沉降速率不能达到稳定标准。

(4)总沉降量与承压板直径或宽度之比超过 0.06。

当满足前三种情况之一时,其相对应的前一级荷载为极限荷载。

(十)回弹观测

分级卸荷,观测回弹值。分级卸荷量为分级加荷量的 2 倍,15 min 观测一次,1 h 后再卸下一级荷载,荷载完全卸除后,应继续观测 3 h。

三、资料整理

(一)沉降相对稳定法(常规慢速法)

1. 绘图

根据原始记录绘制 p—s 曲线和 s—t 曲线草图。

2. 修正沉降观测值

先求出校正值 s_0 和 p—s 曲线斜率 C。

s_0 和 C 的求法有图解法和最小二乘法。

1)图解法

在 p—s 曲线草图上找出比例界限点,从比例界限点引一直线,使比例界限前的各点均匀靠近该直线,直线与纵坐标交点的截距即为 s_0。将直线上任一点的 s、p 和 s_0 代入下式求得 C 值

$$s = s_0 + Cp \tag{8-15}$$

2)最小二乘法

最小二乘法计算式如下

$$Ns_0 + C\sum p - \sum s' = 0 \tag{8-16}$$

$$s_0\sum p + C\sum p^2 - \sum ps' = 0 \tag{8-17}$$

解上两式得

$$C = \frac{N\sum ps' - \sum p\sum s'}{N\sum p^2 - (\sum p)^2} \tag{8-18}$$

$$s_0 = \frac{\sum s'\sum p^2 - \sum p\sum ps'}{N\sum p^2 - (\sum p)^2} \tag{8-19}$$

式中 N——加荷次数;

s_0——校正值,cm;

p——单位面积压力,kPa;

s'——各级荷载下的原始沉降值,cm;

C——斜率。

求得 s_0 和 C 值后,按下述方法修正沉降观测值 s:对于比例界限以前各点,根据 C、p 值按 $s = Cp$ 计算;对于比例界限以后各点,则按 $s = s' - s_0$ 计算。

根据 p、修正后的 s 值绘制 p—s 曲线。

(二)沉降非稳定法(快速法)

根据试验记录按外推法推算各级荷载下,沉降速率达到相对稳定标准时所需的时间和沉降量,然后以推算的沉降量绘制 p—s 曲线。

四、成果应用

(一)确定地基土承载力特征值

1.强度控制法

(1)当 p—s 曲线上有明显的直线段时,一般采用直线段的终点对应的荷载值为比例界限,取该比例界限所对应的荷载值为承载力特征值。

(2)当 p—s 曲线上无明显的直线段时,可用下述方法确定比例界限:

①在某一荷载下,其沉降量超过前一级荷载下沉量的2倍,即 $\Delta s_n > 2\Delta s_{n-1}$ 的点所对应的荷载即为比例界限。

②绘制 $\lg p$—$\lg s$ 曲线,曲线上转折点所对应的荷载即为比例界限。

③绘制 p—$\frac{\Delta p}{\Delta s}$ 曲线,曲线上的转折点所对应的荷载值即为比例界限,其中 Δp 为荷载增量,Δs 为相应的沉降量。

当极限荷载小于对应比例界限的荷载值的2倍时,取极限荷载值的一半作为承载力特征值。

2.相对沉降控制法

当不能按比例界限和极限荷载确定时,承压板面积为0.25~0.50 m^2,可取 s/b =

0.01 ~0.015所对应的荷载,作为地基土承载力特征值,但其值不应大于最大加载量的一半。

同一土层参加统计的试验点不应少于 3 点,当试验实测值的极差不超过平均值的 30%时,取此平均值为该土层的地基承载力特征值f_{ak}。

(二)计算变形模量

浅层平板载荷试验的变形模量 E_0(MPa)可按下式计算

$$E_0 = I_0(1-\nu^2)\frac{pd}{s} \tag{8-20}$$

式中 I_0——刚性承压板的形状系数,圆形承压板取 0.785,方形承压板取 0.886;

ν——土的泊松比,碎石土取 0.27,砂土取 0.30,粉土取 0.35,粉质黏土取 0.38,黏土取 0.42;

d——承压板直径或边长,m;

p——p—s 曲线线性段的压力,kPa;

s——与 p 对应的沉降,mm。

(三)估算地基土的不排水抗剪强度

用沉降非稳定法(快速法)载荷试验(不排水条件)的极限荷载 p_u 可估算饱和黏性土的不排水抗剪强度 c_u($\varphi_u=0$)

$$c_u = \frac{p_u - p_0}{N_c} \tag{8-21}$$

式中 p_u——快速法载荷试验所得极限压力,kPa;

p_0——承压板周边外的超载或土的自重压力,kPa;

N_c——对方形或圆形承压板,当周边无超载时,$N_c=6.15$,当承压板埋深大于或等于 4 倍板径或边长时,$N_c=9.25$,当承压板埋深小于 4 倍板径或边长时,N_c 由线性内插确定;

c_u——地基土的不排水抗剪强度,kPa。

(四)计算基准基床系数 K_v

根据承压板边长为 30 cm 的平板载荷试验,按下式计算

$$K_v = \frac{p}{s} \tag{8-22}$$

第六节 波速测试

现场波速测试的基本原理是利用弹性波在不同岩土介质中传播速度的差异来达到勘察测试的目的。弹性波在地层介质中的传播,可分为体波和面波。体波又可分为压缩波(P 波)和剪切波(S 波)。剪切波的垂直分量为 SV 波,水平分量为 SH 波。在地层表面传播的面波可分为瑞雷波(R 波)和 Love 波(L 波)。

弹性波速测试成果的应用包括:①确定与波速有关的岩土参数;②进行场地类别划分;③为场地地震反应分析和动力机器基础进行动力分析提供地基土动力参数;④检验地基处理效果等方面,主要有三种测试方法,其特点见表 8-15。

表 8-15　几种波速测试方法的比较

测试方法	测试波形	钻孔数量	测试深度	激振形式	测试仪器	波速精确度	工作效率	测试成本
单孔法	P、SH	1	深	地面孔内	较简单	平均值	较高	低
跨孔法	P、SV	2	深	孔内	复杂	高	低	高
瑞雷波法	R	—	较浅	地面	复杂	较高	高	低

注：P 为纵波，SH 为水平极化剪切波，SV 为垂直极化剪切波，R 为瑞雷波。

一、单孔法

在地面激振，检波器在一个垂直钻孔中接收，自上而下(或自下而上)按地层划分逐层进行检测，计算每一地层的 P 波或 SH 波速，称为单孔法。该法按激振方式不同可以检测地层的压缩波波速或剪切波波速。

(一)测试仪器设备

1. 振源

(1)剪切波振源，要求具有偏振性，能产生优势 SH 波，并具有可反向性、重复性好和产生足够能量的振源。目前，我国常用的有击板法，其他如弹簧激振法和定向爆破法少见，只有要求测试地层很深时采用。

(2)纵波震源，要求激发能量大和重复性好，常用的是用重锤锤击放在地表的圆钢板，以产生纵波，要求测试地层深时，也可采用炸药爆破方式。

2. 三分量检波器

如图 8-14 所示，它由三个互相垂直的检波器组成。检波器自振频率一般为 10 Hz 和 28 Hz，频率响应可达几百赫兹。三个检波器互相垂直，同时安装在同一个钢筒内，固定密封好，严防漏水，从中引出导线接至内装钢丝的多芯屏蔽电缆。这样孔内三分量检波器的垂直向检波器可接收由地表振源传来的 P 波，两个水平向检波器可以接收地表传来的SH 波。

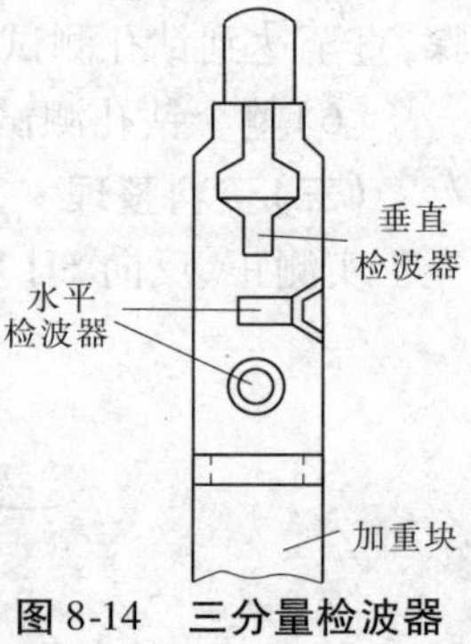

图 8-14　三分量检波器

3. 信号采集分析仪

可以采用地震仪或其他多通道信号采集分析仪。这些仪器只要都具有信号放大、滤波、采集记录、数据处理等功能，信号放大倍数大于 2 000 倍，噪声低，相位一致性好，时间分辨精度在 1 μs 以下，具有 4 个通道以上，并具有剪切波测试数据处理分析软件，都可以满足波速测试要求。

(二)试验方法

现场单孔波速测试如图 8-15 所示，试验步骤如下：

(1)平整场地，使激振板离孔口的水平距离约 1 m，上压重物约 500 kg 或用汽车两前轮压在木板上，木板规格为长 2 ~ 3 m、宽 0. 3 m、厚 0. 05 m。记时触发检波器宜埋于木板中心位置或在手锤上装置脉冲触发传感器。

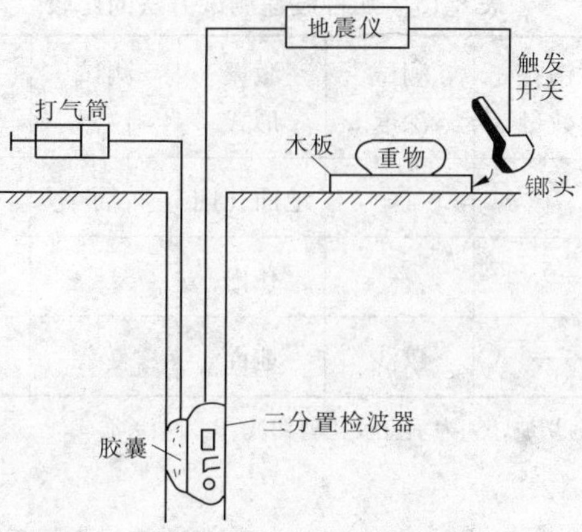

图 8-15　单孔波速测试示意图

(2)接通电源,在地面检查测试仪正常后,即可进行试验。

(3)把三分量检波器放入孔内预定测试点的深度,然后在地面用打气筒充气,胶囊膨胀使三分量检波器紧贴孔壁。

(4)用木锤或铁锤水平敲击激振板一端,地表产生的剪切波经地层传播,由孔内的三分量检波器的水平检波器接收 SH 波信号,该信号经电缆送入地震仪放大记录。试验要求地震仪获得 3 次清晰的记录波形。然后反向敲击木板,以同样获得 3 次清晰波形时止,该 SH 波测试点试验完成。接着用重锤敲击放在地表的钢板,由孔内三分量的垂直检波器记录到达的 P 波,同样要求获得 3 次清晰的 P 波波形,存盘无误后,该钻孔深度的测点测试结束。

(5)胶囊放气,把孔内三分量检波器转移到下一个测试点的深度,重复上述测试步骤,直至达到钻孔测试深度要求。

(6)整个钻孔测试完后,要检查野外测试记录是否完整,并测定记录孔内水位深度。

(三)资料整理

实测正、反向 SH 剪切波波形如图 8-16 所示。

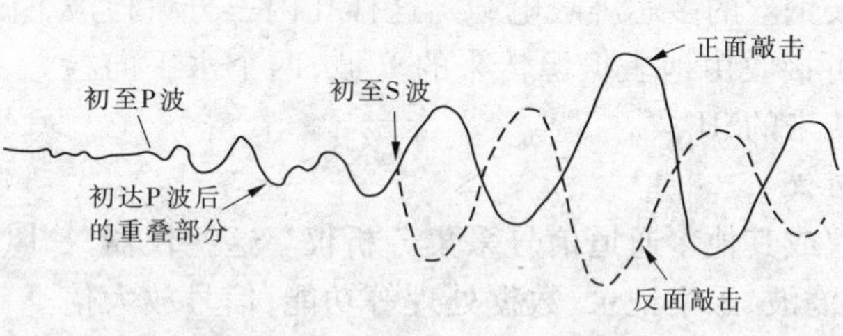

图 8-16　正、反向 SH 剪切波波形

1. 波形鉴别

根据不同波的初至和波形特征予以区别:

(1)压缩波速度比剪切波快,压缩波为初至波。

(2)敲击木板正、反向两端时,剪切波波形相位差 180°,而压缩波不变。

(3)压缩波传播能量衰减比剪切波快,离孔口一定深度后,压缩波与剪切波逐渐分离,容易识别。它们的波形特征:压缩波幅度小、频率高,剪切波幅度大、频率低。

2. 波速计算

根据波形特征和三分量检波器的方向区别P波、S波的初至，以触发信号的起点为0时，读取P波或S波的旅行，绘制时距曲线，分层计算波速。

当激发点距孔口距离 x 较大，测试深度又较浅（如10 m以内）时，计算波速时则应进行斜距校正。按下式换算为垂直距离旅行时 t'

$$t' = t\frac{h}{\sqrt{x^2 + h^2}} \tag{8-23}$$

式中 t——在记录上读取的斜距旅行时；

h——孔中检波器距孔口地面的距离；

x——激发点距孔口的距离。

单孔法资料分析的成果图应包括地层、记录波形、波速、弹性参数等。

二、跨孔法

在两个以上垂直钻孔内，自上而下（或自下而上），在同一地层的水平方向上一孔激发，另外钻孔中接收，逐层进行检测地层的直达SV波，称为跨孔法。跨孔法波速测试的仪器设备装置如图8-17所示。跨孔法最好是在一条直线上布置三个孔，一孔为振源激发孔，另外两个孔为信号接收孔，这样可以避免激发延时给测试波速计算带来的误差。

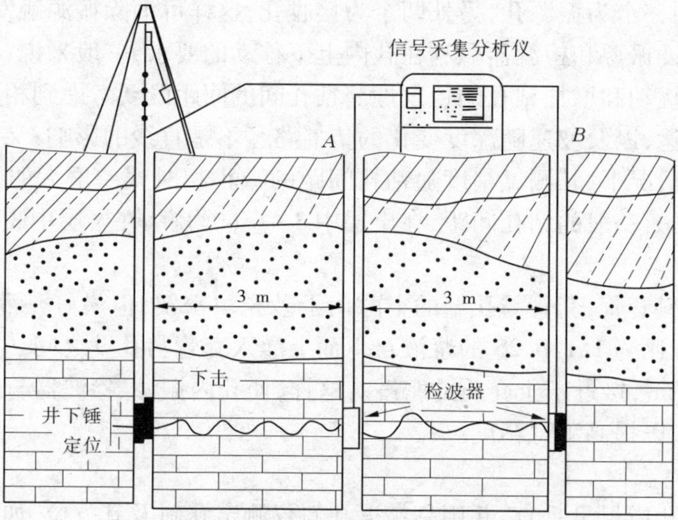

图8-17 跨孔波速测试示意图

（一）测试仪器设备

（1）剪切锤：孔中剪切锤如图8-18所示，由一个固定的圆筒体和一个滑动质量块组成。当它放入孔内测试深度后，通过地面的液压装置和液压管相连，当输液加压时，剪切锤的四个活塞推出圆筒体扩张板与孔壁紧贴。工作时突然上拉绳子，使其与下部连接剪切锤活动质量块冲击固定的圆筒体，筒体扩张板与孔壁地层产生剪切力，在地层的水平方向即产生较强的SV波，由相邻钻孔的垂直检波器接收；松开拉绳，滑动质量块自重下落，冲击固定筒体扩张板，则地层中会产生与上拉时波形相位相反的SV波。与此时，相邻钻孔中的径向水平检波器可接收到由激发孔传来的该地层深度的P波。

(2)重锤标准贯入装置:标准贯入试验的空心锤锤击孔下的取土器,孔底地层受到竖向冲击,由于振源的偏振性使地层水平方向产生较强的SV波,沿水平方向传播的SV波分量能量较强,在与振源同一高度的另一接收孔内安装的垂直向检波器,能接收到由振源经地层水平传播的较清晰的SV波波形信号。

这种振源结构简单,操作方便,能量大,适合于浅孔,但需考虑振源激发延时对测试波速的影响。

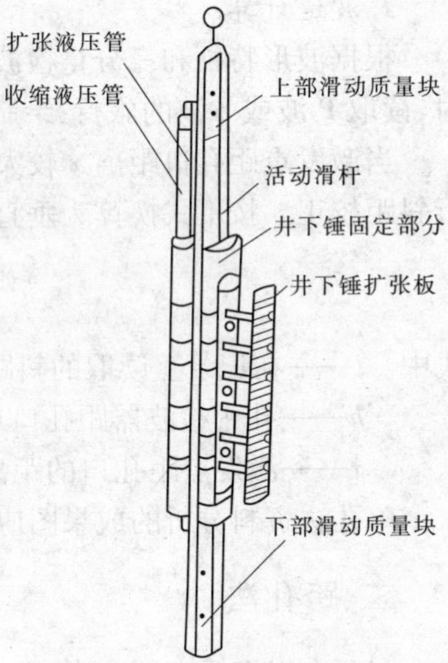

图8-18　孔中剪切锤示意图

(二)测试仪器

跨孔法需要在两个孔内都安置三分量检波器,信号采集分析仪应在六通道以上,其他性能指标要求与单孔法相同。

(三)测试方法

1. 钻孔

跨孔法波速测试一般需在一条平行地层走向或垂直地层走向的直线上布置同等深度的三个钻孔,其中一个为振源孔,另外两个为接收孔,这样可消除振源触发器的延时误差。钻孔孔径以能保证振源和检波器顺利在孔内上下移动的要求,一般来说,小直径钻孔可减小对孔壁介质的扰动和增加钻孔的稳定性。钻孔间的间距既要考虑到相邻地层的高速层折射波是否先到达,以及波速随深度变化的传播路径不是直线的影响;又要考虑测试仪器计时精度不变的情况下,其测试精度随钻孔间距的减小相对误差增大的影响。对上述各项因素要统筹考虑,一般的钻孔间距,在土层中3~6 m为宜,在岩层中8~12 m为宜。

2. 灌浆

钻孔宜下塑料套管,套管与孔壁的空隙用干砂充填密实;但最好是灌浆法,将由膨润土、水泥和水的配比为1:1:6.25的浆液自下而上灌入套管与孔壁之间。其固结后的密度为1.67~2.06 t/m^3,接近于土介质的密度。这样,使孔内振源、检波器与地层介质间处于更好的耦合状态,以提高测试精度。

3. 测孔斜

跨孔法的钻孔应尽量垂直,并用高精度孔斜仪测定孔斜及其方位,如用加速度计数字式孔斜仪,倾角测试误差低于0.1°,水平位移测试精度10^{-3}~10^{-4} m,即可满足工程测试要求。

4. 测试的准备工作

当钻孔的数量、孔径、孔深、孔距等根据工程的需要确定后,钻孔应进行一次性成孔,并下好塑料套管和灌浆,待浆液凝固后,查明各钻孔的孔口标高、孔距,随后用孔斜仪测定钻孔的孔斜及其方位,计算出各测点深度处的实际水平孔距,供计算波速时用,此时,现场准备工作基本完成。测试一般从离地面2 m深度开始,其下测点间距为每隔1~2 m增加一测点,也可根据实际地层情况适当拉稀或加密,为了避免相邻高速层折射波的影响,一般测点宜选在测试地层的中间位置。

5. 测试

由标贯器(取土器)作振源的跨孔法测试仪器布置,如图8-19所示。其中一个钻孔为振源孔,另外两个为放置检波器的接收孔。每一测点的振源与检波器位置应在同一水平高度,并与孔壁紧贴,待其测试仪器通电正常后,即可激发振源和接收记录波形信号。当记录波形清晰满意后,即可移动振源和检波器,将其放至下一测点,如此重复,直到孔底。为了保证测试精度,一般应取部分测点进行重复观测,如前、后观测误差较大,则应分析原因,查清问题,在现场予以解决。这种重复观测,用孔下剪切锤振源时可以进行;而用标贯器做振源时无法进行。

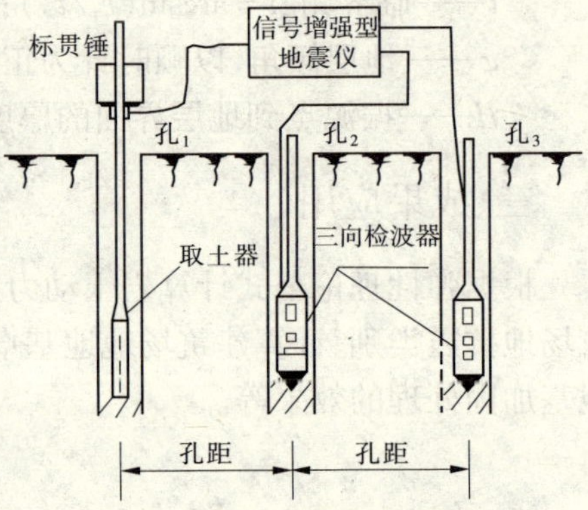

图8-19 标贯器振源跨孔法测试示意图

(四)资料整理

跨孔法可同时测定水平地层传播的P波和S波波速,该方法测试深度较深,可测出地层中的低速软弱夹层,其测试精度较高,但成本也高,因而在重要的大、中工程中才应用。

利用水平检波器的波形记录,确定一个测试深度P波到达二接收孔测点的初至时间T_{P_1}、T_{P_2};利用竖向检波器的波形记录,确定每一个测试深度S波到达二接收孔测点的初至时间T_{S_1}、T_{S_2};根据测孔斜资料,计算由振源到达每一接收孔距离S_1和S_2及差值$\Delta S = S_2 - S_1$,然后按下式计算每个测试深度的压缩波和剪切波波速值

$$v_P = \frac{\Delta S}{T_{P_2} - T_{P_1}} \tag{8-24}$$

$$v_S = \frac{\Delta S}{T_{S_2} - T_{S_1}} \tag{8-25}$$

式中 v_P——压缩波波速,m/s;

v_S——剪切波波速,m/s;

T_{P_1}、T_{P_2}——压缩波到达第一、第二个接收孔测点的时间,s;

T_{S_1}、T_{S_2}——剪切波到达第一、第二个接收孔测点的时间,s;

S_1、S_2——由振源到达第一、第二个接收孔测点的距离,m;

ΔS——由振源到达两接收孔测点的距离之差,m。

当测试地层附近不均匀,存在高速层且有地层倾斜时,如图8-20所示,分析是否接收到折射波。可根据式(8-26)计算

$$\frac{x_c}{H} = \frac{2\cos i\cos\varphi}{1 - \sin(i + \varphi)} \tag{8-26}$$

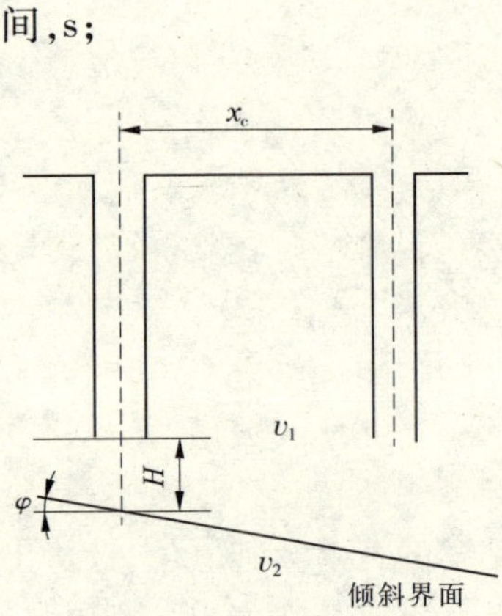

图8-20 折射影响

式中　x_c——临界距离，当振源点到接收器点的距离大于此距离时，会接收到折射波；

i——临界角，$i=\arcsin(v_1/v_2)$；

φ——地层倾角，以顺时针为正，逆时针为负；

H——振源点到地层界面的厚度。

三、成果应用

根据弹性理论公式计算岩土动力参数、计算地基刚度和阻尼比、划分场地土类型和建筑场地抗震类别、计算建筑场地地基卓越周期、判定砂土地基液化、进行地震小区划、检验地基加固处理的效果等。

第九章　现场检验和监测

现场检验和监测是岩土工程中的一个重要环节,它与勘察、设计、施工一起,构成了岩土工程的完整体系。

现场检验与监测工作一般是在勘察和施工期进行的。但对有特殊要求的工程,则应在使用、运营期间内继续进行。所谓特殊要求指的是:有特殊意义的重大建筑物;一旦损坏,将造成生命、财产巨大损失或重大社会影响的工程;对建筑物和地基变形有特殊限制的工程;使用了新的设计、施工或地基处理方案,尚缺乏必要经验的工程。

岩土工程勘察重视和强调定量化评价,为解决岩土工程问题而提出对策、制订措施。它在现场检验与监测这一环节中体现得更为明显。通过现场检验与监测所获取的数据,可以预测一些不良地质现象的发展演化趋势及其对工程建筑物的可能危害,以便采取防治对策和措施;也可以通过"足尺试验"进行反分析,求取岩土体的某些工程参数,以此为依据及时修正勘察成果,优化工程设计,必要时应进行补充勘察;对岩土工程施工质量进行监控,以保证工程的质量和安全。

现场检验指的是在施工阶段对勘察成果的验证核查和施工质量的监控。因此,检验工作应包含两方面内容:

第一,验证核查岩土工程勘察成果与评价建议,即施工时通过基坑开挖等手段揭露岩土体,所获得的第一手工程地质资料和水文地质资料较之勘察阶段更为确切,可以用来补充和修正勘察成果。如果实际情况与勘察成果出入较大,还应进行施工阶段的补充勘察。

第二,对岩土工程施工质量的控制与检验,即施工监理与质量控制。例如,天然地基基槽的尺寸、槽底标高的检验,局部异常的处理措施;桩基础施工中的一系列质量监控;地基处理施工质量的控制与检验;深基坑支护系统施工质量的监控等。

现场监测指的是在工程勘察、施工以至运营期间,对工程有影响的不良地质现象、岩土体性状和地下水等进行监测,其目的是保证工程的正常施工和运营,确保安全。监测工作主要包含三方面内容:

第一,施工和各类荷载作用下岩土反应性状的监测。例如,土压力观测、岩土体中的应力量测、岩土体变形和位移监测、孔隙水压力观测等。

第二,对施工或运营中结构物的监测。对于像核电站等特别重大的结构物,则在整个运营期间都要进行监测。

第三,对环境条件的监测。包括对工程地质和水文地质条件中某些要素的监测,尤其是对工程构成威胁的不良地质现象,在勘察期间就应布置监测(如滑坡、崩塌、泥石流、土洞等);除此之外,还有对相邻结构物及工程设施在施工过程中可能发生的变化、施工振动、噪声和污染等的监测。

第一节　地基基础的检验和监测

一、天然地基的基槽检验与监测

（一）现场检验

现场检验适用于天然土层为地基持力层的浅基础。主要做基坑开挖后的验槽工作。为了做好此项工作，要求熟悉勘察报告，掌握地基持力层的空间分布和工程性质，并了解拟建建筑物的类型和工作方式，研究基础设计图纸及环境监测资料等。做好验槽的必要准备工作。当遇到下列情况之一时，应重点进行验槽：

（1）持力层的顶板标高有较大起伏变化。

（2）基础范围内存在两种以上不同成因类型的地层。

（3）基础范围内存在局部异常土质或有坑穴、古井、老地基或古迹遗址。

（4）基础范围内遇有断层破碎带、软弱岩脉及废（古）河道、湖泊、沟谷等不良地质、地貌条件。

（5）在雨季或冬季等不良气候条件下施工，基底土质可能受到影响。

验槽的要求是：

（1）核对基槽的施工位置、平面尺寸、基础埋深和槽底标高。平面尺寸由设计中心线向两边量测，长、宽尺寸不应偏小；槽底标高的偏差，一般情况下应控制在 0 ~ 50 mm 范围内。

（2）槽底基础范围内若遇到异常情况，应结合具体地质、地貌条件提出处理措施。必要时可在槽底进行轻便钎探。当施工揭露的地基土条件与勘察报告有较大出入或者验槽人员认为有必要时，可有针对性地进行补充勘察。

（3）验槽后应写出检验报告，内容包括：岩土描述、槽底土质平面分布图、基槽处理竣工图、现场测试记录的检验报告。验槽报告是岩土工程的重要技术档案，应做到资料齐全，及时归档。

（二）现场监测

当重要建筑物基坑开挖较深或地基土层较软弱时，可根据需要布置监测工作。现场监测的内容有基坑底部回弹观测、建筑物基础沉降及各土层的分层沉降观测、地下水控制措施的效果及影响的监测、基坑支护系统工作状态的监测等。本节只讨论基坑底部回弹观测问题。

高层建筑在采用箱形基础时，由于基坑开挖面积大而深，卸除了土层较大的自重应力后，普遍存在基坑底面的回弹。基坑的回弹再压缩量一般占建筑物完工时沉降量的 1/3 ~ 2/3，最大者达 1 倍以上；地基土质愈硬，则回弹所占比值愈大。说明基坑回弹不可忽视，应予监测，并将实测沉降量减去回弹量，才是真正的地基土沉降量，否则实际观测的沉降量偏大。除卸荷回弹外，在基坑暴露期间，土中黏土矿物吸水膨胀、基坑开挖接近临界深度导致土体产生剪切位移以及基坑底部存在承压水时，皆可引起基坑底部隆起，观测时应予以注意。基底回弹监测应在开挖完工后立即进行，在基坑的不同部位设置固定测点用水准仪观测，且继续进行建筑物施工过程中以至竣工之后的地基沉降监测，最终可绘制基底的回弹、沉降与卸载、加载关系曲线（见图9-1）。

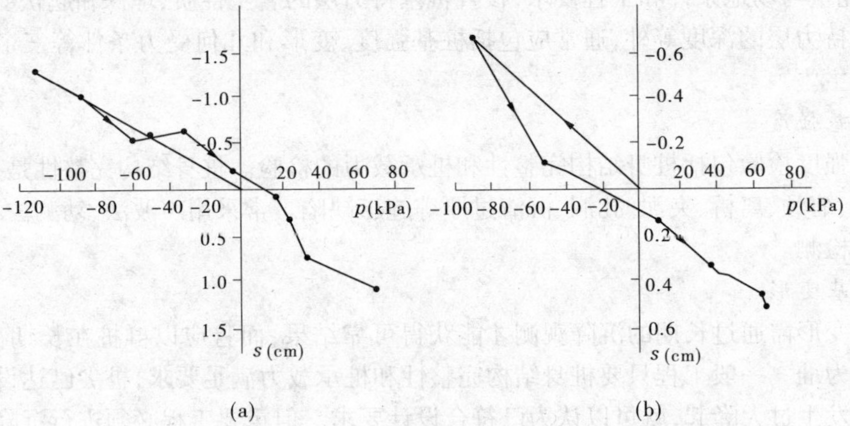

图9-1　一般第四纪土中箱形基础实测回弹再压缩及附加沉降

二、桩基工程的检测

（一）桩基工程检测的意义

桩基是高、重建筑物和构筑物的主要基础形式，属深基础类型。它的主要功能是将荷载传递至地下较深处的密实土层或岩层上，以满足承载力和变形的要求。与其他类型的深基础相比较，桩基的几何尺寸较小，施工简便，适用范围广，所以是高、重建筑物和构筑物大量采用的基础形式，近20年来国内的桩基工程新技术获得迅猛发展。为了提高桩基的设计、施工水平，岩土工程师们都很关注桩基质量的检测。桩基工程按施工方法可分为预制桩和灌注桩两种，最主要的材料是钢筋混凝土。

一般钢筋混凝土预制桩都是采用锤击打入土层中的，其常见的质量问题是：

（1）桩身混凝土强度等级低或桩身有缺陷，锤击过程中桩头或桩身破裂。

（2）桩无法穿透硬夹层而达不到设计标高。

（3）由于沉桩挤土引起土层中出现高孔隙水压力，大范围土体隆起和侧移，以致对周围建筑物、管线、道路等产生危害。

（4）在桩基施工中，由于相邻工序处理不当，造成基桩过大侧移而引起基桩倾斜、位移。

灌注桩由于成桩过程是地下作业，因此控制质量的难度也大，存在的质量问题更多。常见的质量问题是：

（1）混凝土配合比不准确、稀释和离析等原因，使桩身混凝土强度不够。

（2）夹泥、断桩、缩颈等原因，造成桩身结构缺陷（不完整）。

（3）桩底虚土、沉渣过厚和桩周泥皮过厚，使桩长和桩径不够。

预制桩和灌注桩的质量问题都会导致满足不了承载力和变形的要求，所以需加强桩基质量的检测工作。

（二）桩基工程检测的内容

桩基工程检测的内容，除核对桩的位置、尺寸、距离、数量、类型，核查选用的施工机械、置桩能量与场地条件和工程要求，核查桩基持力层的岩土性质、埋深和起伏变化，以及桩尖进入持力层的深度等外，通常应包括桩基强度、变形和几何受力条件等三个方面，尤以前者为主。

1. 桩基强度

桩基强度检验包括桩身结构完整性和桩承载力的检验。桩身结构完整性是指桩是否存在断桩、缩颈、离析、夹泥、孔洞、沉渣过厚等施工缺陷。常采用声波法、动测法和静力载荷试验等检测。

2. 桩基变形

桩基变形需通过长期的沉降观测才能获得可靠结果，而且应以群桩在长期荷载作用下的沉降为准。一般工程只要桩身结构完整性和桩承载力满足要求，桩尖已达设计标高，且土层未发生过大隆起，就可以认为已符合设计要求。但重要工程必须进行沉降观测。

3. 几何受力条件

桩的几何受力条件是指桩位、桩身倾斜度、接头情况、桩顶及桩尖标高等的控制。在软土地区因打桩或基坑开挖造成桩的位移或上浮是经常发生的，通常应以严格的桩基施工工艺操作来控制。必要时应对置桩过程中造成的土体变形、超孔隙水压力及对相邻工程的影响进行观测。

（三）桩身质量检测的方法

桩身质量的检测包括桩的承载力、桩身混凝土灌注质量和结构完整性等内容。桩的承载力检测，最传统而有效的方法是静力载荷试验法。此法为我国法定确定单桩承载力的方法，其试验要点在国家标准《建筑地基基础设计规范》（GB 50007—2002）等有关规范、手册中均有明确规定。尽管此法费时费钱，但在工程实践中仍普遍采用。桩身混凝土灌注质量和结构完整性检测主要用于大直径灌注桩。检测方法有钻孔取芯法、声波法和动测法。钻孔取芯法可以检查桩身混凝土质量和孔底沉渣。由于芯样小，灌注桩的局部缺陷往往难以被发现。声波法检测灌注桩的混凝土质量轻便、可靠而直观，已得到广泛应用。

三、地基加固和改良的检验与监测

当地基土的强度和变形不能满足设计要求时，往往需要采取加固与改良的措施。地基加固与改良的方案、措施较多，各有其适用条件。为了保证地基处理方案的适宜性、使用材料和施工的质量及确切的处理效果，均应做现场检验与监测。

（一）现场检验的内容

（1）核查选用方案的适用性，必要时应预先进行一定规模的试验性施工。

（2）核查换填或加固材料的质量。

（3）核查施工机械特性、输出能量、影响范围和深度。

（4）对施工速度、进度、顺序、工序搭接的控制。

（5）按有关规范、规程要求，对施工质量的控制。

(6)按计划在不同期间和部位对处理效果的核查。

(7)检查停工及气候变化或环境条件变化对施工效果的影响。

(二)现场监测的内容

(1)对施工中土体性状的改变,如地面沉降、土体变形、超孔隙水压力等的监测。

(2)用取样试验、原位测试等方法,进行场地处理前后性状比较和处理效果的监测。

(3)对施工造成的振动、噪声和环境污染的监测。

(4)必要时作处理后地基长期效果的监测。

(三)各种地基加固与改良方案常用的现场检验和监测方法

1. 开挖置换法和垫层法

对适用性的检验:暗埋的塘、浜、沟、穴等局部软弱地基,湿陷性土、膨胀性土和杂填土的浅层处理;垫层材料主要有灰土、素黏性土、砂和砂石,也可用矿渣及其他性能稳定、无侵蚀性的材料。

1)施工质量控制

(1)灰土及素填土地基。

①对灰、土材料的检验。土料中不得含有机杂质,粒径不得大于 15 mm;灰料中不得夹有未熟化的生石灰块或过多水分。粒径不大于 5 mm,活性 $CaO + MgO$ 不低于 50%。

②对灰土配合比检验及均匀性控制。

③施工含水量控制。

④压、夯或振动压实机械的自重、振动力的选择及与之相应的换土铺设厚度、夯压遍数及有效加密深度的控制与检验。

(2)砂和砂石地基。

①对材料级配(不均匀系数不宜小于 10)、粒径(一般宜小于 50 mm)及是否含有机杂质和含泥量(不宜超过 3% ~5%)的检验。

②对夯、压或振动压实机械自重、振动力的选择及与之相应的砂石料铺设厚度、施工含水量、夯压遍数及有效加密深度的控制与检验。

2)效果检验与施工监测

环刀法测干重度,推算压实系数;贯入仪测贯入度或用其他常用原位测试方法检验。环刀取样或灌砂法测干重度,贯入法测贯入度。

2. 振冲地基

对适用性的检验:松散砂土、黏粒含量小于 25% ~30% 的黏性土。

1)施工质量控制

(1)对振冲机具及其适用性、振冲施工技术参数,如水压、水量、贯入速度、密实电流控制值及加固时间的监控与调整。

(2)对填料规格、质量、含泥量、杂质含量及填料量的监控。

(3)对孔位及造孔顺序施工质量的监控。

2)效果检验与施工监测

标准贯入、动力触探、静力触探或载荷试验检验振冲效果。

3. 旋喷地基

对适用性的检验：砂土、黏性土、湿陷性黄土、淤泥及人工填土。

1)施工质量控制

(1)对旋喷机具的性能、技术参数，如喷嘴直径、提升速度、旋转速度、喷射压力及流量等的监控与调整。

(2)对水泥质量、用量、水泥浆的水灰比及外加剂用量的监控。

(3)对旋喷管倾斜度位置偏差和置入深度的监控。

(4)对固结体的整体性、均匀性、有效直径、垂直度、强度特性及溶蚀、耐久性的检验。

2)效果检验与施工监测

(1)用取样的标准贯入、静力触探、载荷试验等原位测试方法检验旋喷效果。

(2)必要时可用开挖检查方法对旋喷体的几何尺寸和力学性质进行检验。

地基处理效果的检验，除载荷试验外，尚可采用静力触探、圆锥动力触探、标准贯入试验、旁压试验、波速测试等方法。

四、深基坑开挖和支护的检验与监测

在建筑密集的城市中兴建高层建筑时，往往需要在狭窄的场地上进行深基坑开挖。由于场地的局限性，在基槽平面以外没有足够的空间安全放坡，就不得不设计规模较大的开挖支护系统，以保证施工的顺利进行。由于深基坑开挖与支护在大多数情况下属施工阶段的临时性工程，以往工程部门往往不愿投入足够的资金，也未引起岩土工程师的足够重视。但是许多工程的失效事故表明：该工程具有很大的风险性，是“最具挑战性的工程”。因而是当今岩土工程界研究的热门课题。

随着高层建筑基坑开挖深度不断加大，复杂的环境条件也对支护结构的工作状态和位移提出了愈来愈严格的限制，就要求岩土工程师在不断发展、创立新的支护理论和结构系统的同时，实行严格的检验与监测，以保证安全、顺利地施工。

深基坑开挖支护系统的施工质量，对整个系统的工作状态是否正常有重大影响。施工质量的好坏主要表现在：支护系统的类型、材料、构造尺寸、装设的位置和方法是否符合设计要求，装设施工是否及时，施工顺序是否与设计要求一致，地下水控制施工是否满足设计要求等方面。

一个设计合理的支护系统，可能由于施工质量差而导致重大事故。为避免事故的出现，就要求检验与监测工作应在整个施工场地的各个部分同时进行，在系统的整个工作期间内不得间断。

检验与监测工作内容有以下几方面：

(1)对支护结构施工安设工作的现场监理。检查结构尺寸、规格、质量、施工方法及支撑程序是否与设计一致。在装设过程中，当由于客观情况致使支护系统构造、尺寸或装设位置不能与设计相符时，施工人员与设计人员应协商，及时采取调整措施，以保证施工正常进行。

(2)监测土体变形与支护结构的位移。观测的时间间隔视气象条件和施工进度而定，可为每日、每3日或每周进行一次。

(3)对地下水控制设施的装设及运营情况进行监测。观测地下水及土体中孔隙水压力的变化情况，注意施工影响及渗漏、冒水、管涌、流土等不良地质现象的发生。在支护系统运营过程中，观测时间间隔亦视气象条件和施工进度，可定为每日、每3日或每周进行一次。

(4)对邻近的建筑物和重要设施进行监测。注意有无沉降、倾斜、裂缝等现象发生。观测的时间间隔亦应根据施工进度、气象条件、施工影响的范围和程度来确定。

很多工程实例表明：对施工场地及周围环境的肉眼巡检是很有意义的，应专派有经验的工程师逐日进行。施工条件的改变、现场堆载的变化、管道渗漏和施工用水不适当的排放、温度骤变或降雨等，都应在工程师的监视之下并应有完整的记录。地面裂缝、支护结构工作失常、渗漏、管涌、流土等，更是可以通过肉眼巡检在早期发现的。此外，预先确定各方面临界状态报警值，及时反馈监测结果，使出现的问题得到及时处理，将能大大减少可能出现的事故。

五、建筑物的沉降观测

（一）沉降观测的对象

(1)一级建筑物。

(2)不均匀或软弱地基上的重要二级及以上建筑物。

(3)加层、接建或因地基变形、局部失稳而使结构产生裂缝的建筑物。

(4)受邻近深基坑开挖施工影响或受场地地下水等环境因素变化影响的建筑物。

(5)需要积累建筑经验或进行反分析计算参数的工程。

（二）观测点的布置及观测方法

一般是在建筑物周边的墙、柱或基础的同一高程处设置多个固定的观测点，且在墙角、纵横墙交叉处和沉陷缝两侧都应有测点控制。距离建筑物一定范围设基准点，从建筑物修建开始直至竣工以后的相当长时间内定期观测各测点高程的变化。观测次数和间隔时间应根据观测目的、加载情况和沉降速率确定。当沉降速率小于1 mm/100 d时可停止经常性的观测。建筑物竣工后的观测间隔按表9-1确定。

表9-1　竣工后观测间隔时间

沉降速率(mm/d)	观测间隔时间(d)
>0.3	15
0.1～0.3	30
0.05～0.1	90
0.02～0.05	180
0.01～0.02	365

根据观测结果绘制加载、沉降与时间的关系曲线。由此可以较好地划定地基土的变形性和均一性；与预测的结论对比，以检验计算采用的理论公式、方案和所用参数的可靠性；获得在一定土质条件下选择建筑结构形式的经验。也可由实测结果进行反分析，即反

求土层模量或确定沉降计算经验系数。

第二节　不良地质作用和地质灾害的监测

一、岩土体变形监测

(一)岩土体变形监测的意义

岩土体的变形量是评价岩土体及建筑物稳定状态或建筑物是否能正常使用最直接的指标,监测结果亦可用做反演计算的参数或检验计算方法的适用性。对工程岩土体采取加固措施时也需以变形监测资料作依据。

由于岩土体的工程性质复杂而多变,勘察时往往难以完全掌握,以致所作的评价不够确切。对一些重大工程,尤其是复杂地质条件的工程,进行岩土体和建筑物变形监测就十分必要。不仅可及时发现问题,采取对策和措施,以保证工程的正常施工和使用,而且可积累有价值的经验资料,对发展岩土力学和提高勘察工作水平皆有重要意义。

(二)岩土体变形监测的内容和方法

岩土体变形监测内容广泛,主要包括各种不良地质现象和各类工程(各种地基基础工程、边坡工程和地下工程)所涉及的岩土体内部的压缩、拉伸及剪切变形和表面位移量的监测。这里着重介绍边坡工程和滑坡及地下工程岩土体变形监测的内容和方法。

1.边坡工程和滑坡的监测

边坡工程和滑坡监测的目的,一是正确判定其稳定状态,预测位移、变形的发展趋势,作出边坡失稳或滑坡临滑前的预报;二是为整治提供科学依据及检验整治的效果。监测内容可分地面位移监测、岩土体内部变形和滑动面位置监测及地下水观测三项。

主要采用经纬仪、水准仪或光电测距仪重复观测各测点的位移方向和水平、垂直距离,以此来判定地面位移矢量及其随时间变化的情况。测点可根据具体条件和要求布置成不同形式的线、网,一般在条件较复杂和位移较大的部位测点应适当加密。对于规模较大的滑坡,还可采用航空摄影测量和全球卫星定位系统来进行监测,也可采用伸缩仪和倾斜计等简易方法监测。

监测结果应整理成曲线图,并以此来分析滑坡或工程边坡的稳定性发展趋势,作临滑预报。图9-3即为新滩滑坡垂直位移—时间关系曲线,从图上可以清晰地看出,该滑坡从1985年5月开始垂直位移量显著增大,到6月12日便发生了整体下滑,滑坡方量约$3\times10^7\ m^3$。由于临滑预报非常成功,避免了人员伤亡的重大事故。

除绘制位移—时间关系曲线图外,还应绘制各监测点的位移矢量图。图9-3是日本某滑坡用光电测距仪监测所获得的位移矢量图,可以看出滑坡的位移范围、方向和各部位位移量的大小。铁路线和国道位于滑坡位移区之外,不受该滑坡的影响。

2.岩土体内部变形和滑动面位置监测

准确地确定滑动面位置是进行滑坡稳定性分析和整治的前提条件,它对于正处于蠕滑阶段的滑坡效果显著。目前,常用的监测方法有管式应变计、倾斜计和位移计等。它们皆借助于钻孔进行监测。

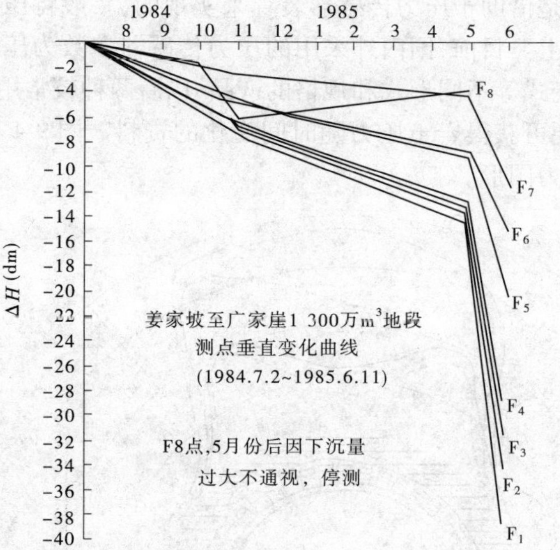

图 9-2　新滩滑坡垂直位移—时间关系曲线

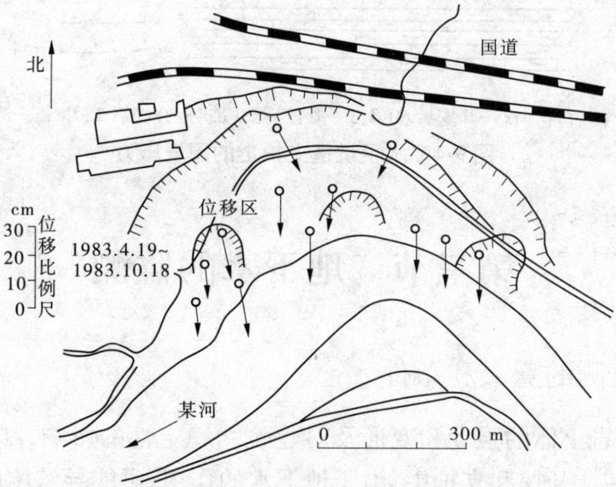

图 9-3　用光电测距仪测量的位移矢量图

二、岩土体内部应力量测

岩土体内部应力量测与变形量测的意义一样,可用来监测建筑物的安全使用,亦可检验计算模型和计算参数的适用性与准确性。

岩土体内部的应力可分为初始应力和二次应力。初始应力也称地应力,它的概念和量测原理及方法在岩体原位测试中论述,这里仅讨论工程建筑物兴建后的二次应力,主要指的是房屋建筑基础底面与地基土的接触压力、挡土结构上的土压力及洞室的围岩压力等的量测问题。

岩土压力的量测是借助于压力传感器装置来实现的,一般将压力传感器埋设于结构物与岩土体的接触面上。目前,国内外采用的压力传感器多数为压力盒,有液压式、气压式、钢弦式和电阻应变式等不同形式和规格的产品,以后两种较常用。

通过定时观测,便可获得岩土压力随时间变化的资料。图 9-4 即为某洞室工程结构物上所作用的围岩压力图形。

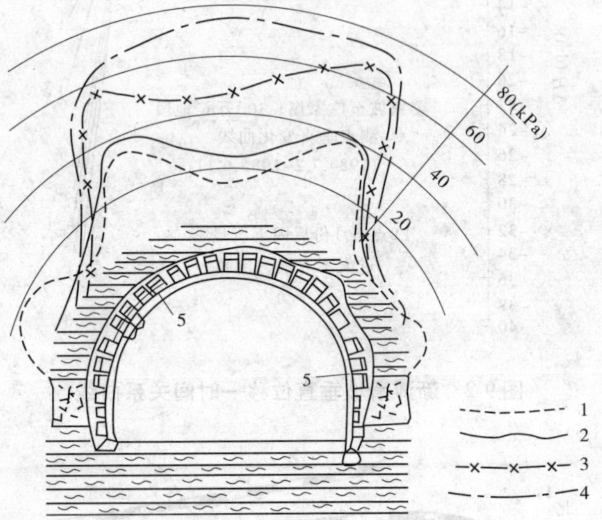

1—开挖后 30 d;2—开挖后 60 d;3—开挖后 90 d;4—开挖后 120 d;5—测力计

图 9-4　水平坑道支护上的围岩压力

第三节　地下水的监测

一、地下水监测的意义和条件

地下水对工程岩土体的强度和变形及对建筑物稳定性的影响,都是极为重要的。例如,在高层建筑深基坑开挖和支护中,由于地下水的作用,可能导致坑底上鼓溃决、流砂突涌、支护结构移位倾倒、降水引起周围地面沉降而导致建筑物破坏。因此,在深基坑施工过程中要加强地下水的监测。地下水也是各种不良地质现象产生的重要因素。例如,作用于滑坡上的孔隙水压力、浮托力和动水压力,直接影响滑坡的稳定性;饱水砂土的管涌和液化、岩溶区的地面塌陷等,无不与地下水的作用息息相关。因此,要对地下水压力、孔隙水压力准确控制,以保证工程顺利、安全施工和正常运行。

对地下水进行监测,不同于水文地质学中"长期观测"的含义。因观测是针对地下水的天然水位、水量和水质的时间变化规律的,一般仅是提出动态观测资料。而监测则不仅仅是观测,还要根据观测资料提出问题,制订处理方案和措施。

在下列条件下应进行地下水的监测:

(1)当地下水位的升降影响岩土体稳定,以致产生不良地质现象时。

（2）当地下水位上升对构筑物产生浮托力或对地下室和地下构筑物的防潮、防水产生较大影响时。

（3）当施工排水对工程有较大影响时。

（4）当施工或环境条件改变造成的孔隙水压力、地下水压力的变化对岩土工程有较大影响时。

地下水监测的内容包括：地下水位的升降、变化幅度及其与地表水、大气降水的关系；工程降水对地质环境及附近建筑物的影响；深基、洞室施工，评价斜坡、岸边工程稳定和加固软土地基等进行孔隙水压力和地下水压力的监控；管涌和流土现象对动水压力的监控；当工程可能受腐蚀时，对地下水水质的监测等。

二、孔隙水压力监测

孔隙水压力对岩土体变形和稳定性有很大的影响，因此在饱和土层中进行地基处理和基础施工过程中及研究滑坡稳定性等问题时，孔隙水压力的监测很有必要。其具体监测目的如表9-2所示。

表9-2　孔隙水压力监测项目和目的

项目	监测目的
加载预压地基	估计固结度，以控制加载速率
强夯加固地基	控制强夯间歇时间和确定强夯度
预制桩施工	控制打桩速率
工程降水	监测减压井压力和控制地面沉降
研究滑坡稳定性	控制和治理

监测孔隙水压力所用的孔隙水压力计型号和规格较多，应根据监测目的、岩土的渗透性和监测期长短等条件选择（见表9-3），其精度、灵敏度和量程必须满足要求。

表9-3　孔隙水压力计类型、适用条件及计算公式

仪器类型		适用条件	计算公式
立管式（敞开式）		渗透系数大于 10^{-4} cm/s 的岩土层	$U=\gamma_w h$
水压式（液压式）		渗透系数小的土层，量测精度 >2 kPa，监测期 <1 个月	$U=\gamma_w h+p$
气动式（气压式）		各种岩土层，量测精度 ≥10 kPa，监测期 <1 个月	$U=C+a_p$
电测式	振弦式	各种岩土层，量测精度 ≤2 kPa，监测期 >1 个月	$U=K(f_{02}-f_2)$
	电阻应变式	各种岩土层，量测精度 ≤2 kPa，监测期 <1 个月	$U=K(e_1-e_0)$
	差动变压式	各种岩土层，量测精度 ≤2 kPa，监测期 >1 个月	$U=K'(A-A_0)$

三、地下水压力(水位)和水质监测

地下水压力(水位)和水质监测工作的布置应根据岩土体的性状及工程类型确定。一般顺地下水流向布置观测线。为了监测地表水与地下水之间的关系,应垂直地表水体的岸边线布置观测线。在水位变化大的地段、上层滞水或裂隙水聚集地带,皆应布置观测孔。基坑开挖工程降水的监测孔应垂直基坑长边布置观测线,其深度应达到基础施工的最大降水深度以下 1 m 处。动态监测除布置监测孔外,还可利用地下水天然露头或水井。

地下水动态监测应不少于 1 个水文年。观测内容除地下水水位外,还应包括水温、泉的流量,在某些监测孔中有时尚应进行定期取水样作化学分析和抽水。观测时间间隔视目的和动态变化急缓时期而定,一般雨汛期加密,干旱季节放疏,可以 3 ~5 d 或 10 d 观测一次,而且各监测孔皆同时进行观测。作化学分析的水样,可放宽取样时间间隔,但每年不宜少于 4 次。观测上述各项内容的同时,还应观测大气降水、气温和地表水体(河、湖)的水位等,藉以相互对照。对受地下水浮托力的工程,地下水监测应进行至工程荷载大于浮托力后方可停止监测。

监测成果应及时整理,并根据所提出的地下水和大气降水量的动态变化曲线图、地下水压(水位)动态变化曲线图、不同时期的水位深度图、等水位线图、不同时期有害化学成分的等值线图等资料,分析对工程设施的影响,提出防治对策和措施。

第十章　岩土工程分析评价和成果报告

第一节　岩土工程勘察纲要的编制

接受勘察任务后，首先根据勘察合同或技术任务书的要求编制勘察纲要。勘察纲要是勘察工作的指导性文件，是以后勘察工作的依据，是非常重要的一项工作。

一、勘察纲要的编制依据

(1)建设工程勘察合同文本。

(2)由建设单位提出满足设计要求的工程勘察技术委托书。见表10-1。

主要内容包括建筑物的性质、层数、建筑高度、建筑面积、结构类型、荷载、基础形式、地下室开挖深度与埋深、勘察阶段、勘察目的与技术要求及对勘察工作的特殊要求等。

表10-1　岩土工程勘察委托书

<table>
<tr><td rowspan="2">建设单位</td><td>名称</td><td colspan="6"></td><td colspan="2">联系人</td><td colspan="2"></td></tr>
<tr><td>地址</td><td colspan="4"></td><td colspan="2">电话</td><td></td><td colspan="2">E－mail</td><td></td></tr>
<tr><td rowspan="2">设计单位</td><td>名称</td><td colspan="6"></td><td colspan="2">联系人</td><td colspan="2"></td></tr>
<tr><td>地址</td><td colspan="4"></td><td colspan="2">电话</td><td></td><td colspan="2">E－mail</td><td></td></tr>
<tr><td colspan="2">工程名称</td><td colspan="4"></td><td colspan="2">勘察阶段</td><td></td><td colspan="2">日期</td><td></td></tr>
<tr><td colspan="12">拟建建筑物及构筑物性质</td></tr>
<tr><td>编号</td><td>建筑物或构筑物名称</td><td>结构类型</td><td>基础形式</td><td>安全等级</td><td>层数与高度</td><td>柱距或跨度</td><td>平面尺寸</td><td>室内外地坪标高</td><td>地下层数</td><td>基础砌置深度</td><td>基础荷重</td><td>备注</td></tr>
<tr><td></td><td></td><td></td><td></td><td></td><td></td><td></td><td></td><td></td><td></td><td></td><td></td><td></td></tr>
<tr><td></td><td></td><td></td><td></td><td></td><td></td><td></td><td></td><td></td><td></td><td></td><td></td><td></td></tr>
<tr><td></td><td></td><td></td><td></td><td></td><td></td><td></td><td></td><td></td><td></td><td></td><td></td><td></td></tr>
<tr><td></td><td></td><td></td><td></td><td></td><td></td><td></td><td></td><td></td><td></td><td></td><td></td><td></td></tr>
<tr><td colspan="2">勘察目的</td><td colspan="11"></td></tr>
<tr><td colspan="2">技术要求</td><td colspan="11"></td></tr>
</table>

(3)具有坐标和地形的建筑总平面图。复杂体型建筑物宜附单体建筑平面图。

(4)岩土工程勘察所依据的有关规范、规程和标准。

(5)拟建工程场地的地形、地质条件的调查资料及当地或邻近地区的建筑经验。

(6)当地政府和建设行政主管部门的有关规定。

二、勘察纲要的编制原则

(1)岩土工程勘察纲要的编制深度应按勘察阶段、岩土工程勘察等级、地区研究程度和建设单位的技术要求等因素综合考虑确定。

(2)勘察工作量的布置应符合有关规范要求,并应充分利用已有的勘察资料。

(3)勘察纲要的编制要突出重点,具有针对性,并尽可能采用先进的勘探作业方法。

三、勘察纲要的基本内容

(一)前言(或概述)

(1)建设单位、拟建工程名称与地理位置、设计单位及勘察阶段。

(2)拟建工程项目的性质、层数、建筑面积、单体的平面尺寸和形状、建筑物结构与基础形式、地基基础设计等级、荷载、地下室层数与开挖深度等。

(3)拟建工程场地的周边环境条件,如交通、地面与地下障碍物及地下管线的分布(当建设单位未提供时应加以说明)、相邻建筑物规模与距离、边界坡度条件等。

(4)工程勘察所执行的规范、规程和标准。

(5)场地及附近已有的岩土工程勘察资料概况与资料的研究程度、利用价值。

(二)场地的工程地质概况

(1)场地的地形、地貌、工程地质特性与水文地质条件概况。

(2)场地所处区域的地震动参数(或设防烈度)及其他地震工程地质特性。

(3)场地的地层结构和埋藏分布条件、有无特殊性土、不良地质作用是否存在等。

(4)当有资料时可对古旧建筑物基础、古河道、掩埋的冲沟和暗塘及地下管线等障碍物的分布情况加以说明。

(5)场地附近同类建筑的建筑经验。

(三)勘察方案

(1)勘察目的,需要解决的主要岩土工程问题。

(2)岩土工程勘察等级的判定。

(3)勘探点、勘探线的布置原则。

(4)勘察工作所采用的技术手段和工作量(可按不同的勘探手段用表格形式表示)。

(四)勘察工作的技术要求和标准

(1)工程地质测绘的要求和标准。

(2)勘探、测试与取样的技术要求、标准。

(3)勘探点的定位、测量技术要求和标准。

(4)室内试验项目种类及技术要求。

(5)注意事项。

(五)勘察施工组织及质量安全控制

(1)勘察施工组织设计。

(2)勘察施工进度计划。

(3)勘察机具、仪器、设备型号性能说明书。

(4)安全保障措施。

(5)质量控制措施。

(6)预计提交的勘察成果资料。

(六)其他

(1)勘察项目负责人、勘察纲要审批人的签名。

(2)勘探点、勘探线平面布置图。

(3)勘察作业中其他需要说明的问题。

四、勘察纲要的编制深度

(1)对甲级工程或规模较大的重要工程应按本标准要求专门编制,对其他工程可适当简化,或采用表格形式表示。

(2)对大型或复杂工程,勘察纲要可征求建设单位的意见。

五、勘察纲要的执行与变更

(1)勘察纲要须经单位技术负责人审批后,方能实施并严格执行。

(2)当岩土工程勘察纲要在实施过程中遇到特殊情况,不能满足要求或无法执行时,应对纲要进行修改和补充。

(3)勘察纲要的变更应经审批人批准,必要时可出具业务联系单通知建设单位,较大的变更应及时与建设单位协商,并形成文件。

第二节　岩土工程分析与评价

一、一般规定

岩土工程分析评价应在工程地质测绘、勘探、测试和收集已有资料的基础上,结合工程特点和要求进行。

(一)岩土工程分析评价要求

(1)充分了解工程结构的类型、特点、荷载情况和变形控制要求。

(2)掌握场地的地质背景,考虑岩土材料的非均质性、各向异性和随时间的变化,评估岩土参数的不确定性,确定其最佳估值。

(3)充分考虑当地经验和类似工程的经验。

(4)对理论依据不足、实践经验不多的岩土工程问题,可通过现场模型试验和足尺试验取得实测数据进行分析评价。

(5)必要时可建议通过施工监测调整设计和施工方案。

(6)在定性分析的基础上进行定量分析。岩土体的变形、强度和稳定性应定量分析;场地的适宜性、场地地质条件的稳定性,可仅作定性分析。

(7)在地基基础方案论证比选的基础上,推荐最佳方案。

(二)岩土工程的分析评价

岩土工程的分析评价应根据岩土工程勘察等级区别进行。对丙级岩土工程勘察,可根据邻近工程经验,结合触探和钻探取样试验资料进行;对乙级岩土工程勘察,应在详细勘探、测试的基础上,结合邻近工程经验进行,并提供岩土的强度和变形指标;对甲级岩土工程勘察,除按乙级要求进行外,尚应提供载荷试验资料,必要时应对其中的复杂问题进行专门研究,并结合监测对评价结论进行检验。

当场地或其近邻存在岩溶、土洞、塌陷、滑坡、崩塌、淹没、泥石流、采空、地面沉陷、活动沙丘等不良地质作用和湿陷性土、红黏土、软土、混合土、填土、膨胀岩土、风化岩与残积土、污染土等特殊性岩土时,应对场地的影响进行分析评价。

当场地土或地下水可能对建筑材料产生腐蚀性影响时,应评价土、水对建筑材料的腐蚀性。

二、天然地基

对于地基承载力与变形能够满足要求,有可能采用天然地基的工程,宜优先考虑天然地基。

对天然地基的分析与评价主要应包括下列内容:

(1)分析评价地基的整体稳定性和均匀性,提供地基土的强度、变形指标及有关试验曲线。

(2)根据设计要求,核算地基持力层和下卧层承载力能否满足设计要求。

(3)核算建(构)筑物地基平均沉降是否超过容许值及其差异沉降或倾斜是否满足要求,并提供沉降计算有关参数。

当在预计埋深条件下,地基土承载力或变形不能满足要求时,可根据岩土层的性质及埋藏条件和地下水位等因素综合分析,在调整基础埋置深度能满足设计要求时,可提出相应建议,并论证其可行性。

地基承载力特征值可由载荷试验或其他原位测试、公式计算并结合工程实践经验等方法综合确定。

三、桩基

桩基的分析评价应包括下列内容:

(1)桩基的适宜性。

(2)对桩基类型、桩的规格和桩端持力层提出建议,提出各有关岩土层桩的极限侧阻力标准值和桩的极限端阻力标准值,嵌岩桩要提供岩石饱和抗压强度特征值。

(3)对桩端持力层的选择进行分析论证,对桩端入土深度、进入桩端持力层深度、桩端标高、桩顶标高提出建议,估算单桩竖向极限承载力特征值;对欠固结土和有大面积堆载的工程,应分析桩侧产生负摩阻力的可能性及其对桩基承载力的影响,并提供负摩阻力系数和减少负摩阻力措施的建议。

(4)当有软弱下卧层时,验算软弱下卧层强度。

(5)分析成桩的可能性、成桩和挤土效应的影响并提出保护措施的建议。

(6)持力层为倾斜地层,基岩面凹凸不平或岩土中有洞穴时,应评价桩的稳定性,并提出处理措施的建议。

(7)对桩基工程设计、施工检测的其他建议及注意事项。

(8)评价地下水对桩基设计和施工的影响,判定水质对建筑材料的腐蚀性。

(9)不良地质作用、可液化土层、特殊岩土对桩基的危害程度,并提出防治措施的建议。

当需用静载荷试验或其他方法验证或确定单桩承载力时,可提出有关建议。

四、地基处理

地基处理的岩土工程分析评价应包括以下内容:

(1)论证地基处理的必要性和适宜性,提出地基处理方法。针对可能采用的地基处理方案,提供地基处理设计所需的岩土参数。

(2)提出地基处理的初步方案,明确地基处理的目的、处理范围、处理厚度,并对处理效果进行评价。

(3)对地基处理可能产生的环境影响和对邻近建筑物的影响进行初步评价。

(4)提出地基处理施工和监测中应注意的事项。

当任务需要时,可对地基处理进行专门的试验研究。

五、基坑工程

基坑工程的分析评价应包括下列内容:

(1)与基坑开挖有关的场地条件、土质条件和工程条件。

(2)提出处理方式、计算参数和支护结构选型的建议。

(3)提出地下水控制方法、计算参数和施工控制的建议;提供地下水的性质及埋深和变化幅度,地下水的流向,土的渗透系数。分析评价各层地下水对基坑工程的影响,包括静水压力、动水压力等对基坑开挖时可能产生的流砂、管涌等,特别是基坑开挖至承压水头以下时,应对突涌灌槽的可能性作出评价。

(4)提出施工方法和施工中可能遇到问题的防治措施的建议。

(5)分析基坑环境条件、周围邻近建筑物管线、地下构筑物设施及周围道路情况等,并作出与基坑工程相互影响的评价。

根据工程重要性和场地水文地质条件的复杂程度,提出是否进行专门水文地质勘察的建议。

六、地震工程

当工程有抗震设计要求时,岩土工程分析评价应包括下列内容:

(1)场地地震的抗震设防烈度。

(2)在抗震设防烈度等于或大于6度的地区进行勘察时,应划分场地类别,划分对抗震有利、不利或危险的地段;评价岩土地震稳定性(如滑坡、崩塌、液化和震陷特性等),对需要采用时程分析法补充计算的建筑,尚应根据设计要求提供土层剖面、场地覆盖层厚度和有关的动力参数。

(3)凡判别为可液化的土层,应按现行国家标准《建筑抗震设计规范》(GB 50011—2010)的规定确定其液化指数和液化等级。勘察报告除应阐明可液化的土层、各孔的液化指数外,尚应根据各孔液化指数综合确定场地液化等级。

(4)对场地与地基的抗震措施提出建议。

第三节 岩土参数的分析和选定

一、岩土参数的可靠性和适用性

岩土参数应根据工程特点和地质条件选用,根据下列内容评价其可靠性和适用性:

(1)取样方法和其他因素对试验结果的影响。

(2)采用的试验方法和取值标准。

(3)不同测试方法所得结果的分析比较。

(4)测试结果的离散程度。

(5)测试方法与计算模型的配套性。

二、进行统计的岩土参数

岩土参数的统计应按岩土单元进行,岩土单元中的薄夹层不应混入统计。

统计前应对统计的参数逐一检查核对,确定无误后方可进行统计。

下列岩土参数应进行统计:

(1)岩土的天然密度。

(2)岩土的天然含水量。

(3)粉土、黏性土的液限、塑限和塑限指数。

(4)黏性土的液限指数。

(5)砂土的相对密实度。

(6)岩石的吸水率。

(7)岩土的各种力学特征参数。

(8)特殊性岩土的各种特征参数。

(9)各种原位测试参数。

三、岩土参数的统计方法

对于同一层岩土(同一工程地质单元的岩土),取出若干试样进行试验,或进行若干点的原位测试,得到的实测值通常是不同的,其原因有二:一是地层的不均匀性。即使同一层岩土,其性质还是有差别的,包括垂直方向的差别、水平方向的差别,有规律的差别、无规律的差别,这是地基岩土的天然属性。二是钻探、取样、运输、制备过程中不同程度的扰动和试验操作中的误差,是随机性误差,因此个别数据不能代表该岩土的真正性质,通常采用数理统计方法对指标进行数据处理。故规定,每层土的试验数量不得少于6组。

(一)岩土参数指标平均值、标准值和变异系数的计算

$$\Phi_m = \frac{\sum_{i=1}^{n} \Phi_i}{n} \tag{10-1}$$

$$\sigma_f = \sqrt{\frac{1}{n-1}\left[\sum_{i=1}^{n} \Phi_i^2 - \frac{\left(\sum_{i=1}^{n} \Phi_i\right)^2}{n}\right]} \tag{10-2}$$

$$\delta = \frac{\sigma_f}{\Phi_m} \tag{10-3}$$

式中 Φ_m——岩土参数的平均值；

σ_f——岩土参数的标准差；

Φ_i——岩土参数的实测值；

n——岩土参数的统计数量；

δ——岩土参数的变异系数。

平均值代表了一组随机变量的中间水平,标准差代表了数据在平均值上下的波动幅度,变异系数也表示数据的离散程度,由于无量纲化,便于不同指标间的比较。

根据主要参数沿深度变化的特点,分为相关型和非相关型。

相关型参数宜结合岩土参数与深度的经验关系,按下式确定剩余标准差,并用剩余标准差计算变异系数。

$$\sigma_r = \sigma_f \sqrt{1 - r^2} \tag{10-4}$$

$$\delta = \frac{\sigma_r}{\Phi_m} \tag{10-5}$$

式中 σ_r——剩余标准差；

r——相关系数,对非相关型,$r = 0$。

(二)岩土参数标准值的计算

岩土参数的标准值 Φ_k 是岩土工程设计的的基本代表值,是岩土参数的可靠性估值,是采用统计学区间理论基础上得到的关于参数母体平均值置信区间的单侧置信界限值。

$$\Phi_k = \gamma_s \Phi_m \tag{10-6}$$

$$\gamma_s = 1 \pm \left(\frac{1.704}{\sqrt{n}} + \frac{4.678}{n^2}\right)\delta \tag{10-7}$$

式中 Φ_k——岩土参数的标准值；

γ_s——统计修正系数。

式中正负号按不利组合考虑。统计修正系数 γ_s 也可按岩土工程的类型和重要性、参数的变异性和统计数据的个数,根据经验选用。

(三)岩土参数的选用

一般情况下,岩土工程勘察报告应提供岩土参数的平均值、标准差、变异系数、标准值、数据分布范围和数据数量；当岩土参数少于 6 个时,只提供平均值、数据分布范围和数据数量。

无论何种岩土参数的试验成果，都有一定的离散性，是随机变量，故应通过统计分析，确定其代表值。利用代表值评定该层岩土的性状或作为设计参数。

评价岩土性状的指标，如天然含水量、天然密度、液限、塑限、塑性指数、液性指数、饱和度、相对密度、吸水率等，应选用平均值。

正常使用极限状态计算需要的岩土参数，如压缩系数、压缩模量、渗透系数等，宜选用平均值，当变异性较大时，可根据经验作适当调整。

承载能力极限状态计算需要的岩土参数，如岩土的抗剪强度指标、载荷试验的极限承载力等，应选用标准值。

（四）岩土参数的综合分析

岩土参数是地基设计计算的基础，其重要性是不言而喻的。工程经验表明，地基计算与实际结果的符合程度，决定于计算模式、计算参数和安全度三大因素，其中最关键的、最不易把握的是计算参数。这一特点和建筑物上部结构的设计计算有十分显著的差别。岩土参数的不易把握有以下几个原因：

（1）虽然进行了详细的岩土工程勘察，但总不可能把岩土的空间分布搞得十分清楚，况且，还有地下水位的变动、土的含水量的变化等不确定因素。

（2）即使是同一层土，它的工程特性指标也是离散的，有的离散性还很大。其中，有由于岩土空间位置差异造成的自然形成的离散，也有取样测试过程中人为操作造成的随机性离散。

（3）有些测试方法在理论上似乎是完备的，如三轴剪切试验、固结试验，但由于取样测试技术上的原因，测试结果与实际情况可能有很大出入。测试参数取值标准的不确定性，有的取峰值，有的取残余值，也是个复杂问题。有些测试方法，如静力触探、动力触探、标准贯入试验，成果指标与计算参数之间没有理论关系，只有统计关系，经验是否充分成了关键。

因此，在进行地基设计时，决不能盲目相信计算。工程师的理论基础和工程经验十分重要，必须注意理论与实践的结合，计算分析与工程经验的结合，尤其要注意对岩土参数的综合分析，慎重选用计算参数。

在进行综合分析评价时，以下几点可供参考：

（1）用多种方法测试，进行对比，互相印证。

（2）借鉴类似地基和类似工程的经验。

（3）利用原型工程实测数据反算岩土参数。

第四节　成果报告的基本要求

一、文字

岩土工程勘察报告所依据的原始资料，应进行整理、检查、分析，确认无误后方可使用。

岩土工程勘察报告应资料完整、真实准确、数据无误、图表清晰、结论有据、建议合理、便于使用和长期保存,并应因地制宜,重点突出,有明确的工程针对性。

文字报告的内容应根据任务要求、勘察阶段、工程特点和地质条件等具体情况编写,并应包括下列内容:

(1)勘察目的、任务要求和依据的技术标准。

(2)拟建工程概况。

(3)勘察方法和勘察工作布置。

(4)场地地形、地貌、地层、地质构造、岩土性质及其均匀性。

(5)各项岩土性质指标,岩土的强度参数、变形参数、地基承载力的建议值。

(6)地下水埋藏情况、类型、水位及其变化。

(7)土和水对建筑材料的腐蚀性。

(8)可能影响工程稳定的不良地质作用的描述和对工程危害程度的评价。

(9)场地稳定性和适宜性的评价。

岩土工程勘察报告应对岩土利用、整治和改造的方案进行分析论证,提出建议;对工程施工和使用期间可能发生的岩土工程问题进行预测,提出监控和预防措施的建议。

文字报告应按不同勘察阶段的目的和要求进行编制,一般可分为可行性研究、初步勘察、详细勘察三个阶段。场地较小且无特殊要求的工程可合并勘察阶段。当建筑物平面布置已经确定,且场地附近已有岩土工程资料时,可根据实际情况,直接进行详细勘察。

对工程地质条件复杂、有特殊要求的重要工程,尚应针对具体情况进行施工勘察并提供相应的施工勘察阶段的文字报告。由于该阶段的勘察工作要求和目的各不相同,本标准对其不作统一规定。

文字报告章节划分和名称可由报告编写人根据工程的具体情况确定,但应层次分明、叙述清楚、数据准确、论证有据、结论正确、建议合理可行。

文字报告的插图和插表的位置应紧接有关文字段,并有相应的图名、表名和图号、表号。

二、图件

(一)平面图和剖面图

1. 拟建工程位置图

(1)拟建工程位置图或位置示意图可作为报告书的附图;当图幅较小时,也可作为文字报告的插图或附在建筑物与勘探点平面位置图的角部;当建筑物与勘探点平面位置图已能明确拟建工程的位置时,可免去该图。

(2)拟建工程位置图或位置示意图应符合下列要求:

①拟建工程应以醒目的图例表示。

②城市中拟建工程应标出邻近街道和知名地物名称。

③不在城市中的拟建工程应标出邻近村镇、山岭、水系及其重要地物的名称。

④规模较大较重要的拟建工程宜标出经纬度或大地坐标。

(3)拟建工程位置图或拟建工程位置示意图的比例尺,可根据具体情况自行选定。

2. 建筑物与勘探点平面位置图

(1)建筑物与勘探点平面位置图应包括下列内容：

①拟建建筑物的轮廓线、轮廓尺寸、层数(或高度)、设计地坪标高及其名称或编号。

②相邻已有建筑物的轮廓线、层数及其名称。

③勘探点的位置、类型和编号。

④剖面线的位置和编号。

⑤原位测试的位置和编号。

⑥已有的其他重要地物。

⑦方向标、必要的文字说明。

(2)建筑物与勘探点平面位置图的比例尺应根据工程规模和勘察阶段确定,宜采用1∶500,也可采用1∶200或1∶1 000、1∶2 000、1∶5 000。

(3)剖面走向应由左向右,由上向下;剖面顺序应先横向,自上而下,后竖向,由左向右编号。

(4)勘探点和原位测试点均应标明地面标高。无地下水等水位线图时,应标明地下水稳定水位深度或标高。

(5)勘探点和原位测试点过密的地段,可在本图适当位置引出放大,也可单独出图。

(6)可行性研究及初勘阶段,尚未确定拟建建筑物平面位置时,可不绘拟建建筑物的轮廓线,并将图名改称勘探点平面位置图。

(7)占地面积较大的工程,建筑物与勘探点平面位置图应以相同比例尺的地形图为底图,绘有地形等高线,标明工程平面控制点的坐标。当文字报告分区叙述评价工程地质条件时,应在平面图中标明分区,否则应专门绘制工程地质分区图。勘探点和原位测试点宜有坐标,可列入"勘探点主要数据一览表",或列表放在本图的适当位置。

3. 工程地质剖面图

(1)工程地质剖面图应包括下列内容：

①勘探孔(井)在剖面上的位置、编号,地面标高,勘探深度,勘探孔(井)间距,剖面方向(基岩地区)。

②岩土图例符号(或颜色)、岩土分层界线、接触关系界线、地层产状。

③断层等地质构造的位置、产状、性质。

④溶洞、土洞、塌陷、滑坡、地裂缝、古河道、埋藏的暗浜、古井、防空洞、孤石及其他埋藏物。

⑤地下水稳定水位。

⑥取样位置。

⑦静力触探、动力触探曲线。

⑧标准贯入、波速等原位测试的位置及测试结果。

⑨标尺(剖面较短时在左边,剖面较长时左右各一)。

(2)分层编号的顺序应从上到下由小而大,除夹层和透镜体外,下层编号不应小于上层编号。需要时可标明地层年代和成因的代号。

(3)当已知室内地坪设计标高或场地地面整平标高时,宜用锁线标明在剖面图上。

(4)工程地质剖面图的比例尺应根据地质条件、勘探孔的疏密、深度等具体情况确定。水平比例尺宜采用1:500,亦可采用1:200或1:100;垂直比例尺宜采用1:100,亦可采用1:50或1:200。但水平与垂直之比值不宜大于1/10。在基岩及斜坡地区,水平比例尺与垂直比例尺宜相同。

(5)绘制剖面图上的岩层和断层倾角时,应将真倾角换算成视倾角,并考虑垂直比例尺和水平比例尺的不同,准确绘制。上覆土层较厚,岩层倾向倾角不能确定时,可不表示倾角。

(6)剖面图上个别钻孔较深,且下部某层厚度较大时,可将该层断开画出,但应标明实际尺寸。

(7)除按实际钻孔(探井)绘制剖面图外,需要时也可用插值法绘制推测的剖面图。

(二)钻孔(探井)柱状图

(1)柱状图的岩土描述应按《岩土工程勘察规范》(GB 50021—2001)(2009年版)的有关要求执行。

(2)当钻孔较深且某层很厚时,可将该层断开画出,但应标明实际尺寸。

(3)必要时,应绘制探井展开图,以反映探井各侧面地层情况。

(三)原位测试成果图表

(1)标准贯入试验成果图表。

(2)静力触探试验成果图表。

(3)动力触探试验成果图表。

(4)载荷试验成果图表等。

(四)室内试验成果图表

(1)土工试验成果必须由取得土工试验上岗证的责任人签署、盖章方能提交使用。

(2)土工试验成果报告表(或分层土工试验汇总表)。

(3)颗粒分析成果图表。

(4)固结试验成果图表。

(5)高压固结试验成果图表。

(6)剪切试验成果图表。

(7)岩石试验成果汇总表。

(8)水质分析报告。

为判别水对混凝土及钢筋的腐蚀性,需进行水质分析时,应提供水质分析报告。

第十一章　岩土工程勘察实例

以郑东新区 A－16 地块商务楼岩土工程勘察为例，该岩土工程勘察是由河南工程水文地质勘察院完成的。曾获 2009 年度工程勘察行业一等奖、河南省优秀勘察设计二等奖。

第一节　工程概况

拟建郑东新区 A－16 地块商务楼场地位于郑州市东部郑东新区，CBD 外环与第十大街的交叉口东南角，为 CBD 外环 A－16 地块，拟建建筑总占地面积为 65.6 m×41.0 m，主楼部分占地面积 41.0 m×24.6 m，其余为裙楼。主楼地面以上 36 层，高度 120 m，地下 2 层，基础埋深 10.0 m，为外框筒核心筒结构，荷载标准组合时，基底压力平均值约为 600 kPa，拟采用桩筏基础；裙楼地上 3 层，地下 2 层，基础埋深 10.0 m，框架结构，柱网尺寸 8.2 m×8.2 m，最大单柱荷载标准值约 5 400 kN，拟采用柱下承台桩基础。本工程重要性等级为一级，建筑抗震设防类别为丙类。

第二节　勘察目的、任务及依据规范

一、勘察目的、任务

受河南老街坊置业有限公司的委托，河南工程水文地质勘察院承担其拟建的郑东新区 A－16 地块商务楼详勘阶段的岩土工程勘察工作，为拟建建筑施工图设计、施工提供岩土工程资料，为此，本次勘察的目的为：

(1)查明建筑范围内土层的类型、分布，评价其均匀性、承载力及压缩性。

(2)查明建筑场地及附近有无影响工程稳定的不良地质现象，查明其类型、成因、分布范围、发展趋势，并提出整治方案。

(3)对场地地震效应进行评价。

(4)查明地下水埋藏条件、地下水类型、补给和排泄条件、年变化幅度、渗透性及对建筑材料的腐蚀性。

(5)对天然地基方案进行论证评价。

(6)对复合地基方案进行分析、论证，提供复合地基设计所需的参数，对复合地基承载力、沉降进行评价。

(7)提供桩基础设计所需的参数，选择桩端持力层，对单桩承载力及作为实体基础时的变形进行分析评价。

(8)在上述方案论证的基础上，提供经济、合理的地基基础方案。

(9)为基坑支护设计提供参数,对基坑支护方案进行分析、评价。

(10)提供基坑降水所需的参数,提供合理的基坑降水方案。

(11)对桩基、复合地基、基坑工程施工时提出应注意的问题。

二、勘察依据的技术规范、规程

根据该建筑物的建筑特征及场地岩土工程条件,本次勘察依据的有关规范、规程如下:

(1)《岩土工程勘察规范》(GB 50021—2001);

(2)《建筑地基基础设计规范》(GB 50007—2002);

(3)《建筑桩基技术规范》(JGJ 94—94);

(4)《建筑抗震设计规范》(GB 50011—2001);

(5)《高层建筑岩土工程勘察规程》(JGJ 72—2004);

(6)《建筑地基处理技术规范》(JGJ 79—2002);

(7)《建筑基坑支护技术规范》(JGJ 120—99);

(8)《土工试验方法标准》(GB/T 50123—1999)。

第三节　勘察工作量布置及勘察方法

一、勘察工作量的布置

根据拟建建筑物特征及了解的附近场地的岩土工程条件,按照《岩土工程勘察规范》(GB 50021—2001)岩土工程勘察分级标准,该工程的重要性等级为一级,场地复杂程度等级为二级,地基复杂程度等级为二级,综合确定该工程的岩土工程勘察等级为甲级。根据《建筑抗震设计规范》(GB 50011—2001),建筑抗震设防分类为丙类。

(一)勘探点平面布置

依据《岩土工程勘察规范》(GB 50021—2001),地基复杂程度等级为二级,勘探点间距取15~30 m,依据《高层建筑岩土工程勘察规程》(JGJ 72—2004),勘探点间距应控制在15~35 m,另根据规范要求,在核心筒部位又布置一个勘探孔。本次勘探点间距控制在11.0~25.5 m,满足要求。

勘探点平面布置见图11-1。工程地质剖面见图11-2~图11-4(限于篇幅,本书只摘录3—3′、4—4′、6—6′剖面)。

(二)勘探点深度的确定

根据有关规范,勘探点深度只要满足桩基承载力及变形计算的要求,即可满足其他地基基础类型的评价要求。根据基底压力平均值 $P_k = 600.0$ kPa,按桩径 $d = 0.8$ m,梅花形布桩,预估桩的有效桩长为50.0 m左右,加上基础埋深10.0 m,则桩的入土深度在60.0 m左右,对于一般性勘探点的深度按规范要求应超过桩长$(3 \sim 5)d$,且不小于3.0 m,本次勘探主楼一般性勘探孔深度定为65.0 m;控制性勘探孔的深度按满足变形要求确定,按桩尖下0.6~0.7倍基础宽度预估,控制性孔深度确定为75.0~80.0m。根据邻近场地

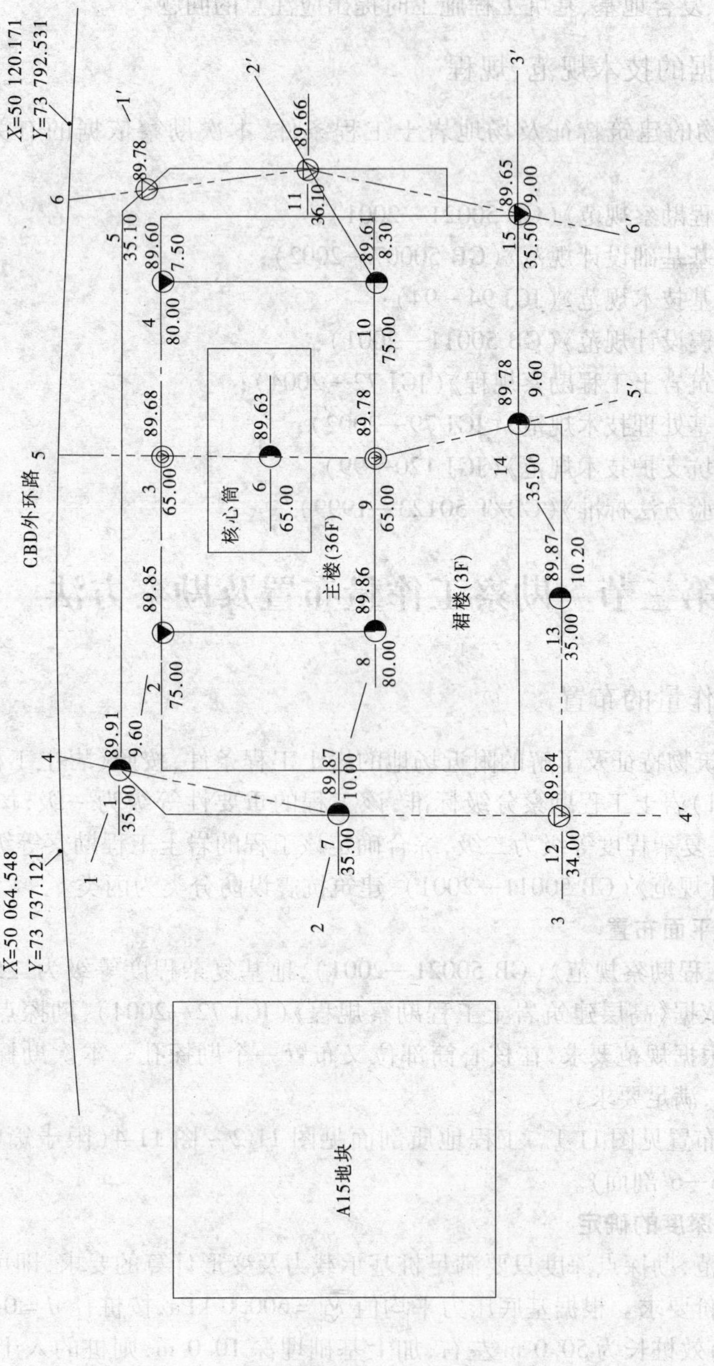

图11-1 郑东新区A-16地块勘探点平面位置

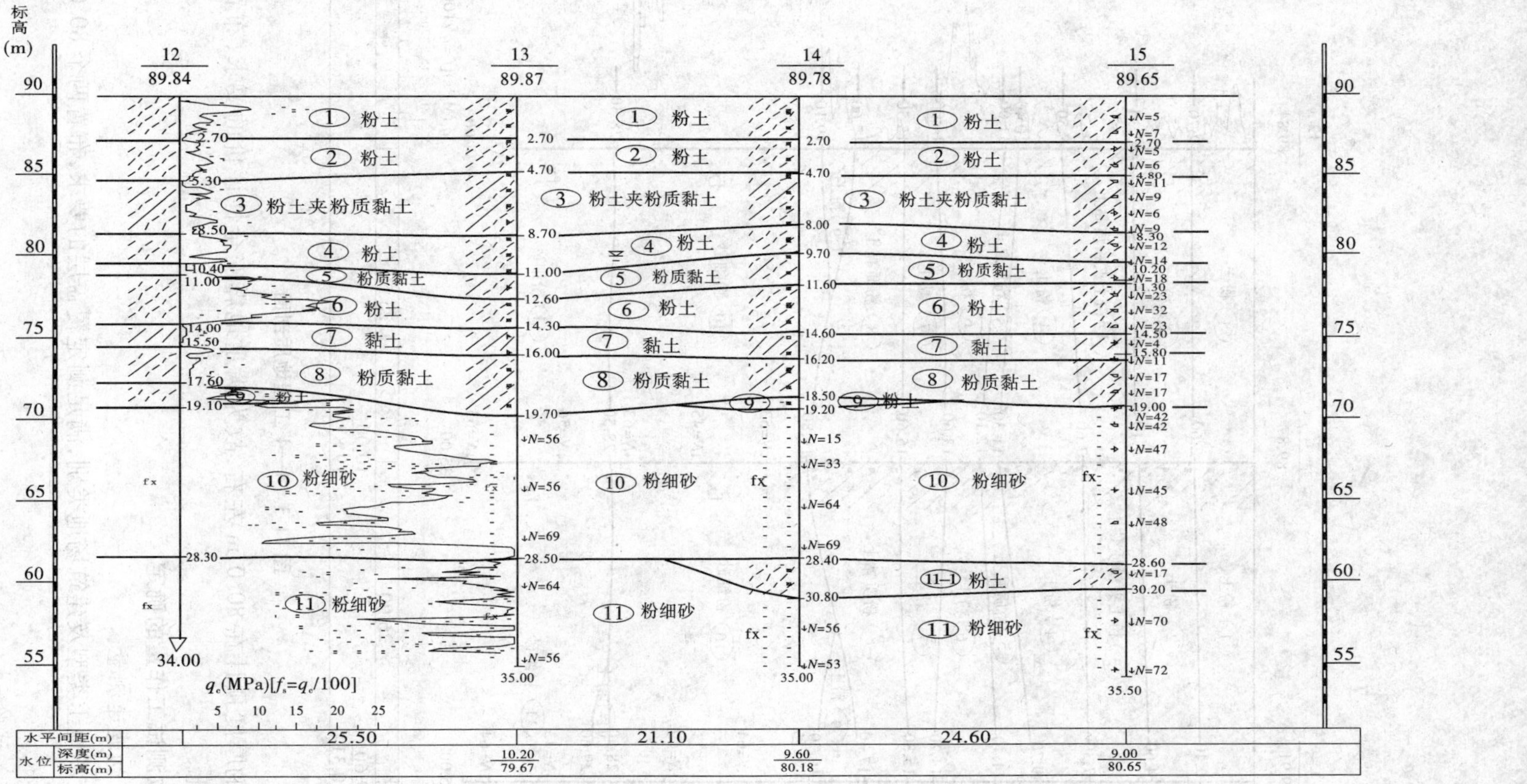

图11-2　3—3′工程地质剖面

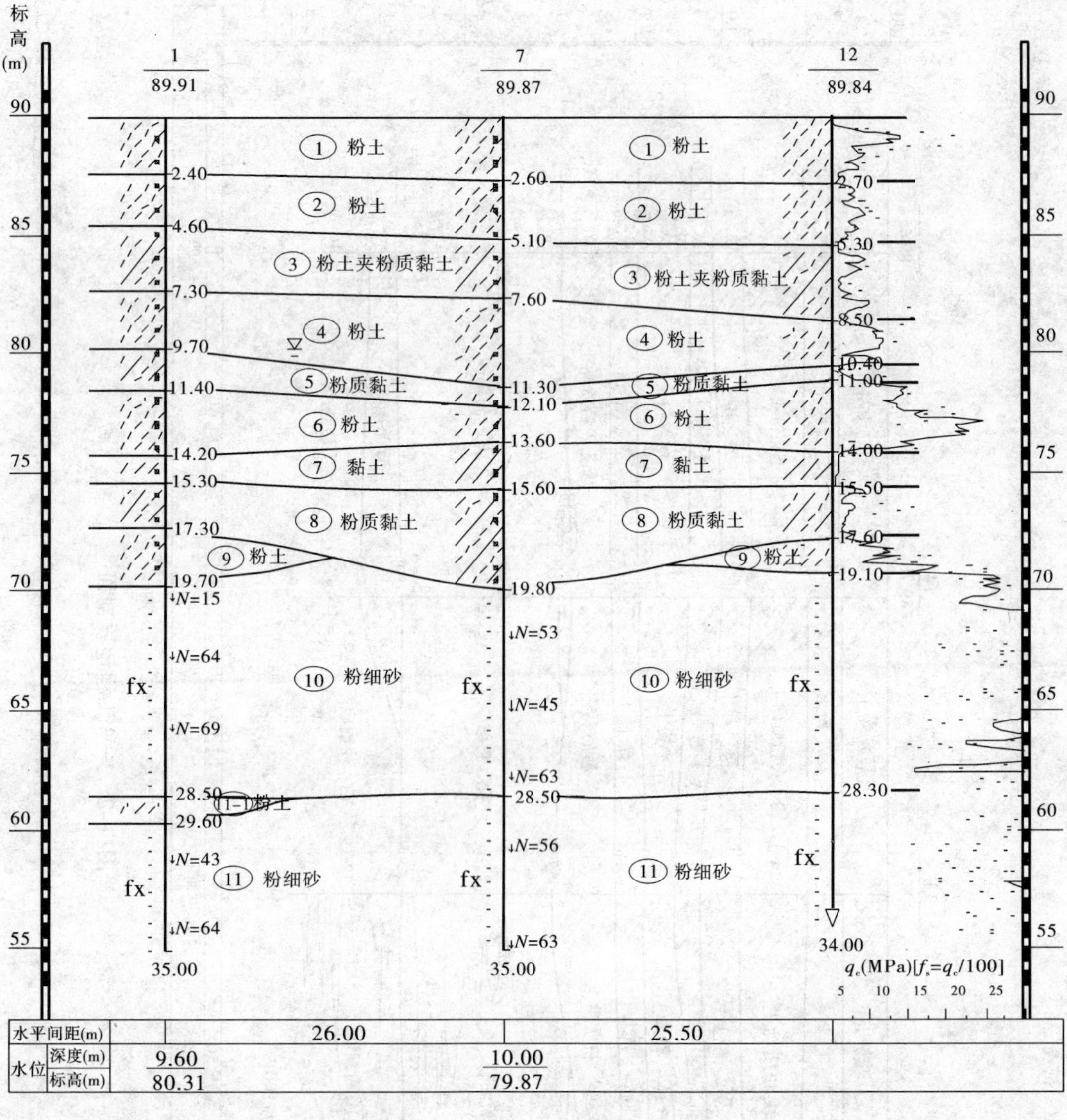

图 11-3　4—4′工程地质剖面

经验，覆盖层的厚度预计在 80.0 m 左右，故为满足地震安全性评价的要求，布置两个 80.0 m 勘探孔。

(三)原位测试工作量的确定

1. 土层剪切波速测量

为了确定场地土类型及建筑场地类别，满足测定覆盖层的要求，布置两个 80.0 m 孔进行波速测试。

2. 标准贯入试验

为对饱和粉土和砂土进行液化判别，本场地共布置 4 个标贯孔，液化判别深度为 20.0 m，标贯间距为 1.0 m。另外，场地分布有一层饱和砂层，为确定其密实度、承载力及沉桩可能性等，在该层也做了标准贯入试验，试验间距为 2.5 ~ 3.0 m。

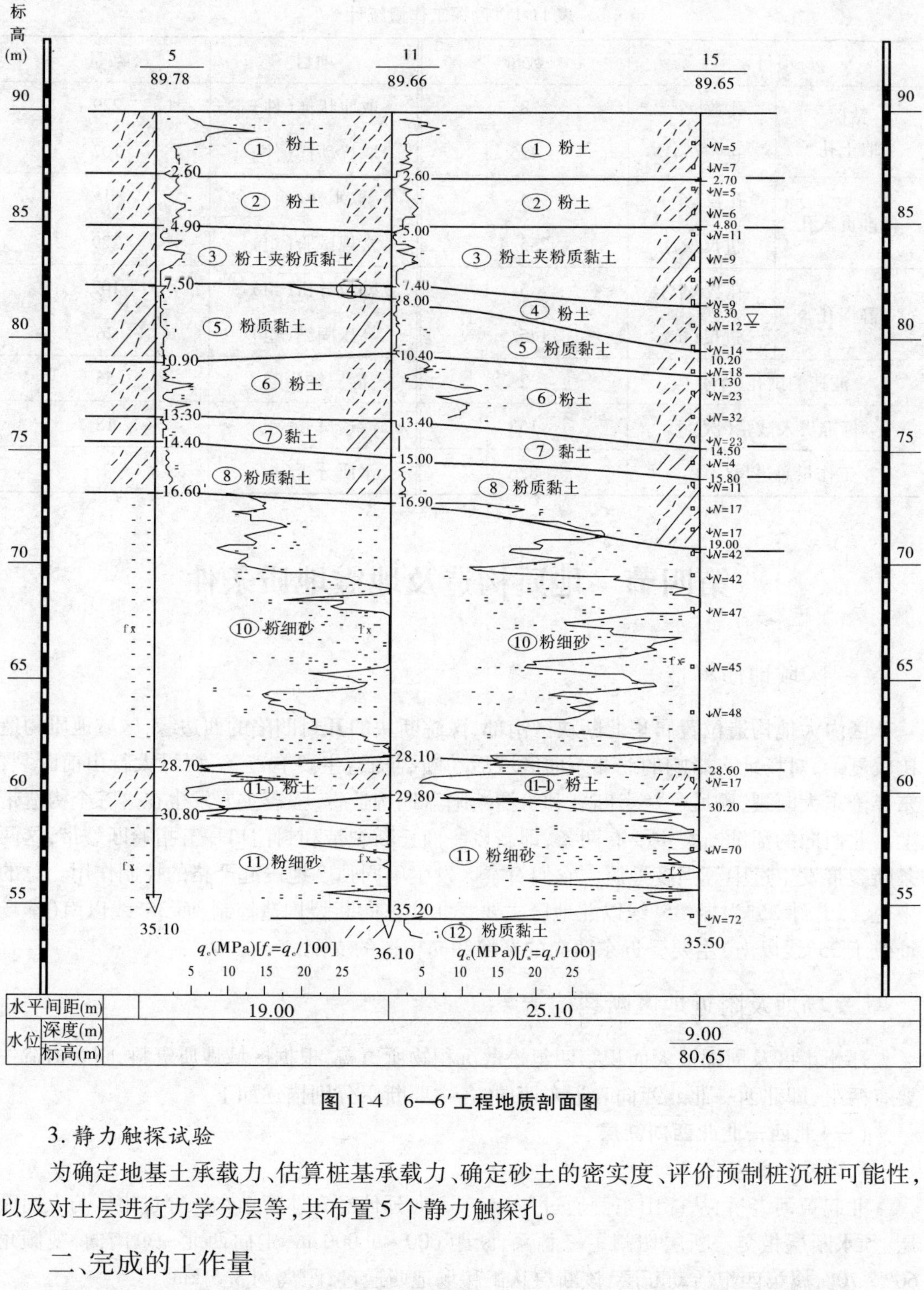

图11-4　6—6′工程地质剖面图

3. 静力触探试验

为确定地基土承载力、估算桩基承载力、确定砂土的密实度、评价预制桩沉桩可能性，以及对土层进行力学分层等，共布置5个静力触探孔。

二、完成的工作量

外业勘探采用4台DPP－100型汽车钻机和1台ZJYY－20A型重型静力触探车，具体完成工作量见表11-1。

表 11-1　勘探工作量统计

项目		数量	项目	数量
钻探取土孔	孔数(个)	8	取原状样(件)	229
	进尺(m)	425	取扰动样(件)	102
标准贯入孔	孔数(个)	4	取水样(组)	1
	进尺(m)	255.5	常规试验(组)	229
静探孔	孔数(个)	5	颗粒分析(组)	102
	进尺(m)	145.5	高压固结(组)	26
波速测试孔(个)		2	静三轴(组)	55
标准贯入试验(次)		153	渗透试验(组)	18
工作量总进尺(m)		826	水质分析(组)	1

第四节　地质构造及地震地质条件

一、区域地质构造

区内大地构造位置属华北断块区南部，豫皖断块的开封凹陷的西边缘，区域地质构造比较复杂，对场址有影响的北北东向区域活动断裂构造主要有三条：西界太行山前断裂，东界沧东大断裂，聊城—兰考断裂和汾渭断陷盆地构造带，强震主要发生在这三个构造带上。北西向的活动断裂主要有两条，即新乡—商丘断裂带和封门口—五指岭断裂带，这两条断裂带发生过中等强度地震。它们对本区发生不同强度地震起严格的控制作用。总的来说，以北纬35°为界，35°线以北地区主要受北北东向断裂构造控制，而35°线以南（本场址位于35°线以南）主要受近东西向的秦岭纬向构造的支配。

二、场地及附近地区断裂构造

郑州市区及周围被大面积第四纪松散沉积物所覆盖，根据区域地质资料，断裂构造主要有两组，即北西—北北西向和近东西向，各主要断层分别描述如下。

（一）北西—北北西向断层

1. 老鸦陈断层

北起黄河老桥，从邙山东侧通过，向南东方向延伸经省体育馆东缘穿过市区与上街断层、须水断层相交。断层切割了三叠系，断距600～1 000 m，走向西北—东南向，视倾角60°～70°，属第四纪活动断层，该断层从工程场地西通过，距离约8.5 km。

2. 花园口断层

北起郑州市北郊花园口，向东南延伸19 km与中牟断层相交，走向西北—东南向，倾向北东,倾角 70°,正断层。根据人工地震剖面,断层切穿了晚第三纪底板,错动幅度南部小,约150 m,北部200 m 左右。基底(中生界及古生界)错动大于500 m,说明该断层晚第三纪有过活动,没有穿过第四纪,属不活动断层。该断层在工程场地东北,最近距离约1.6 km。

3. 古荥断层

北起黄河北岸,向南东方向延伸与上街断层交会,断层总长 30 km,近场区内长 26 km,断层走向 330°,倾向北东,倾角 70°,正断层,断距 400 m,该断层错断了新生界地层,没有错断晚第二纪以来地层,该断层在工程场址西约 14.5 km。

(二)东西向断层

1. 上街断层

西起上街,经郑州市区,一直延伸至中牟县境内,走向近东西,倾向北,倾角 70°,属正断层,该断层切断了前新生代地层,没有穿过第四纪地层,为不活动断层,在工程场地以南,最近距离约2.6 km。

2. 中牟断层

西起花园口断层西侧,向东延伸,走向近东西,倾向北,倾角 65°~70°,正断层,长 37 km 以上,该断层产生在晚第三纪之前,第三纪以来没有活动,在工程场地以北,最近距离约1.0 km。

3. 须水断层

西起南新庄,向东经二十里铺、须水,向东延伸至圃田。走向近东西,倾向北,倾角 60°~70°,正断层,长 40 km,该断层晚第三纪以来没有活动迹象。该断层在工程场址南约 5.8 km。

三、地震地质条件及抗震设防烈度

(一)地震地质条件

郑州市 80 km 范围内历史地震较少,仅发生过两次 4 级以上地震,近场区内的地震活动强度和频度都很低。郑州市位于豫北地区南部,豫北地区自 1976 年唐山 7.8 级地震后至今该区已发生过 5 级以上地震 1 次,4 级以上地震 7 次。历史上曾发生 1830 年磁县 7.5 级地震和 1937 年荷泽 7 级地震,还有多次 5 级左右地震。因此,就地震活动而言,近场区存在发生 6 级地震的背景。

(二)抗震设防烈度和设计基本加速度

根据《中国地震烈度区划图》及建筑抗震设计规范,本区抗震设防烈度为 7 度,设计基本地震加速度值为 0.15 *g*。

第五节　场地岩土工程条件

一、地形地貌

拟建场地原为耕地,地形相对平坦,高差约 0.31 m,本次勘察孔口标高的施测采用甲方提供的基准点绝对标高测量获得,基准点位于 A－15 地块基坑东北角,该点的绝对标高为 91.11 m,各孔口绝对标高为 89.91～89.60 m,详见勘探点平面位置图。

拟建场地所处地貌单元为黄河冲积平原。

二、场地地层结构

场地 80.0 m 勘探深度内揭露的地层共分三套。

全新统(Q_4):依据岩性差异又分为上、中、下三段,上段(Q_{4-3}),为黄河冲积形成的褐黄色粉土及粉质黏土,平均厚度 14.0 m。中段(Q_{4-2}),由灰褐色－灰黑色黏性土、粉土组成,成因为静水相湖积物,有机质含量较高。下段(Q_{4-1}),埋藏在地面下 20.0 m 以下,主要由黄河冲洪积形成的粉细砂组成。

第四系上更新统(Q_3)地层:其成因为冲积相,埋藏在地表下 35.0 m 以下,岩性主要由褐黄色－黄褐色的粉质黏土、粉细砂组成,普遍含姜石较多。

第四系中更新统(Q_2)地层:其成因为冲积相,埋藏在地表下 57.0～58.0 m 以下,主要由棕黄色－黄褐色粉质黏土、粉土组成,普遍姜石含量较高,局部富集胶结成层。

根据钻探、静力触探、标准贯入试验结果,对上述范围内岩土按岩性及力学特征进行分层,从上到下分述如下。

第(1)层:粉土(Q_{4-3}^{al}),浅褐黄色－褐黄色,稍湿,中密,干强度低,韧性低,含黄色铁质氧化物斑点,表层为 30～60 cm 厚的杂填土及混凝土路面。层底埋深 1.90～2.70 m,平均埋深 2.49 m。

第(2)层:粉土(Q_{4-3}^{al}),褐黄色,湿,中密,干强度低,韧性低,见灰色斑点。层底埋深 4.60～5.30 m,平均埋深 4.87 m,层厚 2.00～2.80 m,平均厚度 2.37 m。

第(3)层:粉土夹粉质黏土(Q_{4-3}^{al}),粉土,褐黄色,湿,稍密,干强度低,韧性低;夹浅灰色－褐黄色粉质黏土,软塑－可塑,切面稍有光泽,干强度中等,韧性中等。层底埋深 6.90～8.70 m,平均埋深 7.73 m,层厚 2.10～4.00 m,平均厚度 2.86 m。

第(4)层:粉土(Q_{4-3}^{al}),浅灰色－褐黄色,湿,中密,干强度低,摇振反应迅速,韧性低,有砂感,含少量铁质斑点,偶见螺壳碎片。层底埋深 8.00～11.30 m,平均埋深 10.03 m,层厚 0.60～3.70 m,平均厚度 2.29 m。

第(5)层:粉质黏土(Q_{4-3}^{al}),浅灰色－褐黄色,可塑,干强度中等,切面稍有光泽,韧性中等。层底埋深 10.40～12.60 m,平均埋深 11.35 m,层厚 0.60～3.40 m,平均厚度 1.49 m。

第(6)层:粉土(Q_{4-3}^{al}),灰色－褐黄色,湿,中密－密实,干强度低,摇振反应迅速,韧性低,偶见灰色斑点,具砂感,局部孔见 0.30～0.50 m 的粉砂层。层底埋深 13.30～14.60 m,平均埋深 14.09 m,层厚 1.50～3.80 m,平均厚度 2.74 m。

第(7)层:黏土(Q_{4-2}^{l}),灰褐色－灰黑色,软塑－可塑,干强度高,切面有光泽,韧性中等,土中含蜗牛壳碎片、腐殖质,含有机质。层底埋深 14.40～16.60 m,平均埋深 15.51 m,层厚 1.00～2.30 m,平均厚度 1.42 m。

第(8)层:粉质黏土(Q_{4-2}^{l}),灰褐色,软塑－可塑,干强度中等,韧性中等,切面稍有光泽,土中含少量蜗牛壳碎片,见青灰色条纹及灰绿色斑点浸染。层底埋深 16.60～19.80

m,平均埋深 18. 21 m,层厚 1. 90 ~4. 20 m,平均厚度 2. 69 m。

第(9)层:粉土(Q_{4-2}^{l}),浅灰色 - 灰白色,湿,中密 密实,干强度低,摇振反应迅速,韧性低,砂感较强,局部为粉砂,该层局部缺失。层底埋深 18. 80 ~ 20. 20 m,平均埋深 19. 47 m,层厚 0. 50 ~2. 40 m,平均厚度 1. 46 m。

第(10)层:粉细砂(Q_{4-1}^{al+pl}),灰色 - 褐黄色,饱和,中密 - 密实,偶见蜗牛壳碎片、小姜石,颗粒级配一般,颗粒成分主要为石英、长石,含少量暗色矿物。层底埋深 28. 00 ~ 29. 30 m,平均埋深 28. 55 m,层厚 8. 00 ~12. 10 m,平均厚度 9. 47 m。

第(11 - 1)层:粉土(Q_{4-1}^{al+pl}),浅灰色 - 褐黄色,湿,中密 - 密实,干强度低,摇振反应迅速,韧性低,该层局部缺失。层底埋深 29. 60 ~31. 30 m,平均埋深 30. 27 m,层厚 1. 00 ~ 2. 40 m,平均厚度 1. 68 m。

第(11)层:粉细砂(Q_{4-1}^{al+pl}),褐黄色,饱和,密实,颗粒级配一般,土质较纯净,颗粒成分为石英、长石、云母。层底埋深 34. 00 ~37. 00 m,平均埋深 35. 73 m,层厚 4. 20 ~8. 50 m,平均厚度 6. 06 m。

第(12)层:粉质黏土(Q_3^{al}),褐黄色,可塑 - 硬塑,切面稍有光泽,干强度高,韧性中等,土中含有直径 15 mm 大小姜石及铁锰质结核,局部富集胶结成层,偶见蓝黑色斑点。层底埋深 41. 50 ~43. 50 m,平均厚度 42. 60 m,层厚 4. 70 ~7. 00 m,平均厚度 6. 50 m。

第(13)层:粉质黏土(Q_3^{al}),褐黄色,可塑 - 硬塑,干强度高,韧性高,切面有光泽,含有铁锰质斑点褐灰色条纹浸染,含直径 10 ~20 mm 大小的姜石,局部胶结成层。层底埋深 47. 00 ~50. 00 m,平均埋深 48. 33 m,层厚 3. 30 ~6. 50 m,平均厚度 5. 61 m。

第(14)层:粉细砂(Q_3^{al}),浅棕黄色,饱和,密实,成分主要为石英、长石、云母,含黏粒较高。层底埋深 50. 50 ~ 52. 50 m,平均埋深 51. 50 m,层厚 2. 00 ~ 4. 50 m,平均厚度 3. 17 m。

第(15)层:粉质黏土(Q_3^{al}),褐黄色,可塑 - 硬塑,切面有光泽,干强度中等,韧性中等,土中含少量豆粒大小姜石及铁锰质结核,在该层上部富集胶结成层,见少量灰褐色条纹,夹粉土薄层。层底埋深 56. 00 ~58. 00 m,平均埋深 57. 04 m,层厚 4. 50 ~7. 30 m,平均厚度 5. 54 m。

第(16)层:粉质黏土(Q_2^{al}),棕黄色,可塑 - 硬塑,干强度高,韧性中等,切面稍有光泽,土中含有直径 10 mm 大小的姜石,见铁锰质斑点浸染。层底埋深 61. 80 ~65. 00 m,平均埋深 62. 90 m,层厚 4. 50 ~6. 50 m,平均厚度 5. 86 m。

第(17)层:粉土(Q_2^{al}),黄褐色,湿,密实,干强度低,韧性低,摇振反应中等,土中含有铁锰质斑点浸染,见少量豆粒大小姜石。层底埋深 70. 00 ~71. 00 m,平均埋深 70..50 m,层厚 5. 00 ~8. 00 m,平均厚度 7. 20 m。

第(18)层:粉土(Q_2^{al}),黄褐色,湿,密实,干强度低,韧性低,摇振反应中等,含有蓝灰色斑点浸染,见黑色钙质斑点。勘探深度内该层未揭穿,最大揭露厚度 9. 00 m。

三、各层土的物理力学性质指标统计

(一)各层土的常规物理力学性质

各层土的常规物理力学性质统计见表 11-2。

表 11-2　各层土的常规物理力学性质统计

地层编号	岩土名称	项目	含水量 ω (%)	重度 γ (kN/m^3)	干重度 γ_d (kN/m^3)	比重 G	孔隙比 e	饱和度 S_r (%)	液限 ω_L (%)	塑限 ω_P (%)	塑性指数 I_P	液性指数 I_L	剪切试验		压缩试验	
													C (kPa)	φ (°)	a_{1-2} (MPa^{-1})	E_s (MPa^{-1})
1	粉土	样本数	9	9	9	9	9	9	9	9	9	9	3	3	9	9
		最大值	25.2	18.8	15.8	2.70	0.868	90	27.7	21.4	9.8	0.94	20.0	24.7	0.30	21.49
		最小值	11.1	15.7	14.1	2.69	0.664	34	24.5	17.6	6.0	-1.17	14.0	20.0	0.08	5.96
		平均值	19.9	18.0	15.0	2.69	0.763	71	26.1	19.2	6.9	0.08	17.0	22.8	0.18	11.05
		标准差	4.5	1.0	0.5	0	0.066	17	1.3	1.3	1.1	0.66	3	2.5	0.07	4.86
		变异系数	0.22	0.06	0.04	0	0.09	0.24	0.05	0.07	0.16	8.58	0.17	0.11	0.37	0.44
		标准值	22.7	17.3	14.6		0.804					0.49	12.6	19.1	0.23	8.0
2	粉土	样本数	14	14	14	14	14	14	14	14	14	14	9	9	14	14
		最大值	26.5	19.6	16.0	2.70	0.870	97	28.7	20.6	9.8	0.75	30	21.4	0.53	13.05
		最小值	14.8	16.4	14.1	2.69	0.646	50	23.7	17.2	6.1	-0.37	11	4.1	0.13	3.47
		平均值	21.3	18.6	15.4	2.69	0.720	80	25.9	18.7	7.2	0.33	18	14.5	0.25	8.01
		标准差	3.5	0.9	0.6	0	0.068	14	1.4	1.1	1.2	0.36	7	5.4	0.12	3.02
		变异系数	0.16	0.05	0.04	0	0.09	0.17	0.06	0.06	0.17	1.11	0.37	0.37	0.48	0.38
		标准值	23.0	18.2	15.1		0.752					0.50	14.1	11.1	0.31	6.6
3	粉土夹粉黏	样本数	13	13	13	13	13	13	13	13	13	13	6	6	13	13
		最大值	25.6	20.5	16.8	2.70	0.706	100	27.2	21.1	9.6	0.91	32	28.0	0.35	19.72
		最小值	21.0	18.8	15.4	2.69	0.502	82	23.7	16.1	6.1	0.37	15	8.3	0.08	4.82
		平均值	22.6	19.6	16.0	2.69	0.653	93	25.3	18.3	7.0	0.61	21	18.3	0.19	10.31
		标准差	1.3	0.5	0.4	0	0.041	5	1.0	1.3	0.9	0.16	6	7.4	0.08	4.08
		变异系数	0.06	0.02	0.03	0	0.06	0.06	0.04	0.07	0.12	0.26	0.30	0.40	0.43	0.40
		标准值	23.2	19.3	15.8		0.673					0.69	15.9	12.2	0.23	8.3

续表 11-2

地层编号	岩土名称	项目	含水量 ω (%)	重度 γ (kN/m³)	干重度 γ_d (kN/m³)	比重 G	孔隙比 e	饱和度 S_r (%)	液限 ω_L (%)	塑限 ω_P (%)	塑性指数 I_P	液性指数 I_L	剪切试验		压缩试验	
													C (kPa)	φ (°)	a_{1-2} (MPa⁻¹)	E_s (MPa⁻¹)
4	粉土	样本数	18	18	18	18	18	18	18	18	18	18	8	8	18	18
		最大值	25.2	20.6	17.0	2.70	0.710	100	27.7	21.7	9.0	0.94	40	27.6	0.20	16.72
		最小值	20.9	19.3	15.4	2.69	0.549	90	23.3	16.3	6.0	0.21	10	11.9	0.10	8.17
		平均值	23.0	19.7	16.0	2.69	0.647	96	26.0	18.9	7.1	0.58	19	19.9	0.15	11.76
		标准差	1.1	0.3	0.4	0	0.035	3	1	1.5	1.1	0.17	9	4.3	0.03	2.55
		变异系数	0.05	0.02	0.02	0	0.05	0.03	0.04	0.08	0.15	0.29	0.49	0.22	0.22	0.22
		标准值	23.5	19.6	15.9		0.668					0.65	12.7	17.0	0.16	10.7
5	粉质黏土	样本数	8	8	8	8	8	8	8	8	8	8	4	4	8	8
		最大值	35.6	20.0	16.3	2.73	0.898	100	38.2	21.9	16.3	0.84	34	6.8	0.40	12.57
		最小值	22.5	19.1	14.1	2.71	0.634	92	26.5	16.0	10.5	0.47	18	5.2	0.13	4.32
		平均值	25.5	19.6	15.6	2.71	0.704	97	29.5	17.8	11.7	0.65	25	5.9	0.26	7.23
		标准差	4.3	0.3	0.7	0.01	0.084	3	4.2	2.2	2.1	0.14	7	0.8	0.09	2.58
		变异系数	0.17	0.01	0.04	0	0.12	0.03	0.14	0.12	0.18	0.21	0.29	0.14	0.34	0.36
		标准值	28.4	19.4	15.2		0.761					0.74	16.4	5.0	0.32	5.5
6	粉土	样本数	19	19	19	19	19	19	19	19	19	19	9	9	19	19
		最大值	26.9	20.4	16.8	2.70	0.883	100	30.6	21.9	9.8	0.92	25	24.7	0.33	20.69
		最小值	21.3	17.7	14.0	2.69	0.569	79	24.7	17.6	6.0	0.22	18	11.5	0.08	5.71
		平均值	24.3	19.5	15.7	2.69	0.681	96	27.4	20.3	7.1	0.57	20	18.9	0.16	12.29
		标准差	1.4	0.6	0.6	0	0.069	5	1.6	1.1	1.1	0.20	2	4.0	0.07	4.24
		变异系数	0.06	0.03	0.04	0	0.10	0.06	0.06	0.05	0.15	0.35	0.12	0.21	0.43	0.35
		标准值	24.9	19.3	15.5		0.709					0.65	18.2	16.4	0.18	10.6

续表 11-2

地层编号	岩土名称	项目	含水量 ω (%)	重度 γ (kN/m³)	干重度 γ_d (kN/m³)	比重 G	孔隙比 e	饱和度 S_r (%)	液限 ω_L (%)	塑限 ω_P (%)	塑性指数 I_P	液性指数 I_L	剪切试验		压缩试验	
													C (kPa)	φ (°)	a_{1-2} (MPa⁻¹)	E_s (MPa⁻¹)
7	黏土	样本数	9	9	9	9	9	9	9	9	9	9	5	5	9	9
		最大值	49.3	19.0	14.6	2.74	1.324	100	58.0	32.9	25.1	0.89	36	11.1	0.77	5.92
		最小值	27.3	17.3	11.6	2.74	0.836	89	40.9	22.4	17.4	0.25	21	4.7	0.34	2.85
		平均值	37.7	18.2	13.2	2.74	1.040	97	47.0	26.1	20.9	0.55	28	8.5	0.55	3.93
		标准差	6.9	0.5	1.0	0	0.160	4	5.5	3.5	2.8	0.21	6	2.9	0.15	1.03
		变异系数	0.18	0.03	0.07	0	0.15	0.04	0.12	0.13	0.13	0.38	0.21	0.34	0.27	0.26
		标准值	42.0	17.8	12.6		1.140					0.68	22.0	5.7	0.64	3.3
8	粉质黏土	样本数	15	15	15	15	15	15	15	15	15	15	7	7	15	15
		最大值	32.0	20.3	16.7	2.73	0.841	100	38.1	22.7	16.9	0.91	36	21.4	0.42	7.93
		最小值	21.2	18.8	14.5	2.71	0.587	92	26.3	16.0	10.3	0.34	21	5.0	0.20	4.12
		平均值	26.4	19.5	15.5	2.72	0.725	98	32.4	19.5	12.9	0.54	29	11.4	0.31	5.78
		标准差	3.7	0.5	0.8	0.01	0.090	2	3.9	2.3	2.1	0.16	6	6.4	0.06	1.08
		变异系数	0.14	0.03	0.05	0	0.12	0.03	0.12	0.12	0.16	0.30	0.19	0.56	0.21	0.19
		标准值	28.1	19.3	15.1		0.766					0.62	25.3	6.7	0.34	5.3
9	粉土	样本数	4	4	4	4	4	4	4	4	4	4	1	1	4	4
		最大值	28.8	19.7	16.3	2.69	0.863	100	29.0	22.4	7.0	0.97			0.32	14.70
		最小值	20.8	18.2	14.1	2.69	0.617	90	25.1	18.1	6.6	0.39			0.11	5.82
		平均值	25.6	19.2	15.3	2.69	0.726	94	27.7	20.9	6.8	0.69	13	18.2	0.23	8.75
		标准差	3.6	0.7	0.9		0.102	5	1.8	1.9	0.2	0.26			0.09	4.09
		变异系数	0.14	0.04	0.06		0.14	0.05	0.06	0.09	0.02	0.38			0.40	0.47
		标准值														

续表 11-2

地层编号	岩土名称	项目	含水量 ω (%)	重度 γ (kN/m³)	干重度 γ_d (kN/m³)	比重 G	孔隙比 e	饱和度 S_r (%)	液限 ω_L (%)	塑限 ω_P (%)	塑性指数 I_P	液性指数 I_L	剪切试验		压缩试验	
													C (kPa)	φ (°)	a_{1-2} (MPa⁻¹)	E_s (MPa⁻¹)
11-1	粉土	样本数	5	5	5	5	5	5	5	5	5	5	4	4	5	5
		最大值	19.8	20.9	17.7	2.70	0.547	100	23.6	17.0	7.3	0.51	33	21.5	0.18	15.01
		最小值	15.0	19.6	17.0	2.69	0.501	74	18.4	13.1	5.3	0.25	15	11.5	0.10	8.59
		平均值	17.3	20.4	17.4	2.69	0.505	90	21.3	14.9	6.4	0.37	21	17.2	0.14	11.41
		标准差	1.9	0.5	0.2	0	0.019	11	2.2	1.6	0.8	0.10	8	4.1	0.03	2.49
		变异系数	0.11	0.03	0.01	0	0.04	0.12	0.10	0.11	0.12	0.26	0.38	0.24	0.22	0.22
		标准值											12.0	12.4		
12	粉质黏土	样本数	12	12	12	12	12	12	12	12	12	12	10	10	12	12
		最大值	24.6	20.9	17.6	2.73	0.684	100	37.6	21.5	16.1	0.51	47	18.7	0.26	17.78
		最小值	18.3	19.7	15.9	2.71	0.512	91	25.6	15.1	10.5	0.02	24	8.2	0.09	6.04
		平均值	21.2	20.2	16.7	2.72	0.597	96	30.9	18.6	12.3	0.21	35	14.0	0.20	9.03
		标准差	1.8	0.4	0.5	0.01	0.049	3	3.1	1.7	1.6	0.14	8	3.6	0.05	3.45
		变异系数	0.08	0.02	0.03	0	0.08	0.03	0.10	0.09	0.13	0.64	0.23	0.26	0.28	0.38
		标准值	22.1	20.0	16.4		0.622					0.29	30.5	11.9	0.22	7.2
13	粉质黏土	样本数	8	8	8	8	8	8	8	8	8	8	6	6	8	8
		最大值	25.2	20.3	16.8	2.72	0.694	99	36.0	21.2	14.8	0.42	44	18.0	0.28	13.03
		最小值	20.6	19.6	15.7	2.72	0.585	91	29.5	17.3	12.1	0.15	29	7.4	0.13	5.99
		平均值	22.6	19.9	16.2	2.72	0.644	95	31.8	18.9	12.9	0.29	35	12.2	0.21	8.31
		标准差	1.7	0.2	0.4	0	0.041	2	2.0	1.1	1.0	0.11	5	4.0	0.05	2.15
		变异系数	0.08	0.01	0.03	0	0.06	0.02	0.06	0.06	0.08	0.38	0.16	0.33	0.22	0.26
		标准值	23.8	19.7	15.9		0.672					0.36	30.2	8.9	0.24	6.9

续表 11-2

地层编号	岩土名称	项目	含水量 ω (%)	重度 γ (kN/m³)	干重度 γ_d (kN/m³)	比重 G	孔隙比 e	饱和度 S_r (%)	液限 ω_L (%)	塑限 ω_P (%)	塑性指数 I_P	液性指数 I_L	剪切试验		压缩试验	
													C (kPa)	φ (°)	a_{1-2} (MPa⁻¹)	E_s (MPa⁻¹)
15	粉质黏土	样本数	9	9	9	9	9	9	9	9	9	9	7	7	9	9
		最大值	25.5	20.6	17.2	2.73	0.748	99	37.4	22.3	15.1	0.61	49	20.9	0.33	11.87
		最小值	19.2	19.2	15.3	2.71	0.542	89	25.7	15.5	10.2	0.01	23	10.1	0.13	5.10
		平均值	21.8	20.0	16.4	2.71	0.626	95	30.2	18.2	12.0	0.31	31	15.1	0.19	9.03
		标准差	2.3	0.4	0.6	0.01	0.065	3	3.6	2.3	1.5	0.19	9	3.3	0.06	2.16
		变异系数	0.10	0.02	0.04	0	0.10	0.03	0.12	0.12	0.13	0.64	0.28	0.22	0.31	0.24
		标准值	23.3	19.7	16.0		0.666					0.43	24.5	12.6	0.23	7.7
16	粉质黏土	样本数	9	9	9	9	9	9	9	9	9	9	8	8	9	9
		最大值	24.6	20.4	17.1	2.72	0.703	99	36.4	21.5	14.9	0.35	41	20.4	0.32	16.78
		最小值	18.4	19.1	15.6	2.71	0.558	85	27.3	16.6	10.6	0.17	16	8.6	0.10	4.89
		平均值	22.0	19.9	16.3	2.72	0.635	94	31	18.8	12.3	0.27	29	15.1	0.21	8.93
		标准差	2.0	0.4	0.5	0.01	0.055	5	2.9	1.4	1.5	0.06	9	3.8	0.08	3.73
		变异系数	0.09	0.02	0.03	0	0.09	0.05	0.09	0.08	0.12	0.24	0.31	0.25	0.36	0.42
		标准值	23.3	19.6	16.0		0.670					0.31	22.6	12.5	0.26	6.6
17	粉土	样本数	11	10	10	11	10	10	11	11	11	11	9	9	10	10
		最大值	23.8	20.6	17.1	2.70	0.697	100	27.3	20.2	9.9	0.82	36	27.6	0.26	14.75
		最小值	18.1	19.2	15.6	2.69	0.542	89	20.0	13.9	6.1	0.32	9	9.4	0.11	6.36
		平均值	22.2	19.7	16.1	2.70	0.643	94	25.6	17.6	8.0	0.57	26	16.7	0.18	10.12
		标准差	3.1	0.5	0.5	0.01	0.051	4	2.1	1.9	1.3	0.13	9	5.4	0.05	2.89
		变异系数	0.09	0.02	0.03	0	0.08	0.04	0.08	0.11	0.16	0.23	0.36	0.32	0.29	0.29
		标准值	23.3	19.5	15.8		0.672					0.65	20.0	13.3	0.20	8.4
18	粉土	样本数	5	4	4	5	4	4	5	5	5	5	4	4	4	4
		最大值	23.5	19.8	16.1	2.70	0.662	96	28.7	19.6	9.5	0.47	38	20.9	0.29	0.78
		最小值	21.3	19.4	15.9	2.70	0.640	88	27.6	18.1	8.9	0.19	22	8.6	0.17	5.66
		平均值	22.5	19.6	16.0	2.70	0.654	93	28.4	19.2	9.2	0.36	31	16.2	0.22	8.09

（二）高压固结试验成果统计

（1）为了评价地基土的应力历史和固结状态，对高压固结 e—lg$p$ 曲线进行分析，计算出各层土的超固结比 OCR，见表 11-3。

表 11-3　各层土的超固结比（OCR）

层号	（12）	（13）	（15）	（16）	（17）	（18）
OCR	1.21	1.15	1.03	1.04	1.03	1.02

（2）为了为分层总和法计算沉降提供计算参数，对高压固结 e—p 曲线进行分析，分层给出各个压力段的压缩模量，计算沉降时按自重应力、自重应力加附加应力区段进行选取，统计结果见表 11-4。

表 11-4　高压固结各区段压缩模量统计　（单位：MPa）

层号	（12）	（13）	（14）	（15）	（16）	（17）	（18）
E_{s1-2}	8.7	9.7	26.0	9.3	10.2	17.5	18.0
E_{s2-4}	11.9	13.2	28.2	14.0	14.4	20.3	20.5
E_{s4-8}	18.0	21.0	32.0	22.4	21.2	25.6	25.5
E_{s8-12}	24.9	28.5	36.7	30.0	30.0	35.4	32.2
E_{s12-24}	42.2	44.1	45.2	38.4	41.2	49.1	43.7
E_{s24-32}	54.0	51.4	53.7	48.6	55.0	62.5	55.2

（三）静三轴试验统计

通过对三轴不固结不排水试验所得的 C、φ 值进行筛选，舍弃异常值，综合分析后，给出各层土的三轴不固结不排水抗剪强度指标 C_{UU}、φ_{UU}，见表 11-5。

表 11-5　三轴不固结不排水抗剪强度标准值

层号	（1）	（2）	（3）	（4）	（5）	（6）	（7）	（8）	（9）
C_{UU}（kPa）	10.4	15.0	12.6	13.2	14.6	12.2	16.9	13.0	16.0
φ_{UU}（°）	16.6	13.8	6.5	14.0	5.0	14.0	5.3	6.6	18.0

（四）静力触探统计

根据各层土的 q_c、f_s 值进行统计，并按经验公式计算出 P_s 值，见表 11-6。

表 11-6　静力触探统计结果

层号	样本数	项目	最小值	最大值	平均值	小均值	P_s(MPa)
(1)	5	q_c(MPa)	2.0	3.0	2.4	2.2	2.39
		f_s(kPa)	28.0	37.0	31.0	29.5	
(2)	5	q_c(MPa)	1.6	2.0	1.9	1.8	1.99
		f_s(kPa)	26.0	38.0	32.4	29.2	
(3)	5	q_c(MPa)	0.9	1.1	1.0	1.0	1.15
		f_s(kPa)	20.0	30.0	25.4	22.7	
(4)	4	q_c(MPa)	2.0	3.6	2.8	2.4	2.71
		f_s(kPa)	40.0	70.0	55.5	47.8	
(5)	5	q_c(MPa)	0.6	1.1	0.9	0.8	0.92
		f_s(kPa)	13.0	40.0	28.8	20.9	
(6)	5	q_c(MPa)	1.6	8.0	4.7	3.2	3.48
		f_s(kPa)	30.0	80.0	56.8	43.4	
(7)	5	q_c(MPa)	0.9	1.2	0.8	0.9	1.04
		f_s(kPa)	19.0	30.0	22.6	20.8	
(8)	5	q_c(MPa)	1.5	1.8	1.6	1.6	1.90
		f_s(kPa)	26.0	50.0	41.0	33.5	
(9)	3	q_c(MPa)	4.0	5.5	4.8	4.4	4.81
		f_s(kPa)	60.0	70.0	66.7	63.4	
(10)	3	q_c(MPa)	16.4	20.0	18.1	17.1	19.06
		f_s(kPa)	140.0	240.0	188.0	164.0	
(11-1)	2	q_c(MPa)	6.1	8.0	7.1	6.6	7.91
		f_s(kPa)	200.0	220.0	210.0	205.0	
(11)	3	q_c(MPa)	30.0	33.0	31.5	30.8	34.03
		f_s(kPa)	220.0	248.0	234.0	227.0	

（五）标准贯入试验统计

标准贯入试验按《岩土工程勘察规范》（GB 50021—2001）第 14. 2. 4 条进行统计，将实测击数及经杆长修正后击数分层统计如表 11-7 所示。

表 11-7　标准贯入试验成果统计

层号	样本数	项目	最小值（击）	最大值（击）	平均值（击）	标准差	变异系数	标准值（击）
（1）	8	修正前	5. 0	8. 0	5. 8	1. 2	0. 20	5. 0
		修正后	5. 0	8. 0	5. 8	1. 2	0. 20	5. 0
（2）	8	修正前	5. 0	7. 0	5. 6	0. 7	0. 13	5. 1
		修正后	4. 8	6. 7	5. 4	0. 7	0. 13	5. 0
（3）	12	修正前	6. 0	11. 0	8. 3	1. 6	0. 19	7. 5
		修正后	5. 5	10. 1	7. 5	1. 5	0. 20	6. 8
（4）	9	修正前	7. 0	14. 0	9. 0	2. 5	0. 28	7. 5
		修正后	6. 0	11. 6	7. 7	2. 0	0. 27	6. 4
（5）	5	修正前	9. 0	18. 0	11. 4			
		修正后	7. 3	14. 6	9. 3			
（6）	10	修正前	14. 0	25. 0	20. 5	4. 2	0. 21	18. 1
		修正后	10. 8	19. 3	16. 1	3. 2	0. 20	14. 2
（7）	4	修正前	4. 0	10. 0	7. 3			
		修正后	3. 0	7. 6	5. 5			
（8）	11	修正前	11. 0	17. 0	13. 5	2. 4	0. 18	12. 3
		修正后	8. 3	12. 6	9. 9	1. 7	0. 17	9. 0
（9）	2	修正前	18. 0	22. 0	20. 0			
		修正后	13. 0	15. 6	14. 3			
（10）	46	修正前	33. 0	75. 0	52. 9	10. 4	0. 20	50. 3
		修正后	23. 4	50. 3	35. 2	6. 2	0. 18	33. 7
（11 - 1）	2	修正前	19. 0	30. 0	24. 5			
		修正后	12. 7	21. 2	17. 0			
（11）	26	修正前	43. 0	72. 0	60. 5	8. 7	0. 14	57. 7
		修正后	26. 2	42. 0	36. 1	5. 4	0. 15	34. 4
（14）	3	修正前	37. 0	100. 0	65. 7			
		修正后	19. 2	52. 0	34. 1			

四、场地水文地质条件

(一)地下水类型

勘探深度内含水层分为两层,即上层的潜水和下层的承压水。潜水主要赋存于13.0~14.0 m以上的粉土、粉质黏土中,属弱透水层,主要受大气降水补给和地下水开采的影响;承压水主要赋存于20.0 m以下的粉细砂中,该层富水性好,属强透水层,具有微承压性,与上部潜水有一定水力联系,承压水补给来源主要是潜水越流补给,排泄主要为人工开采。

(二)地下水水位(头)

上层潜水水位量测采用浅孔,该工程勘察期间量测的潜水水位在地面以下7.50~10.0 m,绝对标高80.00~82.00 m,靠近A-15地块一侧受基坑降水影响,地下水位较深,下层承压水水头测定采用变口径专用钻孔测量,稳定24 h后量测的承压水静止水位在地面以下15.0左右,绝对标高74.60 m。

根据邻近场地经验,本次勘察期间所量测的潜水、承压水水位(头)埋深均较大,主要是受郑州国际会展中心及CBD内、外环部分高层建筑基坑施工降水所影响。根据邻近场地经验,在不受附近基坑降水影响时,场地内上部潜水水位在地面以下2.0 m左右,承压水水头在地面下4.0 m左右。历史最高水位0.5 m,正常年份地下水(潜水)年变幅1.0 m。

(三)土层的渗透系数

为了确定上部潜水含水层的渗透系数,该次勘察采用室内渗透试验,各土层的渗透试验结果见表11-8。

表11-8 渗透系数一览

层号	(1)	(2)	(3)	(4)	(5)
K_v(cm/×10^{-6})	2.64×10^{-6}	1.58×10^{-6}	3.72×10^{-6}	2.28×10^{-6}	2.60×10^{-7}
层号	(6)	(7)	(8)	(9)	
K_v(cm/×10^{-6})	6.25×10^{-5}	4.17×10^{-8}	1.50×10^{-7}	2.69×10^{-5}	

根据郑州东区的地区经验,建议上部潜水含水层的综合渗透系数取$k=0.5$ m/d,下部承压水含水层(粉细砂)的综合渗透系数取$k=8.0$ m/d。

(四)地下水水质分析

为了评价地下水对建筑材料的腐蚀性,该次勘察在8#孔取1组水样进行水质分析,另依据A-15地块1#孔水质分析资料,分析结果如表11-9所示。

表11-9 水质分析结果

孔号	$K^+ + Na^+$(mg/L)	Ca^{2+}(mg/L)	Mg^{2+}(mg/L)	Cl^-(mg/L)	SO_4^{2-}(mg/L)
1#	87.17	119.64	42.07	79.41	101.34
8#	74.52	121.84	38.79	87.56	70.60
孔号	HCO_3^-(mg/L)	CO_3^{2-}(mg/L)	侵蚀性CO_2(mg/L)	总硬度(mg/L)	pH值
1#	541.25	0	0	471.88	7.4
8#	522.94	0	0	463.87	7.1

五、场地不良地质现象

拟建场地内未发现影响工程安全的诸如岩溶、滑坡、地下人防工程等不良地质现象，也不存在古河道、暗浜、暗塘等影响工程稳定的不良工程地质现象。

第六节　岩土工程条件分析与评价

一、场地建筑适宜性评价

根据郑州市地震工程勘察事务所所提供的安评报告，场地内无发震断裂通过，也不存在影响工程稳定的诸如滑坡、崩塌、泥石流、人防工程、古河道等不良地质现象，判定本场地稳定，适宜建筑。

二、场地地震效应评价

（一）建筑场地类别和建筑抗震地段划分

根据郑州市地震工程勘察事务所所提供的《郑东新区 A－16 地块商务楼地震安全性评价工作报告》，4[#]孔、8[#]孔 20 m 深度范围内的等效剪切波速值分别为 181.4 m/s、179.8 m/s，平均剪切波速为 180.6 m/s，覆盖层厚度分别为 75.0 m 和 74.0 m，依据《建筑抗震设计规范》（GB 50011—2001），本场地土类型为中软场地土，建筑场地类别为Ⅲ类。建筑抗震地段划分属建筑抗震不利地段。

（二）抗震设防烈度，设计基本加速度和设计特征周期

郑州市抗震设防烈度为 7 度，设计地震分组为第一组，设计基本地震加速度值为 0.15 g，设计特征周期为 0.45 s。

（三）地基土震陷可能性分析

依据《岩土工程勘察规范》（GB 50021—2001）条文说明第 5.7.11 条，抗震设防烈度为 7 度时，承载力特征值 $f_{ak}>80$ kPa，等效剪切波速 $v_{sr}>90$ m/s 时，可不考虑震陷影响，故该场地不考虑软土震陷的影响。

（四）液化判别

该次勘察期间地下水位埋深 7.5～10.0 m，液化判别时考虑附近场地施工完毕后地下水位的回升，地下水位均按 2.0 m 考虑，依据《建筑抗震设计规范》（GB 50011—2001），本场地不符合初判不液化条件，故布置 4 个标准贯入试验孔进行进一步判别，由于基础埋深大于 5.0 m，故对 20 m 深度内饱和粉土、砂土进行液化判别，判别结果见表 11-10。

通过表 11-10 可知，4 个标准贯入孔均为轻微液化，综合判定场地土轻微液化，液化土层为第(2)、(3)、(4)层粉土，液化深度 9.00 m。液化判别时标贯击数为地下水位 9.0 m 时的击数值，若考虑地下水位回升，标贯击数值可能会降低，相应液化指数、液化等级可能会提高。

三、各层土承载力特征值及压缩模量

根据静力触探、标准贯入试验、土工试验等指标，结合地区经验，经综合分析确定各层

土的承载力特征值f_{ak},见表 11-11。

表 11-10 液化判别一览

孔号:2#　　　　地下水位:2.0 m

层号	d_s(m)	ρ_c(%)	N_0(击)	N_{cr}(击)	判别结果	d_i(m)	W_i(m^{-1})	I_{lEi}
1	2.00	10.4	5.00		不液化	0.30	10.00	
2	3.00	24.6	5.00		不液化	1.35	10.00	
	4.00	8.3	7.00	5.36	不液化	1.05	10.00	
3	5.00	12.5	9.00		不液化	0.95	9.88	
	6.00	3.0	6.00	10.52	液化	1.00	9.23	3.97
	7.00	5.8	10.00	8.14	不液化	0.75	8.65	
4	8.00	35.5	7.00		不液化	1.25	7.98	
	9.00	15.7	5.00		不液化	1.15	7.18	
6	12.00	20.4	20.00		不液化	1.25	5.31	
	13.00	11.0	23.00		不液化	1.00	4.57	
	14.00	9.0	14.00	9.77	不液化	0.65	4.01	
9	19.00	3.0	38.00	17.60	不液化	0.85	0.51	
	$I_{lE}=3.97$				液化判别结果:轻微液化			

孔号:4#　　　　地下水位:2.0 m

层号	d_s(m)	ρ_c(%)	N_0(击)	N_{cr}(击)	判别结果	d_i(m)	W_i(m^{-1})	I_{lEi}
1	2.00	14.6	5.00		不液化	0.50	10.00	
2	3.00	8.3	6.00	4.88	不液化	1.15	10.00	
	4.00	8.2	5.00	5.40	液化	1.15	10.00	0.85
3	5.00	11.9	6.00		不液化	0.85	9.85	
	6.00	10.7	9.00		不液化	1.25	9.15	
4	7.00	17.2	7.00		不液化	0.75	8.48	
	8.00	15.9	7.00		不液化	1.00	7.90	
	9.00	9.8	9.00	7.15	不液化	1.15	7.18	
6	11.00	8.9	12.00	8.43	不液化	1.15	5.95	
	12.00	11.0	16.00		不液化	1.00	5.23	
	13.00	5.9	23.00	11.49	不液化	1.00	4.57	
	14.00	6.3	25.00	11.68	不液化	0.65	4.01	
10	19.00	3.0	33.00	17.60	不液化	0.75	0.48	
	$I_{lE}=0.85$				液化判别结果:轻微液化			

续表 11-10

孔号:9#　　　　地下水位:2.0 m

层号	d_s(m)	ρ_c(%)	N_0(击)	N_{cr}(击)	判别结果	d_i(m)	W_i(m^{-1})	I_{lEi}
1	2.00	7.8	5.00	4.54	不液化	0.40	10.00	
2	3.00	8.1	5.00	4.94	不液化	1.25	10.00	
	4.00	11.7	6.00		不液化	1.15	10.00	
3	5.00	25.5	8.00		不液化	0.85	9.85	
	6.00	26.2	9.00		不液化	1.00	9.23	
	7.00	11.5	8.00		不液化	1.25	8.48	
4	8.00	12.3	7.00		不液化	0.75	7.81	
	9.00	6.9	8.00	8.52	液化	1.00	7.23	0.44
	10.00	15.0	10.00		不液化	0.65	6.68	
6	12.00	12.7	14.00		不液化	1.35	5.35	
	13.00	10.9	24.00		不液化	1.45	4.41	
9	18.00	5.4	18.00	13.12	不液化	1.25	1.31	
	19.00	4.6	22.00	14.21	不液化	0.85	0.61	

$I_{lE}=0.44$　　　　液化判别结果:轻微液化

孔号:15#　　　　地下水位:2.0 m

层号	d_s(m)	ρ_c(%)	N_0(击)	N_{cr}(击)	判别结果	d_i(m)	W_i(m^{-1})	I_{lEi}
1	2.00	24.3	7.00		不液化	0.70	10.00	
2	3.00	12.7	5.00		不液化	0.95	10.00	
	4.00	10.7	6.00		不液化	1.15	10.00	
3	5.00	36.4	11.00		不液化	0.85	9.85	
	6.00	19.5	9.00		不液化	1.00	9.23	
	7.00	6.7	6.00	7.57	液化	1.00	8.57	1.78
	8.00	11.5	9.00		不液化	0.65	8.01	
4	9.00	14.9	12.00		不液化	1.35	7.35	
	10.00	14.0	14.00		不液化	0.55	6.71	
6	12.00	7.9	23.00	9.44	不液化	1.35	5.35	
	13.00	7.3	32.00	10.33	不液化	1.00	4.57	
	14.00	4.1	23.00	14.47	不液化	0.85	3.95	
10	19.00	3.0	42.00	17.60	不液化	0.65	0.45	

$I_{lE}=1.78$　　　　液化判别结果:轻微液化

表 11-11　各层土承载力特征值

层号	(1)	(2)	(3)	(4)	(5)	(6)	(7)	(8)	(9)	(10)
f_{ak}(kPa)	140	120	100	150	120	170	120	140	185	280
层号	(11-1)	(11)	(12)	(13)	(14)	(15)	(16)	(17)	(18)	
f_{ak}(kPa)	220	300	220	240	280	235	250	255	260	

根据室内试验结果、静力触探经验公式综合分析后确定各层土的压缩模量 E_{s1-2} 及压缩性评价，见表 11-12。

表 11-12　各层土的压缩模量及压缩性评价

层号	(1)	(2)	(3)	(4)	(5)	(6)	(7)	(8)	(9)	(10)
E_{s1-2}(MPa)	9.2	7.1	5.0	10.1	4.6	12.5	4.6	5.7	13.7	26.0
压缩性	中	中	高	中	高	中	高	中	中	低
层号	(11-1)	(11)	(12)	(13)	(14)	(15)	(16)	(17)	(18)	
E_{s1-2}(MPa)	15.5	28.0	8.7	9.7	26.0	9.3	10.2	17.5	18.0	
压缩性	低	低	中	中	低	中	中	低	低	

四、天然地基评价

拟建建筑基础埋深 10.0 m，以第(5)层粉质黏土为持力层，该层承载力特征值 f_{ak} = 120 kPa，主楼基底平均压力标准值 P_k = 600 kPa，显然地基承载力不满足要求。裙楼为 3 层，基底平均压力标准值约为 80 kPa，天然地基强度可以满足要求。但根据结构形式，主楼、裙楼连为一体，中间设后浇带，为了避免主楼、裙楼之间产生过大沉降差影响建筑物的正常使用，建议主楼、裙楼用统一的地基基础方案，不采用天然地基。

五、复合地基方案分析评价

(一)复合地基方案的选择

根据拟建建筑的上部结构特点和场地岩土工程条件分析，可供选择的复合地基方案有高压旋喷桩复合地基和 CFG 桩复合地基方案。但由于受桩身强度的限制，根据邻近地块的经验，高压旋喷桩复合地基很难达到 600 kPa，故该工程只对 CFG 桩复合地基方案进行论证评价。

(二)CFG 桩复合地基设计参数

根据土工试验、原位测试成果，结合地区经验，确定 CFG 桩设计参数见表 11-13。

表 11-13　CFG 桩设计参数

层号	(1)	(2)	(3)	(4)	(5)	(6)	(7)	(8)	(9)	(10)
q_{si}(kPa)	21	22	20	23	20	25	20	22	22	32
q_p(kPa)										500

注:q_{si} 为桩周第 i 层土侧阻力特征值,q_p 为桩端阻力特征值。

(三)CFG 桩复合地基承载力验算

CFG 桩复合地基可以以第(10)层粉细砂为持力层,入土深度 26.0 m,有效桩长 16.0 m,桩径按 400 mm,单桩竖向承载力特征值 $R_a = 600$ kN,桩间距为 1.2 m,梅花形布桩时,复合地基承载力特征值 $f_{spk} = 558$ kPa,经深度修正后复合地基承载力特征值为 634 kPa,主楼基底压力平均值为 600 kPa,承载力满足要求。由于勘察时采用的基底压力为估算值,基础设计时,建议设计人员根据实际基底压力值计算 CFG 桩复合地基沉降,确定主楼沉降及主楼、裙楼沉降差是否满足规范要求。

(四)CFG 桩施工注意事项

根据郑东新区 CBD 内环已建部分建筑所采用的 CFG 桩复合地基来分析,由于当时施工时地下水位较浅,上部土层易扰动,在地面施工造成空桩太长,土体易产生位移,且 CFG 桩施工时提钻速度与泵压混凝土的灌注压力不匹配,对周围环境造成一定的影响,故 CFG 桩施工时应注意以下事项:

①应先开挖基坑、支护、降水,然后在基坑内进行 CFG 桩施工。

②CFG 桩施工时必须严格保证提钻的同时立即开始浇灌混凝土,且保持一定的灌注压力。

六、桩基方案分析评价

(一)桩型选择

根据上部结构特点及场地的岩土工程条件,以及郑州市目前成熟的施工经验,可供选择的桩型有预制桩、钻孔灌注桩。

由于钻孔灌注桩施工时难免有桩底沉渣及桩侧泥皮,故可对钻孔灌注桩进行后压浆,根据地区经验,只对桩底压浆时,承载力一般可提高 20% 以上,对桩底、桩侧同时进行压浆时,承载力可提高 40% 以上,但此参数规范未具体规定,且与施工工艺、施工质量有很大关系,故此参数的选取应通过试桩确定。根据 A-15 地块的经验,也可采用多支盘钻孔灌注桩,该桩型承力盘的设置、承载力取值均应按有关规范执行,且要严格保证成盘施工的可靠性。

由于该拟建建筑基底压力较大,若采用预制桩,普通混凝土预制桩由于受桩身强度的限制,很难达到设计要求,可采用桩身强度较高(可达 C80)的预应力高强混凝土管桩(PHC 桩)。

(二)桩端持力层的选择

对于钻孔灌注桩,第(10)层粉细砂及以下各层均为良好的桩端持力层。对于预制桩,由于受沉桩能力限制,可选择第(10)层粉细砂为桩端持力层。

（三）桩基设计参数

根据场地各层土的岩土参数，结合地区经验，确定钻孔灌注桩、预制桩的设计参数，见表 11-14、表 11-15。

表 11-14　钻孔灌注桩设计参数

层号	（1）	（2）	（3）	（4）	（5）	（6）	（7）	（8）	（9）	（10）
q_{sik}（kPa）	42	44	40	46	40	50	40	45	45	65
q_{pk}（kPa）				450	400	600	450	470	700	1 000
层号	（11）-1	（11）	（12）	（13）	（14）	（15）	（16）	（17）	（18）	
q_{sik}（kPa）	60	68	60	62	65	60	65	70	75	
q_{pk}（kPa）	900	1 000	900	1 000	1 000	1 000	1 100	1 200	1 200	

注：q_{sik} 为桩的极限侧阻力标准值，q_{pk} 为桩的极限端阻力标准值。

表 11-15　预制桩设计参数

层号	（1）	（2）	（3）	（4）	（5）	（6）	（7）	（8）	（9）	（10）	（11-1）	（11）
q_{sik}（kPa）	45	46	42	50	42	52	42	48	46	68	62	70
q_{pk}（kPa）										4 000	3 200	4 500

注：q_{sik} 为桩的极限侧阻力标准值，q_{pk} 为桩的极限端阻力标准值。

（四）桩基础承载力验算

拟建工程基底压力较大，预制桩由于受砂层中沉桩能力的限制，有效桩长较短，按表 11-15的参数计算的单桩承载力很难达到设计要求，且缺少同类工程经验，但目前预应力高强混凝土桩穿透能力强，桩身强度高，能否达到设计要求，建议进行试桩，以试桩的设计参数为依据，本次勘察只进行钻孔灌注桩承载力验算，不再进行预制桩承载力计算。

1. 主楼部分

根据以上参数，以 2#孔为标准地层，对不同桩型的承载力进行验算，钻孔桩后压浆按桩底、桩侧同时压浆，承载力提高 50% 估算，验算结果见表 11-16。

2. 裙楼部分

裙楼部分为框架结构，柱网间距为 8.2 m×8.2 m，单柱最大荷载标准值为 5 400 kN，若采用钻孔灌注桩，桩径为600 mm，入土深度取 32.0 m，有效桩长为 22.0 m，以第（11）层粉细砂为持力层，以 1#孔为例单桩竖向极限承载力标准值 Q_{uk} = 2 617 kN，在不考虑群桩效应、承台效应的情况下，单桩竖向承载力设计值 R = 1 567 kN，一柱 5 桩即可满足承载力要求。

表 11-16 桩基承载力计算一览表(主楼)

桩型	钻孔灌注桩	钻孔灌注桩(后压浆)
直径(边长)(mm)	800	800
入土深度(有效桩长)(m)	55(45)	42(32)
持力层	(15)	(12)
桩间距(梅花形)(m)	2.4	2.4
单桩竖向承载力标准值 Q_{uk}(kN)	7 273	7 809
复合基桩承载力设计值 R(kN)	4 362	4 252
单桩受荷设计值 $\gamma_0 N$(kN)($\gamma_0=1.1$)	4 115	4 115
结论	$R>\gamma_0 N$ 满足	$R>\gamma_0 N$ 满足

(五)桩基施工注意事项

从场地的地层结构来看,对钻孔灌注桩成桩影响较大的为第(10)、(11)层砂层,易塌孔,故施工时应注意调整泥浆比重进行护壁,但同时保证泥皮厚度及桩底沉渣满足规范要求。砂层以下粉质黏土局部存在厚 0.20 ~ 0.30 m 的胶结层,会给施工带来一定的影响,应注意。

若采用后压浆,后压浆工艺要进行严格的控制,工程桩施工时注浆量、注浆压力等重要参数要与试桩时保持一致或者更高要求。施工时要避免注浆管道堵塞,确保每根桩的承载力均能达到设计要求。采用支盘桩要确保支盘的施工可靠性。

若采用预制桩,由于砂层顶面起伏大,且持力层较密实,故施工前要对沉桩可能性进行论证,要保证达到预定深度,且桩身不能被破坏,应先进行现场沉桩可能性及承载力验证。

(六)钻孔灌注桩沉降验算

根据高压固结试验提供的压缩模量,依据《建筑桩基技术规范》(JGJ 94—94),采用桩基桩径为 800 mm,入土深度为 55.0 m 时,主楼部分的中心点沉降量为 105 mm,小于 200 mm,整体倾斜值小于 0.002 5,满足规范要求。

七、地基基础方案建议

从以上分析计算来看,天然地基、高压旋喷桩复合地基均不宜采用,CFG 桩复合地基承载力可满足要求,根据郑东新区的经验,需确保对周围环境无不利影响的情况下有条件使用,对施工质量要求较高,故地基基础方案选型建议采用成熟的桩基础方案。可供选择的桩基础方案有预制桩及钻孔灌注桩,预制桩由于受施工沉桩能力的限制,有效桩长较短,按参数计算很难达到设计要求,若采用高强 PHC 桩,能否达到设计要求,建议进行现场沉桩可能性及试桩。钻孔灌注桩可不受地层的限制,为提高单桩承载能力,降低工程造价,可采用后压浆或多支盘钻孔灌注桩。

拟建建筑的工程重要性等级为一级,桩基安全等级为一级,根据有关规范,无论采用何种地基基础方案,施工图设计时的承载力均应以试桩为准。

八、地下水腐蚀性评价

根据郑州市气象资料，拟建场地的环境类型为Ⅲ类，根据附近场地所作的水质分析结果，依据《岩土工程勘察规范》(GB 50021—2001)，地下水对混凝土结构、钢筋混凝土结构中的钢筋都具微腐蚀性，对钢结构有弱腐蚀性。

第七节　基坑支护及降水方案评价

一、工程环境条件及评价

拟建 A－16 地块场地位于郑州市东部郑东新区，新规划的 CBD 外环路与第十大街交叉口东南，北侧距 CBD 外环路边缘约 10 m，西侧距 A－15 地块最近处约 30 m，南侧距正在施工的奥林匹克花园约 50 m，东侧为 A－17 地块(已进行桩基施工)，施工工程环境条件较好。

二、基坑底抗渗流稳定性验算

由于场地内第二层含水层为承压水，不受邻近场地降水影响时，其承压水头为 15.0 m，该工程基坑开挖深度为 10.0 m，场地内第二层承压水含水层的顶板埋深一般在 19.0 m 左右，基坑开挖后不透水层的厚度为 9.0 m，按《建筑地基基础设计规范》(GB 50007—2002)附录 W 进行验算，$\gamma_m(t+\Delta t)/p_w=(18\times9.0)/(15\times10)=1.08<1.1$，所以需降低第二层承压水水头。

若按勘察期间的承压水水头计算，抗渗流稳定满足要求，最终要以基坑施工时实际承压水水头计算确定。

三、降水方案评价

(一)地下水为 2.0 m 时基坑降水评价

勘察野外施工期间实测的场地地下水水位(潜水)平均为现地面以下 9.0 m，根据邻近场地勘察经验，在未受邻近场地施工降水的影响时，地下水位埋深约 2.0 m，基础埋深 10.0 m，水位降深要控制在基底下 1.0 m，即降水后地下水水位要控制在 11.0 m 以下。

地下水水位埋深若按 2.0 m 计算，在不考虑止水帷幕的情况下，依据《建筑基坑支护技术规程》(JGJ 120—90)，按均质潜水完整井计算，渗透系数 $k=0.5$ m/d，基坑涌水量 $Q=240$ m^3/d，降水影响半径 $R=44$ m。按承压水非完整井考虑，渗透系数 $k=8$ m/d，管井深度 24.0 m，基坑涌水量 2 840 m^3/d，影响半径 254 m。

基坑降水方案，如果基坑开挖时地下水水位埋深在 2.0 m，由于场地上部渗透系数小，下部砂层渗透系数较大，降深又较大，建议采用二级轻型井点加管井降水方案，为防止基坑底突涌，降低砂层承压水水头，管井应深入砂层。

为了减少对场地周边水文地质条件的破坏，减小因基坑降水对周边道路、管线等的影响，若基础施工时地下水水位埋藏较浅，建议设止水帷幕。

(二)地下水水位为9.0 m时基坑降水评价

若基坑开挖时地下水水位与勘察时实测水位一致,即平均在地面下9.0 m,可采用一级轻型井点加管井降水方案。具体降水方案应根据基坑施工时的实际水位进行专门设计。

四、基坑支护方案分析

地下水水位为2.0 m时,拟建建筑基坑开挖为10.0 m,深度较深,上部土层土质较差,基坑北侧距CBD外环路12.0 m,且地下管线已施工完毕,为避免对道路及市政管线的破坏,基坑北侧建议采用桩锚支护方案,其余两侧可采用土钉墙加深层搅拌桩复合土钉墙方案,深层搅拌桩可作为止水帷幕,也可降低主动土压力,减小基坑变形。也可全部采用桩锚支护方案。采用桩锚支护或土钉墙支护时,为避免因掏土、流土造成地层损失而引起地面沉降,锚杆或土钉建议采用锚管形式。若地下水水位与勘察施工时一致,即在地面下9.0 m,基坑开挖时北侧按桩锚支护方案,其余两侧可采用适当放坡,土钉墙支护。

基坑支护、降水要对基坑周边做变形监测,根据监测情况及时调整设计方案,做到信息化施工。基坑支护方案要进行专门设计。

第八节　结论与建议

(1)拟建场地为原建筑拆迁场地,场地地形基本平坦,地貌单元属黄河冲积平原。

(2)场地内无发震断裂通过,也不存在影响工程安全的诸如滑坡、泥石流、人防工程等不良地质现象,场地稳定,适宜建筑。

(3)拟建场地抗震设防烈度为7度,设计地震分组为第一组,设计基本地震加速度值为0.15 g,场地土(2)、(3)、(4)层粉土轻微液化,不会产生软土震陷。建筑抗震地段划分属建筑抗震不利地段。场地20 m深度范围内平均等效剪切波速值为180.6 m/s,场地覆盖层平均厚度75.0 m,场地土类型为中软场地土,建筑场地类别为Ⅲ类,设计特征周期为0.45 s。建筑抗震地段划分属建筑抗震不利地段。

(4)勘探深度范围内对基础设计、施工有影响的有两层地下水,勘察期间由于受邻近建筑施工降水影响,实测的地下水水位较深,上层潜水水位在地面下9.0 m左右,下层承压水水位在地面下15.0 m左右。根据邻近场地勘察时的经验,正常情况下,不受邻近建筑施工降水影响时,上层潜水水位在地面下2.0 m左右,承压水水位在地面下4.0 m左右。根据水质分析报告,地下水对混凝土结构、钢筋混凝土结构中的钢筋均有微腐蚀性,对钢结构有弱腐蚀性。

(5)拟建建筑建议采用钻孔灌注桩基础。桩基主楼桩径 $d = 800$ mm时,入土深度55.0 m,有效桩长45.0 m,桩间距2.4 m,梅花形布置,可满足承载力要求。裙楼入土深度32.0 m,有效桩长22.0 m,桩间距1.8 m,梅花形布置,按估算荷载,一柱5桩即可满足要求。根据地区经验,为提高单桩承载力,可对钻孔灌注桩进行桩底、桩侧后压浆,承载力提高幅度通过现场试验分析确定。

根据A－15地块经验,该工程也可采用多支盘灌注桩,但该桩的具体设计及承载力取值按有关规范执行。

(6)鉴于该工程安全等级为一级,根据有关规范规定,施工图设计时桩基或复合地基承载力均应通过试桩确定。

(7)基坑降水方案建议采用轻型井点加管井,管井应深入砂层中,以降低承压水头,另外,为减小降水对周围环境的影响,减少对区域水文地质条件的破坏,建议设止水帷幕。上层潜水含水层的综合渗透系数取0.5 m/d,下层承压水层的综合渗透系数取8.0 m/d。

(8)基坑支护方案,由于基坑离CBD外环路及第十大街较近,为了避免对市政设施造成破坏,建议基坑北侧采用桩锚支护方案,其他两侧视地下水情况采用土钉墙加深层搅拌桩复合土钉墙支护方案或土钉墙支护方案,也可均采用桩锚支护方案。

(9)基坑支护、降水方案均应进行专门设计,施工过程中应进行基坑变形监测,做到信息化施工。

(10)施工时注意验槽,发现问题,应及时通知有关单位协调解决。

参考文献

[1] 工程地质手册编写委员会. 工程地质手册[M]. 4 版. 北京:中国建筑工业出版社,2007.

[2] 中华人民共和国建设部,国家质量监督检验检疫总局. GB 50021—2001 岩土工程勘察规范[S]. 北京:中国建筑工业出版社,2009.

[3] 中华人民共和国建设部,国家质量监督检验检疫总局. GB 50007—2002 建筑地基基础设计规范[S]. 北京:中国建筑工业出版社,2002.

[4] 中华人民共和国住房和城乡建设部,国家质量监督检验检疫总局. GB 50011—2010 建筑抗震设计规范[S]. 北京:中国建筑工业出版社,2010.

[5] 中华人民共和国建设部. JGJ 72—2004,J 366—2004 高层建筑岩土工程勘察规程[S]. 北京:中国建筑工业出版社,2004.

[6] 中华人民共和国建设部,国家质量监督检验检疫总局. GB 50025—2004 湿陷性黄土地区建筑规范[S]. 北京:中国建筑工业出版社,2004.

[7] 中华人民共和国建设部. JGJ 79—2002 建筑地基处理技术规范[S]. 北京:中国建筑工业出版社,2002.

[8] 国家质量监督检验检疫总局,中华人民共和国建设部. GB 50027—2001 供水水文地质勘察规范[S]. 北京:中国计划出版社,2001.

[9] 北京市勘察院. CJJ 56—94 市政工程勘察规范[S]. 北京:中国计划出版社,1994.

[10] 顾宝和,毛尚之,李镜培. 岩土工程设计安全度[M]. 北京:中国计划出版社,2009.

[11] 李广信. 岩土工程 50 讲——岩坛漫话[M]. 2 版. 北京:人民交通出版社,2010.

[12] 高大钊. 深基坑工程[M]. 2 版. 北京:机械工业出版社,2002.

[13] 高大钊. 土力学与岩土工程师——岩土工程疑难问题答疑笔记整理之一[M]. 北京:人民交通出版社,2009.

[14] 李广信. 高等土力学[M]. 北京:清华大学出版社,2004.

[15] 基坑工程手册编辑委员会. 基坑工程手册[M]. 北京:中国建筑工业出版社,1999.

[16] 建设部综合勘察研究设计院. JGJ /T 111—98 建筑与市政降水工程技术规范[S]. 北京:中国建筑工业出版社,1999.

[17] 张在明. 地下水与建筑基础工程[M]. 北京:中国建筑工业出版社,2001.

[18] 中华人民共和国建设部,国家质量监督检验检疫总局. GB 50330—2002 建筑边坡工程技术规范[S]. 北京:中国建筑工业出版社,2002.

[19] 中国建筑科学研究院. JGJ 120—99 建筑基坑支护技术规程[S]. 北京:中国建筑工业出版社,1999.

[20] 岩土工程手册编写委员会. 岩土工程手册[M]. 北京:中国建筑工业出版社,1996.

[21] 罗汀,姚仰平,侯伟. 土的本构关系[M]. 北京:人民交通出版社,2010.

[22] 皇甫行丰,吴孔军,梁会圃. 地质灾害勘查理论与实践[M]. 北京:中国大地出版社,2004.

[23] 商真平,魏玉虎,等. 滑坡防治技术理论探讨与工程实践[M]. 郑州:黄河水利出版社,2009.

[24] 南京水利科学研究院. GB/T 50123—1999 土工试验方法标准[S]. 北京:中国建筑工业出版社,1999.

[25] 中国建筑科学研究院. JBJ 112—91 软土地区工程地质勘察规范[S]. 北京:中国建筑工业出版社,1992.

[26] 建设部综合勘察研究设计院. JBJ 87—92 建筑工程地质钻探技术标准[S]. 北京:中国建筑工业出

版社,1993.
[27] 建设部综合勘察研究院,同济大学,CECS04:88 静力触探技术标准[S].北京:中国建筑工业出版社,1988.
[28] 中南勘察设计院.CECS99:98 岩土工程勘察报告编制标准[S].北京:中国建筑工业出版社,1998.